全国高职高专精品规划教材

林产品市场营销

蒋沁燕/主编

LINCHANPIN
SHICHANG
YINGXIAO

中国财经出版传媒集团

经济科学出版社
Economic Science Press

图书在版编目（CIP）数据

林产品市场营销 / 蒋沁燕主编. --北京：经济科
学出版社，2023.6
全国高职高专精品规划教材
ISBN 978 - 7 - 5218 - 4912 - 7

Ⅰ.①林…　Ⅱ.①蒋…　Ⅲ.①林产品 - 市场营销 - 中
国 - 高等职业教育 - 教材　Ⅳ.①F724.724

中国国家版本馆 CIP 数据核字（2023）第 116870 号

责任编辑：张　蕾
责任校对：王肖楠
责任印制：邱　天

林产品市场营销
蒋沁燕　主编
王永富　韦维涛　副主编

经济科学出版社出版、发行　新华书店经销
社址：北京市海淀区阜成路甲 28 号　邮编：100142
应用经济分社电话：010 - 88191375　发行部电话：010 - 88191522
网址：www. esp. com. cn
电子邮箱：esp@ esp. com. cn
天猫网店：经济科学出版社旗舰店
网址：http：//jjkxcbs. tmall. com
固安华明印业有限公司印装
787 × 1092　16 开　15 印张　410000 字
2023 年 8 月第 1 版　2023 年 8 月第 1 次印刷
ISBN 978 - 7 - 5218 - 4912 - 7　定价：41.80 元

前　言

在激烈的市场竞争中，企业要及时对市场变化做出反应，因此必须建立以市场为导向的经营运作机制才能使企业立于不败之地，因此市场营销对于企业来说起着至关重要的作用。

"市场营销"课程是高职高专工商管理专业的必修课程，主要培养学生的现代市场营销意识，通过运用现代化的营销理念及营销策略帮助企业解决实际问题。

党的十八大以来，以习近平同志为核心的党中央以高度的历史使命感和责任担当，直面生态环境面临的严峻形势，高度重视社会主义生态文明建设，坚持绿色发展，把生态文明建设融入经济建设、政治建设、文化建设、社会建设各方面和全过程。习近平总书记在党的二十大报告中指出，要加快建设农业强国，扎实推进乡村产业、人才、文化、生态、组织振兴。

本教材基于国家生态文明建设及乡村振兴战略背景，以林产品营销为依托，根据市场营销活动的内容与特点，深入浅出地介绍了市场营销的基本知识和市场营销活动开展过程中的实务知识，适合所有开设市场营销课程的专业选用，尤其适合林业类院校工商管理大类专业选用。

本教材在编写过程中注重实践性、应用性和可操作性，有利于培养学生的市场营销实践能力。本教材的特色主要体现在以下几个方面。

（1）任务导向，重点突出。本教材采用项目任务式编排方式，全书共四个项目：认识林产品市场营销、确定林产品目标市场、制定林产品市场营销策略与拓展林产品营销市场，每个项目又分为若干个任务。重点讲述了确定林产品目标市场、制定林产品市场营销策略。

（2）内容丰富，讲练结合。每个项目包括学习目标、内容框架、导入案例、导入任务、相关知识、技能训练、拓展知识、项目实训、课后练习等内容。通过技能训练、拓展知识、项目实训、课后练习等帮助学生巩固本项目所学的知识，并培养学生理论联系实际的能力。本教材还配有丰富的教学案例与课堂思考题，激发学生的学习兴趣，启发学生的思想与感悟。

（3）理论精练，强调应用。本教材的编写严格遵循职业教育"实用为主、够用为度，以应用为导向"的原则，将理论精简凝练，着重讲述实用知识和技能。另外，从帮助学生自学相关知识角度考虑，本教材还辅以丰富的知识链接及知识拓展。

本教材由广西生态工程职业技术学院蒋沁燕任主编，广西生态工程职业技术学院王永富、韦维涛任副主编。项目一由广西生态工程职业技术学院蒋沁燕编写；项目二的任务一由王永富、唐建生编写；项目二的任务二、任务三由许家编写；项目三的任务一、任务二由唐晓丽编写；项目三的任务三、任务四由孔涛编写；项目四由韦维涛编写。编写过程中参考并采纳、吸收了相关文献，得到了不少同行的指导，在此表示万分感谢！由于编者受水平和时间所限，书中难免存在疏漏之处，恳请同行及读者在使用本教材的过程中予以批评指正，对我们的教材提出宝贵的意见或建议，以便修订时完善。

　　本教材配套课件可在经济科学出版社官网（http：//www. esp. com. cn）下载。

编者

2023 年 6 月

目　录

认识林产品市场营销

【学习目标】

❖知识目标
1. 掌握市场营销的相关概念
2. 熟悉市场营销理念的演变
3. 了解市场营销的新发展趋势

❖技能目标
1. 能够调查并分析当地知名企业的营销理念
2. 能够区分市场营销与推销的区别
3. 树立现代市场营销理念

❖素质目标
1. 认识并培养现代市场营销理念
2. 培养与时俱进、不断创新的职业素养
3. 树立正确的世界观、价值观

【内容架构】

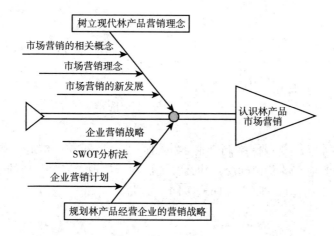

【引入案例】

2012 年 11 月，褚时健成为"中国橙王"。能在一众"橙海"之中杀出重围，赢得消费者的青睐，充分体现了营销策略的一大特点，即只有饱和的思想，没有饱和的市场。同样是橙子，为什么"褚橙"却成了众人眼中的"励志橙"，它是怎么做到的？

1. 精准选择目标顾客

"褚橙"选择城市白领为目标顾客。通过调查发现，城市白领有以下特征：首先，平均文化水平较高、熟悉网络、关注时尚、微博、SNS 网站等；其次，对产品的需求点不在产品本身，而在于产品背后的文化与服务；再次，乐于接受并敢于尝试新鲜事物而且喜欢有品质的生活；最后，整体收入水平较高，具有较强的消费欲望与消费需求。

2. 专业化生产与良好的激励机制

（1）将农民视为"工人"，每月为"工人"们结算工资。为了留住果农，果园为果农计算工龄，即果农从他们入园的那年算起，每年递增 100 元的工龄工资。

（2）对质量特别突出的果农给予一定奖励。

3. 借助互联网平台进行整合推广

"褚橙"顺应潮流，选择了电子商务销售的模式，通过微博和名人效应，迅速占领了果品的高端市场。

4. 口碑与故事化营销的结合

"褚橙"并没有进行广告投放，但在外界赢得了相当好的口碑，除了借助互联网平台进行整合推广外，"褚橙"借助媒体记者的传播能力和微博大 V 的口碑营销，将"褚时健种橙子"的励志故事传播给广大消费者。最后，个性化包装吸引大批年轻消费者的购买欲望，每个橙子箱子上有防伪码，外包装箱上有二维码，既能防伪也可下单。

资料来源：王高岩. 褚时健."烟王"变"橙王"[J]. 中外企业文化，2013（3）：42 – 45.

[思考]

（1）"褚橙"成功的原因。

（2）从"褚橙"营销成功得到的启示。

任务一 树立现代林产品营销理念

一、任务导入

4～5 人一组，学完相关知识后完成如下任务。

（1）4～5 名学生组成一个"公司"，给"公司"选定经营的林产品，并明确公司的营销理念。

（2）通过开展走访调查或网络调查请学生们回答以下问题：本地有哪些知名林产品经营企业与知名品牌？他们的营销理念是什么？他们的营销理念有过怎样的变化？

（3）将调查结果制作成 PPT，并向班级同学汇报。

二、相关知识

（一）市场营销的相关概念

20世纪初，市场营销学首先在美国形成，第二次世界大战结束后传播到其他西方国家。我国在改革开放以后才引入市场营销学。市场营销学是一门应用性很强的学科，这是由于市场营销学的产生本身是基于企业经营活动中大量实践经验的提炼和总结。企业经营实践的发展推动了市场营销学理论的发展。同时我们也看到，企业经营实践的发展又同一定区域内的社会和经济环境条件的变化密切相关。因此，深刻理解市场营销学的核心概念，对于学好市场营销、开展市场营销工作具有重要的指导意义。

1. 市场

从商品交换地点的角度，市场是指商品交换的场所。

从经济学角度，市场是指商品和劳务从生产领域向消费领域转移过程中所发生的一切交换和职能的总和，是各种错综复杂交换关系的总体，它包括供给和需求两个相互联系、相互制约的方面，是两者的统一体。

从市场营销角度，市场是指某种商品的现实购买者和潜在购买者需求的总和，市场专指买方，即不包括卖方；专指需求而不包括供给。

"现代营销学之父"菲利普·科特勒（Philip Kotler）指出："市场是由一切具有特定欲望和需求，并且愿意和能够以交换来满足这些需求的潜在顾客所组成。"

按照菲利普·科特勒的定义，从管理学角度看，市场是指营销市场，即为广义的市场，这种市场的大小取决于人口、购买力和购买欲望三个要素。即：

$$市场 = 人口 + 购买力 + 购买欲望$$

人口、购买力和购买欲望三个要素互相制约，缺一不可。人口是构成市场的基本因素，哪里有人，就有消费者群，哪里就有市场。一个国家或地区的人口多少，是决定市场大小的基本前提。购买力是指人们支付货币购买商品或劳务的能力。购买力的高低由购买者收入多少决定。一般地说，人们收入多，购买力高，市场和市场需求也大；反之，市场也小。购买欲望是指消费者购买商品的动机、愿望和要求。它是消费者把潜在的购买愿望变为现实购买行为的重要条件，因而也是构成市场的基本要素。如果有人口，有购买力，而无购买欲望；或是有人口和购买欲望，而无购买力，对卖主来说，形成不了现实的有效市场，只能成为潜在的市场。

案例 1-1

中国茶油快速增长

山茶油是从山茶科山茶属植物的普通油茶成熟种子中提取的纯天然高级食用植物油。2002年，美国白宫卫生研究院（NIH）营养平衡委员会主席西莫普勒斯博士把茶油排在了橄榄油的前面，茶油因此成为目前世界上最富营养与健康价值的食用油。随着国民经济的发展和人民生活水平的提高，以茶油为代表的高档优质食用油的需求量快速提升，我国茶油行业整体向好发展。中国油茶销售收入由 2014 年的 628.6 亿元增长到 2020 年的 984.83 亿元，预计到 2026 年市场规模达到 17 445 亿元。

资料来源：前瞻产业研究院．2021 年中国茶油行业产销现状、市场规模及发展趋势分析 [EB/OL]．https：//www. oilcn. com/article/2021/03/03_76934. html.

[讨论]

(1) 茶油近年来市场规模快速增长的原因是什么？

(2) 如何从市场营销学的角度理解市场的构成要素？

2. 市场营销

(1) 市场营销的定义。市场营销来自英语"marketing"一词，包含了两层含义：第一层是指市场营销，是企业的具体营销活动或行为；第二层是指市场营销学，是研究企业的市场营销活动或行为的科学。

市场营销的定义有多种，菲利普·科特勒于 1984 年对市场营销下的定义为：市场营销是指企业的这种职能：认识目前未满足的需要和欲望，估量和确定需求量大小，选择和决定企业能最好地为其服务的目标市场，并决定适当的产品、劳务和计划，以便为目标市场服务。1997 年，菲利普·科特勒重新定义市场营销：市场营销是一种满足需要的过程，即个人和群体通过创造并认同他人交换产品和价值，以满足需求和欲望的一种社会和管理过程。

2004 年，美国市场营销协会（American Marketing Association，AMA）公布的营销定义为："营销是采用企业与利益相关者都可获利的方式，为顾客创造、沟通和传递价值，并管理顾客关系的组织功能和一系列过程。"2007 年，该协会又公布了最新的营销定义："营销是创造、沟通、传递、交换对顾客、客户、合作伙伴和整个社会具有价值的提供物的一系列活动、组织、制度和过程。"这一定义可以从以下几个方面理解。

首先，营销是"一系列活动、组织、制度和过程"。营销组织以顾客需要为出发点，有计划地开展市场环境分析、调研相关市场信息、细分市场并确定目标市场，通过相互协调一致的产品策略、价格策略、渠道策略和促销策略，为顾客提供满意的产品或服务，从而实现企业目标的活动；组织是指一些从事营销活动的组织，如制造商、批发商、零售商、广告公司等；制度是指一些与营销有关的正式或非正式规范与制度，用于指导、规制营销活动，使企业的营销活动得以自律，如禁止虚假广告、过度促销、不公平竞争、虚假有奖销售等。

其次，营销是"创造、沟通、传递、交换提供物"的一系列过程。创造是指开发市场提供物，创造的前提是了解消费者的需要、欲望、口味和偏好；沟通是指通过广告、人员销售、销售促进等向潜在消费者传递信息，告知目标消费者提供物的属性和适应性；传递是指提供物从生产者到消费者的转移过程；交换是营销的实质，营销为消费者创造、与消费者沟通、向消费者传递提供物，其最终目的是实现交换。提供物可以是有形产品，也可以是无形产品；可以是客观产品，也可以是主观产品；可以是产品，也可以是服务。

最后，营销的对象是"顾客、客户、合作伙伴和整个社会"。顾客泛指个体消费者；客户可以是营利性组织，也可以是非营利性组织；合作伙伴是指通过合作，能够带来资金、技术、管理经验，推动企业技术进步和产业升级，提升企业核心竞争力和拓展市场的能力，取得双赢局面的合作方，可以是同行企业，也可以是供应商、科研院所等；而社会则将营销的范围扩大，表明营销的责任并不只是满足顾客或客户的需要，还要考虑承担企业的社会责任。

▶ 知识链接

市场营销与推销的区别

市场营销是在创造、沟通、传播和交换产品中，为顾客、客户、合作伙伴以及整个社会带来价值的一系列活动、过程和体系，而市场推销也就是运用一切可能的方法把产品或服务提供给顾客，使其接受或购买。具体区别：

（1）营销重点不同。推销观念以产品作为营销的重点，市场营销观念以顾客需求作为营销的重点。

（2）营销目的不同。推销是以推销产品获得利润为目的；市场营销观念以通过顾客满意而获得长期利益为目的。

（3）营销手段不同。推销观念以单一的推销和促销为手段；市场营销观念以整体营销为手段，综合运用产品、价格、渠道、促销等企业可以控制的营销因素进行营销。

（4）营销程序不同。以推销观念为指导的企业营销活动，是产品由"生产者－消费者"的单向营销活动。在市场营销观念指导下的企业营销活动，是由"消费者－生产者－消费者"的不断循环上升的活动过程。

[想一想]

有人说："市场营销的目标是使推销变得不再必要。"你怎么理解这句话？

（2）市场营销学的研究对象。市场营销学的研究对象是市场营销活动及其规律，其营销策略组合经历了从"4P"向"4C"的发展过程。

1960年，杰罗姆·麦卡锡（Jerome McCarthy）提出了4P理论，即产品（production）策略、定价（price）策略、渠道（place）策略、促销（promotion）策略。4P策略组合成为市场营销的重点，成为现代市场营销学的基本内容。

1990年，美国营销专家罗伯特·劳特朋（Robert Lauterborn）提出了4C理论。他以消费者需求为导向，重新设定了市场营销组合的四个基本要素，即顾客（customer）、成本（cost）、便利（convenience）和沟通（communication）。他强调企业首先应该把追求顾客满意放在第一位；其次是努力降低顾客的购买成本；再次要充分注意到顾客在购买过程中的便利性，而不是从企业的角度来决定销售渠道策略；最后还应以消费者为中心，实施有效的营销沟通策略。与4P理论相比，4C理论有了很大的进步和发展，它重视顾客导向，以追求顾客满意为目标。这实际上是当今消费者在营销中越来越受重视后，市场对企业的必然要求。

3. 需要、欲望和需求

需要（needs）是指消费者生理及心理的需要。如人们生存，需要满足食物、衣服、房屋等生理需求，以及安全感、归属感、尊重和自我实现等心理需要。

欲望（wants）是指消费者深层次的需要。不同文化背景下的消费者欲望不同。人的欲望受职业、团体、家庭、教会等诸多因素影响。因而，欲望会随着社会条件的变化而变化。

市场营销者能够影响消费者的欲望，如建议消费者购买某种产品。

需求（demand）是经济学上的概念，是指有支付能力和愿意购买某种物品的欲望。可见，消费者的欲望在有购买力作后盾时就变成了需求。许多人想购买奔驰牌轿车，但只有具有支付能力的人才能购买。

当具有购买能力时，对已经存在的具体产品或服务的欲望就转换成需求，这种需求被称为有效需求。有效需求由购买欲望、购买力和产品三个要素构成。

$$有效需求 = 购买欲望 + 购买力 + 产品$$

当有购买力和现实的产品，但缺乏购买欲望，或者虽然有购买欲望和现实产品，但缺乏购买能力时，这种需求被称为潜在需求。

市场营销人员不仅要分析有效需求，还要发现潜在需求，甚至是创造某些需求，并能够采用有效的方法去满足这些需求。

[想一想]

需求可以被创造出来吗？如果可以，那么在什么条件下可以？

4. 顾客价值

顾客价值又称顾客让渡价值，是指顾客总价值与顾客总成本之差。

$$顾客价值 = 顾客总价值 - 顾客总成本$$

顾客总价值是指顾客在购买和消费过程中所得到的全部利益，包括功能利益和情感利益。这些利益来自产品价值、服务价值、人员价值或形象价值。

顾客总成本是指顾客为购买某一产品或服务所支付的货币成本，以及购买者花费的时间、体力和精神成本。顾客总成本不仅包括货币成本，还包括非货币成本。

顾客让渡价值概念的提出为企业营销方向提供了一种全面的分析思路。企业在生产经营中创造良好的顾客价值只是企业取得竞争优势、成功经营的前提。除此之外，企业还必须关注消费者在购买产品或服务中所倾注的全部成本，减少顾客购买产品或服务的时间、体力与精神成本。

[讨论]

（1）从顾客价值的角度比较线上、线下购物的顾客总价值及顾客总成本。

（2）林产品生产经营企业如何增加顾客总价值，降低顾客总成本？

5. 顾客满意与顾客忠诚

顾客满意取决于顾客所理解的产品或服务的利益与其期望值的比较。有两种最基本的顾客满意度。

$$不满意：可感知的效果 < 期望值$$
$$满意：可感知的效果 \geq 期望值$$

顾客的期望值主要来源于过去的购买经验、朋友的意见和企业广告宣传所表达的各种承诺。因此，一个企业如果客观地作出承诺，然后再提供给顾客高出承诺的产品或服务，将会提高顾客的满意度。

顾客忠诚的主要表现方式有：再次或大量地购买企业该品牌的产品或服务；主动向亲友或周围的朋友、同事推荐该品牌产品或服务；几乎没有选择其他品牌产品或服务的念头，能抵制其他品牌的促销诱惑；发现该品牌产品或服务的某些缺陷，能以谅解的心情主动向企业反馈信息，而且不影响再次购买。

 知识链接

四种主要的顾客忠诚度类型

1. 价格忠诚型

客户会比较优惠，确定你的产品是不是物有所值。当你在占据市场份额的时候，以价格优惠来吸引你的受众，可以成功引起他们的注意，如果你能正确地进行维护，他们很快就会成为你真正的忠诚客户。

2. 利益忠诚型

虽然利益这种忠诚度类型与价格忠诚有重叠的部分，但背后的情感却大不相同。促销和折扣能在经济方面吸引你的受众。但这并不是唯一的方式。给予客户一些独特的身份，比如会员资格、会员卡、独家优惠等都有可能将他们转变为你的忠实客户。

3. 便利忠诚型

这些类型的客户会向你购买，因为你对他们来说更方便。生活本身就已经够艰难了，所以如果你能让你的客户体验比你的竞争对手更顺畅一点，那么你就会收获一个忠实的粉丝。尽管没有人能够拒绝物超所值的选择，但是这类人群对于价格并不是特别的敏感。你可以为这类人群提供更环保的包装、更友好的服务或者支持他们内心的想法就能赢得他们的忠诚，哪怕你提供的解决方案并不是市场上最便宜的解决方案。

4. 满意忠诚型

没有什么能比得上客户满意度，即最终的"忠诚者"。那些对整体体验感到满意的人会在没有任何额外激励的情况下回购更多。提供高质量的服务可以为你赢得这种忠诚度，而你也无须付出额外的努力。

（二）市场营销理念

市场营销理念是在市场营销实践的基础上产生，并不断发展和演进的，经历了由"以生产为中心"转变为"以顾客为中心"，从"以产定销"转变为"以销定产"的过程。具体来说，市场营销理念经历了以下六个发展阶段。

1. 生产观念

生产观念是一种产生于20世纪20年代前以增加供给为中心的古老经营哲学。当时社会生产力相对落后，市场上产品供不应求。因而，企业经营不是从消费者需求出发，而是从企业生产出发。企业经营管理的主要任务是改善生产技术，提高劳动生产率，降低成本，增加销售量，主要表现为"我生产什么，就卖什么"。例如，美国福特汽车总裁在20世纪20年代曾经宣称："不管顾客需要什么颜色的汽车，我只生产黑色的。"

案例1-2

水果"王中王"增产不增收

水果"王中王"——猕猴桃，同样也和其他水果一样陷入了没人要的境地；同样也没有跳出"增产不增收"的尴尬局面；同样也没有跳出农产品滞销的"魔圈"。

猕猴桃因其维生素C含量在水果中名列前茅，一颗猕猴桃的维生素C含量能够满足正常人一天的需求。因其酸甜爽口的迷人风味，深受消费者的喜欢。前几年一路畅销而且供不应求。火爆的局势引起了农民关注，于是农民纷纷投入到猕猴桃的产业中来，几年下来种植面积飞速扩大，新技术的应用也导致猕猴桃的种植面积越来越大。导致了今天猕猴桃种植面积大了，产量高了但猕猴桃却滞销了。猕猴桃的种植，就和其他水果种植一样，全国各地一窝蜂地都在种，根本控制不下来。由于经济价值高的原因，许多不适宜的生长区，也在不停地盲目扩大，造成了极大的产能过剩。低端产品过剩、高端产品明显不足。虽然中国的猕猴桃产量占据到了世界猕猴桃产量的70%左右，但出口却少得可怜，主要是根本就没有什么竞争力去进行国际市场竞争。

资料来源：袁亚祥. 国产水果为何难出国门 [J]. 果农之友，2006（2）：5-6.

[讨论]

（1）猕猴桃增产不增收的原因是什么？

（2）如何破解农（林）产品增产不增收的难题？

2. 产品观念

产品观念也是一种较早的企业经营哲学。这种观念认为消费者更喜欢质量优、性能好和功能多的产品。企业的任务是致力于制造优良产品并经常加以改进。这种观念指导下企业认为只要产品好就会顾客盈门，对自己生产的产品过于自信，而未看到市场需求的变化。长此以往，容易导致"市场营销近视症"，甚至导致经营的失败。

案例1-3

瑞士钟表痛失第一

20世纪中期，钟表王国瑞士的厂商长期醉心于生产精密机械表，未采纳有识之士的建议及时生产石英手表，结果让日本的电子表生产抢了先，一度痛失钟表产量全球第一的桂冠。

资料来源：驻瑞士使馆商务处. 瑞士钟表制造业概况及对我钟表业发展启示 [EB/OL]. https://tech. china. com/article/20211022/102021_903608. html.

3. 推销观念

推销观念产生于20世纪20年代末至50年代初。1929~1933年的经济大萧条，大量产品销售不出去，市场由卖方市场向买方市场过渡，迫使企业重视采用广告与推销的方法去推销产品。推销观念典型的口号是"我卖什么，顾客就买什么"。推销观念仍存在于当今的企业营销活动中。这种观念虽然比前两种观念前进了一步，开始重视广告和推销，但其实质仍然是以生产为中心的。

推销观念的应用

2001 年，海王牛初乳、海王金樽、海王银杏叶、海王银得菲等产品的广告在央视上狂轰滥炸的情景，直到今天还令人难以忘怀。伴随着广告的巨额投入，在保健品市场上名不见经传的海王生物迅速成为媒体、投资者关注焦点。

但海王的广告并未获得消费者的信赖，海王代价高昂的品牌广告对于中国的消费者来说，并未引起他们的购买冲动。2001 年海王生物的年报显示，其投入的高达 2 亿元广告费用，产生的销量相当一般。其结果是，2001 年海王实际利润额只有预期利润额的 50% 不到。2001 年效益一般，2002 年效益却更加糟糕。相比 2001 年海王中报 4 200 万元利润，2002 年中报利润一下子跌到了 1 200 万元，降幅之大令人吃惊。

资料来源：陈奇锐，单艳. 2002 年十大营销失利案例 [J]. 企业文化，2003 (7)：52-57.

好产品自己会"说话"，互联网会放大产品所说的"话"。移动互联网时代，信息透明且传播速度非常快，垃圾产品失去生存之地，过度营销、忽悠消费者的做法已经行不通了。企业要重新认识产品的重要性，坚决转变以前重宣传、重渠道的营销模式，重新回归产品、回归消费者价值，用心做好产品。

4. 市场营销观念

市场营销观念产生于 20 世纪 50 年代。当时社会生产力迅速发展，市场趋势表现为供过于求的买方市场，同时广大居民个人收入迅速提高，开始对产品进行选择。许多企业开始认识到，必须转变经营理念，才能求得生存和发展。

市场营销观念的出现，使企业的经营理念发生了根本性变化，也是市场营销学的一次革命。市场营销观念以消费者为中心，企业制定市场营销组合策略，适应外部环境，满足消费者的需求，实现企业的经营目标。市场营销观念典型的口号有："顾客需要什么，就生产什么""一切为了顾客""哪里有顾客的需要，哪里就有我的市场""顾客是上帝""顾客第一""顾客是我们的生命""热爱顾客而非产品""我们一切为了你"等。

白小 T 月营收过亿

T 恤是一件极为普通、工艺也极为简单的服装品类，但是，大多数消费者都会需要这一品类，甚至现在很多年轻人一年四季都会穿着 T 恤。白小 T 创始人张勇说："我认为解决了用户痛点，才能拥有用户，怕脏、怕皱、穿着不舒服这都是 T 恤穿着过程中的痛点。"

为了跳出传统服装行业的竞争，张勇将白小 T 定位为"用科技重新定义服装"，并跟宁波市电商园区共同建立国家级重点实验室，通过高科技新材料的创新和应用，白小 T 不断推出极具差异化的创新产品。例如，已开发的航天气凝胶材料抗寒"宇航服"，成为中国老百姓的第一款"宇航服"，零下 190 多摄氏度液氮喷射下一块猪肉冻得像块石头，但身着新材料气凝胶打造的"宇航服"的白小 T 品牌创始人张勇，却毫发无损……如针对用户反映白 T 恤在日常生活中容易沾上饮料、茶水等变脏，白小 T 开发出防油、防水、防污的三防 T；如用金属相变材料制作的吸能储能放能的高科技鞋垫，让你在寒冷的冬季走路五分钟温暖一整天；如用 3D 打印技术把羽绒压缩融合进针织面料的长袖 T 恤；比如针对服装领子会塌陷、翻卷问题，白小 T 用一个插片工艺解决，让领子不会塌。这个"微创新"的领插片，获得了国家实用新型发明专利。2020 年 11 月，试产的 1 万件气凝胶"宇航服"一个月内销售一空；根据仿生荷叶膜原理研发，防油、防水、防污的三防 T 恤，受到消费者热捧，2021 年上半年就卖掉 250 万件。

资料来源：郑凊心，阿茹汗. 白小 T 张勇：红海市场的机遇是"品类即品牌" [N]. 经济观察报，2022 – 8 – 8 （20）.

[思考]

白小 T 的成功体现了哪种营销观念，这种观念的核心是什么？

5. 社会营销观念

社会营销观念产生于 20 世纪 70 年代。当时经济发展给社会及广大消费者带来了巨大的利益，同时也造成了环境污染，破坏了生态平衡，出现假冒伪劣产品及欺骗性广告等，从而引起了广大消费者的不满，并掀起了保护消费者权益运动及保护生态平衡运动，迫使企业的营销活动必须同时考虑消费者及社会的长远利益。

社会市场营销观念不仅要求企业满足目标顾客的需求与欲望，而且还要考虑消费者及社会的长远利益，将企业利益、消费者利益与社会利益有机地结合起来。

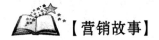

【营销故事】

三只松鼠的成功营销

2012 年 2 月，在安徽芜湖国家高新区，注册成立了三只松鼠品牌，定义为以坚果、干果、茶叶等森林食品的研发、分装及 B2C 品牌销售的现代化新型企业。在当时互联网商业兴起的风口下，三只松鼠自成立起，就引起了众多人的关注。

成立后，三只松鼠就获得了 IDG 资本两次共计 150 万美元的投资，是当时中国农产品电商获得的最大一笔天使投资。带着巨额的创业资金，三只松鼠踏上了快速发展的跑道。

2012 年 6 月 19 日，三只松鼠在天猫商城正式运营上线，主推坚果类产品，但其自身的定位是"多品类的互联网森林食品品牌"。在当时注重低价的电子商务领域，三只松鼠自诞生起就有着鲜明的品牌化色彩，它用来吸引客户的最大卖点已经不是价格，而是商品质量和服务。

资料来源：章燎原. 从三只松鼠的成功看什么是最好的营销 [J]. 公关世界，2016 （8）：96 – 100.

6. 大市场营销观念

1984 年，菲利普·科特勒根据国际贸易保护主义抬头，出现封闭市场的状况，提出了大市场营销理论 6P 策略，即在原来的 4P 策略（产品、定价、渠道及促销）的基础加上政治权力（political power）及公共关系（public relation）。他提出了企业不应只被动地适应外部环境，而且也应该影响企业外部环境的战略思想。

案例 1-6

企业影响政府决策

由 Facebook 创始人扎克伯格牵头，美国科技界成立了一个游说组织 FWD·us，该组织致力于影响美国政府行政分支以及立法分支的决策，减少政府决策对于科技界的不利干扰，推进有益于科技发展的行政政策与立法行为。据悉，FWD·s 的第一步计划就是让政府对移民政策做出一些调整，希望以此吸引到更多的海外精英。另外，FWD·us 在科研、教育、创造就业机会等方面也都已经有了一些设想。

资料来源：夏敏，安怡宁. 高科技互联网公司对美国国内政治和对外经济政策的影响 [J]. 江苏行政学院学报，2020（2）：94-102.

市场营销理念的演变是一个实践发展的自然选择，各种观念的出发点、方法和营销目标的区别，如表 1-1 所示。

表 1-1　　　　　　　　　　　营销理念比较一览

营销理念	出发点	方法	营销目标
生产观念	提高产量	降低成本，提高生产效率	在产量增长中获利
产品观念	提高质量	生产更加优质的产品	通过提高质量扩大销量取得利润
推销观念	产品销售	加大推销和宣传力度	在扩大市场销售中获利
市场营销观念	顾客需求	运用整体市场营销策略	在满足顾客需求中获利
社会营销观念	社会利益	协调性市场营销策略	满足消费者需求，维护社会长远利益
大市场营销观念	市场环境	运用"4P+2P"的整体营销	进入特定市场，满足消费者需求

由于诸多因素的制约，并不是所有企业都采用市场营销观念和社会市场营销观念。事实上，至今还有许多企业仍然处于以推销观念为主、多种观念并存的阶段。

（三）市场营销的新发展

随着世界政治、经济、文化的急剧变化，现代市场营销也在不断发展，市场营销观念和理论的应用领域已从生产领域进入航空公司、银行、保险等服务领域，进而又扩大到非营利性组织，被律师、会计师、医生和建筑师等专业团体所运用，应用于大学、医院、博物馆及政府政策的推行等社会领域中。

全员营销、关系营销、绿色营销、文化营销、整合营销、精准营销与智能营销等市场营销学各个分支也迅猛发展，得到极大的普及。

1. 全员营销

全员营销是指市场竞争进入争夺顾客资源阶段，需要企业内部各个部门协调一致，全体人员全过程、全方位地参与整个企业的营销活动，使顾客满意程度最大化的一种营销。

在全员营销指导下，企业要做到以下几个方面。

（1）全员参与营销。全员营销的关键是协调企业内部所有职能来满足顾客的需求，要让企业内部所有部门、全体员工都为顾客着想。全员参与营销活动并不是要求企业的全体人员都离开本职工作去搞销售，而是要求企业员工以认真负责的态度做好本职工作，清楚地知道企业目标对本职工作的要求，明白本职工作是企业整体营销活动的一部分。例如，只有全部了解产品的市场需求、开发背景、产品质量等，全体员工才能真正关注企业产品，将相关理念转变为行动，形成全员对产品的宣传与推动作用。又如，对于价格的理解，全员都应该了解产品的目标定位、产品的消费群体以及该群体的消费实力、易于接受的价格空间，这样才能让全体员工关注产品的生产成本、利润空间，极大地将"企业是制造利润的机器"这一理念变为全体员工的行为，才能切实推行降低成本、提高销量的具体举措。

（2）内部营销与外部营销配合一致。企业内部营销是指领导者要视员工为顾客，通过培训、激励来提高员工的满意度。只有员工满意了，才能更好地为顾客服务。企业内部营销还要求树立相互服务意识，上道工序视下道工序为顾客，强化内部环节服务。全员营销要求企业由内及外实行全方位营销。只有内部营销与外部营销相互配合，才能形成全员营销的优势。

（3）职能部门配合一致。只有企业内部研发、采购、生产、财务、人事各部门协调一致地配合营销部门争取顾客，才能称得上是全员营销。这种配合要求做到：协调分配资源；相互沟通，共同协作，必要的让步，取得一致。为了达到不断开拓市场的目的，有时某些部门必须牺牲本部门的短期利益。全员营销要求职能部门必须以"营销部门"为核心（以"市场"为核心）开展工作，以"营销的理念"来规划本部门的资源，最大限度地提高职能部门工作效率，推动公司的"整体营销"，最终达到最大化地服务好目标市场的目的。

2. 关系营销

关系营销是指为了建立、发展、保持长期的和成功的交易关系而进行的市场营销活动。关系营销的核心是正确地处理企业与消费者、竞争对手、供应商、分销商、政府机构和社会组织的关系，以追求各方关系利益最大化。从追求每笔交易利润最大化转化为追求与各方关系利益最大化是关系营销的特征，也是当今市场营销发展的新趋势。

关系营销是与传统营销相比较而言的。传统营销假定买卖双方是一种纯粹的价值交易关系，交易结束后双方就再没关系，不再需要保持交易和往来。在这种交易关系中，企业认为卖出商品赚到钱就是胜利，顾客是否满意并不重要。而事实是，顾客的满意度将直接影响到重复购买率，关系到企业的长远利益。在关系营销情况下，企业与顾客保持广泛、密切的关系，价格不再是最主要的竞争手段，竞争者很难破坏企业与顾客的关系。亚洲是一个关系型社会，对于亚洲市场，管理和维护可盈利性客户关系，显得尤为重要。

3. 绿色营销

绿色营销是在环境被破坏、污染加剧、生态失衡、自然灾害威胁人类生存与发展的背景下提出来的营销新理念。20 世纪 80 年代以来，伴随着各国消费者环保意识的日益增强，世界范围内掀起了一股绿色浪潮，在这股浪潮冲击下，绿色营销也就应运而生。

绿色营销是指企业把消费者需求、企业利益和环保利益有机地结合起来，充分估计资源利用和环境保护问题，从产品设计、生产、销售到使用的整个营销过程都考虑到资源的节约使用和环保利益，做到安全、卫生、无公害的一种营销。

传统营销认为，企业应时刻关注与研究的中心问题是消费者需求、企业自身条件和竞争者状况三个方面，并且认为满足消费需求、改善企业条件、创造比竞争者更有利的优势，便能取得市场营销的成效。

绿色营销在传统营销的基础上增添了新的思想内容：一是企业营销决策必须建立在有利于节约能源、资源和保护自然环境的基础上，促使企业市场营销的立足点发生新的转移；二是在传统需求理论基础上，企业对消费者着眼于绿色需求的研究，并且认为这种绿色需求不仅要考虑现实需求，更要放眼于潜在需求；三是企业与同行竞争的焦点，在于最佳保护生态环境的营销措施，并且认为这些措施的不断建立和完善是企业实现长远经营目标的需要，能形成和创造新的目标市场，是竞争制胜的法宝。

与传统的社会营销相比，绿色营销注重社会利益，定位于节能与环保，立足于可持续发展，放眼于社会经济的长远利益与全球利益。

4. 文化营销

文化营销是指把文化因素渗透于企业的整个营销活动中的一种营销。文化因素渗透包括：一是商品中蕴含着文化，商品不仅是有某种使用价值的商品，同时还凝聚着审美价值、知识价值、社会价值等文化价值的内容；二是经营中凝聚着文化，在营销活动中尊重人的价值、重视企业文化建设、重视管理哲学。

文化营销是利用文化力进行营销，它所塑造出的企业和企业产品营销形象，向顾客传达了很多情感因素。企业应善于运用文化因素来实现其占领某个目标市场的营销目的。

在产品的深处包含着一种隐性的东西——文化。企业向消费者推销的不是单一的产品，更重要的是满足消费者精神上的需求，给消费者以文化上的享受，满足他们高品位的消费需要。

知识链接

营销产品背后的文化

文化营销是有意识地构建企业的个性价值观并寻求与消费者的个性价值观匹配的营销活动。通过寻找、策划和建立生产者与消费者之间的文化个性匹配获得真诚的顾客群，以达到持久黏连性的目的，以"文化"相关的内涵与元素去诠释品牌独特性。不同的时代对它有不同的定义，但是文化营销的外延，大概有七大营销范畴。

源头营销：为品牌寻根问祖，塑造一种独特文化背景，以彰显品牌优越性。

故事营销：在产品设计与营销中，都以一种文化故事和元素来包装，以提升产品附加值。

跨界营销：利用其他品牌的文化背景，来提升自己品牌的附加值。

艺术营销：利用艺术展览等文化相关的品牌营销方式，以增加品牌内涵。

图书营销：利用图书出版的营销方式，来诠释品牌内涵。

背书营销：和跨界营销其实类似，利用他人的文化背景，来背书自己的营销。

公益营销：和公益项目合作，或者自创公益活动，为品牌增加情感价值。

例如，百雀羚和故宫合作的"致美东方·生活美学论坛"跨界营销，共同探讨东方美的文化共享新模式，推出的美什件既融合了百雀羚草本护肤的产品之本，更加融入了故宫的珍贵宫廷元素、设计和风格。把珍贵的东方文化、东方美带到人人都需要的美妆品里，让每个人都能在日常生活中感受到东方美，甚至将东方美作为一种新潮的生活方式。百雀羚和故宫的跨界不夸张地说是上升到了品牌的灵魂层面，深入到了跨界的深层内核。

5. 整合营销

整合营销是以消费者为核心，重组企业行为和市场行为，综合、协调地使用各种形式的传播方式，以统一的目标和统一的传播形象，传递一致的产品信息，实现与消费者的双向沟通，迅速树立产品品牌在消费者心目中的地位，建立产品品牌与消费者长期密切的关系，更有效地达到广告传播和产品销售的目的。

一般来说，整合营销包含两个层次的整合：一是水平整合，二是垂直整合。

（1）水平整合。水平整合包括以下三个方面。

第一，信息内容的整合。企业必须对所有这些信息内容进行整合，根据企业所要达到的传播目标，对消费者传播一致的信息。

第二，传播工具的整合。企业根据不同类型顾客接收信息的途径，衡量各个传播工具的传播成本和传播效果，找出最有效的传播工具组合。

第三，传播要素资源的整合。企业对所有与传播有关联的资源（人力、物力、财力）进行整合，这种整合也可以说是对接触管理的整合。

（2）垂直整合。垂直整合包括以下四个方面。

第一，市场定位的整合。任何一个产品都有自己的市场定位，这种定位是在市场细分和企业的产品特征的基础上确定的。企业营销的任何活动都不能有损企业的市场定位。

第二，传播目标的整合。对传播目标、促销效果、知名度、传播信息等进行整合，有了确定的目标才能更好地开展后面的工作。

第三，4P整合。根据产品的市场定位，设计统一的产品形象。4P策略之间要协调一致，避免互相冲突、矛盾。

第四，品牌形象整合。品牌识别的整合和传播媒体的整合。名称、标志、基本色是品牌识别的三大要素，它们是形成品牌形象与资产的中心要素。品牌识别的整合就是对品牌名称、标志和基本色的整合，以建立统一的品牌形象。传播媒体的整合主要是对传播信息内容的整合和对传播途径的整合，以最小的成本获得最好的效果。

6. 精准营销与智能营销

精准营销就是在精准定位的基础上，充分利用各种新媒体，将营销信息推送到比较准确的受众群体中，既节省营销成本，又能起到最大化的营销效果，实现企业可度量的低成本扩张的一种营销。新媒体，一般意义上指的是除报纸、杂志、广播、电视之外的媒体，尤其是指互联网媒体（网络媒体和移动媒体）。

大数据背景下的今天，智能营销是精准营销的智慧升级。智能营销的营销4.0时代，是以消费者无时无刻的个性化、碎片化需求为中心，满足消费者的动态需求，是建立在工业4.0（大数据与云计算、移动互联网、物联网）、柔性生产与数据供应链的基础上的全新营销模式；是以人为中心，以网络技术为基础，以创意为核心，以内容为依托，以营销为本质目的的消费者个性营销；是实现虚拟与现实的数字化商业创新、精准化营销传播、高效化市场交易的全新营销理念与技术。

案例 1-7

京东商城的精准营销与智能营销

京东商城利用大数据对用户行为分析从而做到精准营销。通过对用户数据的分析，了解到用户的兴趣爱好以及购物趋向，并用 E-mail 和短信的方式将用户感兴趣的产品推荐给他们。精准营销最重要的是建立用户模型。例如，根据用户的基本信息以及购买行为建立模型来分析用户的购买心理——通过分析用户首次浏览的商品和最终购买商品之间的时间段，了解到用户浏览了多少同类型的商品，根据用户在购买之前等待的时间长短进行判断。京东商城根据用户的购买行为，可以分析出用户的购物心理，进一步得出某类商品的购买心理并贴上标签。因此，京东商城在做促销活动的时候就可以根据用户的购买心理，做到产品精准划分、客户划分从而做到精准营销。

京东智能网站为每一个用户建立一个自己的个性标签。通过对用户信息的挖掘和分析，京东商城对客户细化区分，并满足其需求。具体实践中，对具有重复购买特点的商品，通过数据分析，系统会记录两次购买之间的平均时间并在下一个时间段自动向用户推荐同类型的产品。京东还进行了搜索引擎优化，细分了用户搜索的关键词，例如用户在产品评论中提及"老妈很喜欢"等，京东商城通过分析这些海量的评论理解用户的意图，为商城中的商品打上"商品适合送给父亲或母亲"等标签。

资料来源：冯薛. 大数据时代京东商城营销模式创新分析 [J]. 新经济，2016 (24)：40.

三、技能训练

（一）案例分析

案例 1-8

中国木材（集团）有限公司（简称中木集团）是中国木材行业成立时间最早、经营网点最多的大型木材商贸企业，总部位于北京。集团致力于森林资源开发培育、木材加工、木材贸易、林化产品、林木种苗及相关进出口业务，在森林资源和木材产业上下游全产业链领域里，为海内外客商提供高质量与可信赖的产品和服务。中木集团前身为中国木材总公司，1986 年成立于北京，是经原国家内贸部批准，在国家工商行政管理总局登记注册的大型企业。曾参与制定中国国家木材行业规则及发展规划，行使对中国木材行业市场的管理职能。2012 年 3 月，经国务院国资委批准，中木集团实施重组改制，并设立企业集团，注册资本金增至 3.6669 亿元。

资料来源：中国木材（集团）有限公司. 公司介绍 [EB/OL]. https：//zgmc. gujianchina. cn/introduce/.

[试分析]

该公司应该采用哪种营销理念来指导企业的经营？

案例 1-9

　　随着天水林产品特别是林下经济产品规模不断发展壮大，种类日趋增多，传统的营销手段和模式已经不能够适应现代市场营销的需求。为了更好地服务全市广大从事林下经济产业的农民群众，提高他们的家庭收入，进一步拓宽林下经济产品的营销渠道。

　　近几年来，天水市商务局、天水市林业局等部门联合天水在线、天水电视台、天水日报等主流新闻媒体，与天水移动、电信、联通等通信企业密切合作，有计划、有步骤地开展实施"互联网+林产品"营销行动，逐步建成"县（区）有中心、乡镇有站、村里有点""互联网+林产品"营销基地，让广大农民足不出户就能销售自家种植的林下经济产品。一是通过招商引资邀请有实力的企业入住天水市，开展"互联网+基地"林产品营销模式。"秦州大樱桃"成功与苏宁易购建立良好的合作关系，苏宁易购将在全国 12 个中心城市门店设立"秦州大樱桃"线下促销专柜，以买家电送樱桃、买樱桃送小礼品等形式对秦州大樱桃销售。二是与有实力的网商进行合作，开展"互联网+电商"的营销模式。市政府专门邀请淘宝、京东等知名度高的电商企业，通过与林业合作社、家庭林场、林业龙头企业开展合作，搭建网络直销平台，实现农户、经营实体、电商企业三赢的局面。三是由政府出面，加强与天水籍名人沟通衔接力度，开展"互联网+名人"的林产品营销模式。天水籍名人郭霁红、潘石屹不忘家乡情，通过网络、现场代言义务代言"秦州大樱桃""天水花牛苹果"等天水市林产品品牌，有力地扩大了天水林产品品牌的影响力。

　　资料来源：天水市政府网. 天水市多举措推进"互联网+林产品"营销模式［EB/OL］. http：//gs. cnr. cn/gsxw/kx/20170504/t20170504_ 523738281. shtml.

　　[试分析]

　　天水市林产品能够营销成功的核心是什么？它体现了哪种营销观念？

案例 1-10

　　海底捞品牌创建于 1994 年，历经 20 多年的发展，海底捞国际控股有限公司已经成长为国际知名的餐饮企业。截至 2021 年 6 月 30 日，海底捞在全球开设 1 597 家直营餐厅，其中 1 491 家门店位于中国大陆，106 家门店位于中国香港、中国澳门、中国台湾及海外，包括新加坡、韩国、日本、美国、加拿大、英国、越南、马来西亚、印度尼西亚及澳大利亚等地。

　　资料来源：海底捞. 品牌故事［EB/OL］. https：//www. haidilao. com/about/brand.

　　[试分析]

　　海底捞成功的原因是什么呢？

（二）任务实施

实训项目：调查与访问——林产品经营企业的营销理念。

1. 实训目标

深入理解市场营销理念在企业经营实践中的体现，培养初步运用的能力。

2. 实训内容与要求

4~5 名学生组成一个模拟公司，以模拟公司名义进行调查。在调查访问之前，每组需根据课程所学知识经过讨论确定访问的主题，制订调查与访问计划，计划列出调查与访问的具体问题。具体问题可参考下列提示。

（1）本地有哪些知名林产品经营企业及知名品牌。

（2）这些林产品企业生产经营的产品类型和品种、产品的特点、目标顾客、市场地位等。

（3）企业所处的环境怎样？包括宏观环境与微观环境。

（4）企业有哪些经营上的成功？是怎样取得的？

（5）他们的营销理念是什么？

（6）他们的营销理念有过怎样的变化？

（7）企业在经营过程中有哪些你感兴趣的经营理念，并做简要分析。

3. 实训成果与检验

调查访问结束后，各小组进行成果汇报。教师与所有小组共同对各小组的表现进行评估打分，汇报内容包括以下几方面。

（1）所调查企业的简介，包括公司名称、品牌名称、业务范围等。

（2）所调查企业的营销理念分析，书面论述 300 字左右。

（3）所调查企业的营销创新之处，制作 PPT 演示讲解，时间为 3 分钟左右。

（4）确定模拟"公司"经营的林产品类别及营销理念，书面论述 100 字左右。

以上问题均以小组为单位进行，各小组在讨论的基础上，每个同学把自己调查访问所得的重要信息如照片、文字材料、影音资料等制作成宣传册展出，之后交老师保存。

四、知识拓展

市场营销的任务

市场营销的主要任务是刺激消费者对产品的需求，同时帮助企业在实现其营销目标的过程中，影响需求水平、需求时间和需求构成。任何市场均可能存在不同的需求状况，市场营销的任务是通过不同的市场营销策略来满足不同的需求，表 1 - 2 对市场不同类型需求的营销任务进行了总结。

表 1 - 2　　市场营销的任务

需求类型	含义	营销策略	营销任务	举例
负需求	众多顾客不喜欢某种产品或服务	针对目标顾客的需求重新设计产品、定价，做更积极的促销，或改变顾客对某些产品或服务的认识	改变市场营销：把负需求转变为正需求	怕冒险而不敢乘飞机，怕化纤纺织品含有毒物质损害身体而不敢购买化纤服装
无需求	目标市场顾客对某种产品从来不感兴趣或漠不关心	通过有效的促销手段，把产品利益同人们的自然需求及兴趣结合起来	创造需求：把无需求转变为有需求	某些地区居民从不穿鞋子，对鞋子无需求
潜在需求	现有的产品或服务不能满足消费者的强烈需求	开发有效的产品和服务，满足潜在市场需求	把潜在需求转化为现实需求	老年人需要高植物蛋白、低胆固醇的保健食品

续表

需求类型	含义	营销策略	营销任务	举例
下降需求	目标市场顾客对某些产品或服务的需求出现了下降趋势	通过改变产品的特色,采用更有效的沟通方法刺激需求,或寻求新的目标市场	重振市场营销:扭转需求下降的格局	随着智能手机普及率的提高,我国手机市场趋于饱和状态,手机需求量开始下降
不规则需求	因时间差异对产品或服务需求的变化,造成生产能力和商品的闲置或过度使用	通过灵活的定价、促销及其他激励因素来改变需求时间模式	协调市场营销	旅游旺季时旅馆紧张和短缺,旅游淡季时旅馆空闲
充分需求	产品或服务目前的需求水平和时间等于期望的需求	改进产品质量及不断估计消费者的满足程度,维持现时需求	维持市场营销	加多宝生产的凉茶没有库存,而消费者随时可以买到
过度需求	顾客对某些产品的需求超过了企业供应能力,产品供不应求	可以通过提高价格、减少促销和服务等方式使需求减少	减缓市场营销:采取措施降低某些需求	多个城市对住房采取限购政策
有害需求	对消费者身心健康有害的产品或服务	通过提价、发布有害商品的信息及减少可购买的机会或通过立法禁止销售	反市场营销:采取相应措施来消灭某些有害的需求	香烟、毒品、黄色书刊等

五、课后练习

1. 单选题

(1) 将各种市场营销因素归纳为 4P 的是美国学者 (   )。

A. 菲利普·科特勒　　　B. 麦卡锡　　　C. 迈克尔·彼特　　　D. 彼得·德鲁克

(2) 易引发企业"营销近视症"的观念是 (   )。

A. 生产观念　　　B. 产品观念　　　C. 推销观念　　　D. 营销观念

(3) 福特:"不管顾客需要什么颜色的汽车,我的车只有黑色的",体现了哪种营销观念?(   )

A. 生产观念　　　B. 产品观念　　　C. 市场营销观念　　　D. 社会营销观念

(4) 只要我的产品质量过硬,广告宣传到位,就一定有市场。这句话体现了哪种营销观念?(   )

A. 生产观念　　　B. 产品观念　　　C. 市场营销观念　　　D. 社会营销观念

(5) 五菱:"顾客需要什么,我们就生产什么",这体现哪种营销观念?(   )

A. 生产观念　　　B. 产品观念　　　C. 市场营销观念　　　D. 社会营销观念

(6) 从营销理论的角度来看,企业市场营销的最终目标是 (   )。

A. 满足消费者的需求和欲望　　　　　　B. 获取利润

C. 求得生存和发展　　　　　　　　　　D. 把商品推销给消费者

（7）市场营销理论的中心是（ ）。

A. 需求   B. 交换   C. 消费   D. 生产

（8）绿色营销观念的产生基于人们对（ ）的反思。

A. 经济环境   B. 政治环境   C. 科技环境   D. 自然环境

2. 判断题

（1）市场营销就是推销和广告。 （ ）

（2）市场营销的核心是销售。 （ ）

（3）人类的需要与欲望是市场营销存在的前提与出发点。因此，营销者要善于创造和诱导需要，使其转化成现实的需求。 （ ）

（4）市场营销活动从生产活动结束时开始，直到产品到达消费者手中为止。 （ ）

（5）广告和推销是市场营销观点产生以后才出现的。 （ ）

（6）大数据背景下，更容易实现精准营销。 （ ）

（7）市场营销是销售部门的事情，与别的部门无关。 （ ）

3. 简答题

（1）什么是市场营销？如何理解其含义？

（2）市场营销与推销有什么不同？

（3）企业如何增加顾客价值？如何降低顾客成本？

（4）市场营销理念分成几种类型？其发展过程对我们有哪些启示？

任务二 规划林产品经营企业的营销战略

一、任务导入

选定经营的林产品后，"公司"需要完成以下任务。

（1）为自己的林产品经营公司写一份创业战略规划设计书。战略规划的编制，至少应包括四个方面的内容：为公司经营选址并进行说明；界定经营目标、使命与经营范围；进行内在资源分析（优势、劣势）和外部环境分析（机会、威胁）；制订可行性方案。

（2）将战略规划设计书制作成 PPT，并向班级同学汇报。

二、相关知识

（一）企业营销战略

现代营销学之父菲利普·科特勒将市场营销战略定义为：业务单位意欲在目标市场上用以达成它的各种营销目标的广泛原则，其内容主要由三部分构成：目标市场战略、营销组合和营销费用预算。

市场营销战略（marketing strategy）是指企业在现代市场营销观念下，为实现其经营目标，对一定时期内市场营销发展的总体设想和规划。市场营销战略作为一种重要战略，其主旨是提高企业营销资源的利用效率，使企业资源的利用效率最大化。由于营销在企业经营中的突出战略地位，使其连同产品战略组合在一起，被称为企业的基本经营战略，对保证企业总体战略实施起关键作用。

企业营销战略规划分为三个步骤：明确企业使命和总体方向、制定企业现有业务发展战略、制定企业新业务发展战略，如图 1-1 所示。

图 1-1   企业营销战略规划步骤

1. 明确企业使命和总体方向

企业总体战略从企业使命的概述开始。企业使命是指企业由社会责任、义务所承担或由自身发展所规定的任务。美国著名管理学家彼得·德鲁克认为，为了从战略角度明确企业的使命，应系统地回答下列问题：我们的事业是什么？我们的顾客群是谁？顾客的需要是什么？我们用什么特殊的能力来满足顾客的需求？如何看待股东、客户、员工、社会的利益？

在公司使命阐述中界定其参考要素，包括以下几个方面的内容。

（1）公司的历史和传统。对于非创新企业，应考虑公司过去的历史、文化的延续问题。比如，公司的目的、方针政策、成就、公众形象，它们是这家公司企业文化的历史沉淀。

（2）投资者和管理层的意图。企业拥有者和经营管理者对企业的发展总是有一定的考虑、打算、见解和追求的。界定企业使命要考虑这些因素。

（3）经营环境的变动。经营环境会随着时代的变化而变动，这会给企业带来机会，也会给企业带来威胁，企业使命需要顺应时代变化。比如，互联网时代的来临，极大地改变了消费者的购买习惯。

（4）公司资源。公司资源影响一个企业能够和适宜进入特定的领域，离开资源因素的企业使命不具有可行性。

（5）公司核心能力。界定企业使命不能随意，必须结合有别于竞争者的、自己最具优势的特长。

世界知名企业的使命如下。

华为公司——聚焦客户关注的挑战和压力，提供有竞争力的通信解决方案和服务，持续为客户创造最大价值。

联想电脑公司——为客户利益而努力创新。

万科（宗旨）——建筑无限生活。

迪士尼公司——使人们过得快活。

荷兰银行——透过长期的往来关系，为选定的客户提供投资理财方面的金融服务，进而使荷兰银行成为股东最乐意投资的标的及员工最佳的生涯发展场所。

微软公司——致力于提供使工作、学习、生活更加方便、丰富的个人电脑软件。

索尼公司——体验发展技术造福大众的快乐。

惠普公司——为人类的幸福和发展做出技术贡献。

耐克公司——体验竞争、获胜和击败对手的感觉。

沃尔玛公司——给普通百姓提供机会，使他们能与富人一样买到同样的东西。

IBM 公司——无论是一小步，还是一大步，都要带动人类的进步。

麦肯锡公司（愿景与使命合一）——帮助杰出的公司和政府更为成功。

2. 制定企业现有业务发展战略

企业在发展的过程中，会产生不同的产品业务，各个产品业务的增长机会各不相同，在企业资源的约束条件下，必须对产品业务进行分析、评价，确认哪些业务应当发展、维持，哪些业务应当缩减或者淘汰，由此作出科学的投资组合计划。对现有业务的分析、评价方法主要有波士顿矩阵法和通用电气公司法。

▶ 知识链接

波士顿矩阵法

波士顿矩阵法，又称波士顿咨询集团法、四象限分析法、产品系列结构管理法等。是由美国波士顿咨询公司首创的一种用来分析和规划企业产品组合的方法。这种方法的核心在于如何使企业的产品品种及其结构适合市场需求的变化。

波士顿矩阵法是运用"市场增长率/相对市场占有率"矩阵对企业的战略经营单位或业务逐一进行分析，并将其划分为四个不同的区域，以便进行分析和调整业务投资组合的方法，如图1-2所示。

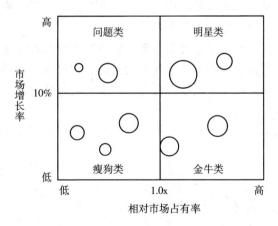

图1-2　波士顿矩阵

图1-2中，横轴表示战略业务单位的相对市场占有率，即本单位市场占有率与最大竞争者市场占有率之比，以1.0x为分界线，高于1.0x以上为高相对市场占有率，1.0x以下为低相对市场占有率；纵轴表示市场增长率，即销售额的增长率；图中的每一个圆都代表一个战略业务单位，其面积大小代表不同的业务单位的销售额大小，其位置表示各战略单位的市场增长率和相对市场占有率的变化。

明星类：高增长、高市场份额区。这是高速增长中的市场领先者。一方面为企业提供现金收入；另一方面企业又必须投入大量资金来维持其市场增长率并击退竞争者的进攻。明星类常常发展为企业未来的金牛类。

瘦狗类：低增长、低市场份额区。这类业务市场份额低，意味着获得较少的利润，甚至亏损。低增长的市场意味着较差的投资机会，这类产品也许已进入市场衰退期，或者企业经营不成功，不具备与竞争对手竞争的实力。如果市场增长率回升，企业有可能重新成为市场领先者，业务转化为金牛类业务。但如果盲目持续投资则得不偿失，可考虑减少或者淘汰此类业务。

问题类：高增长、低市场份额区。企业大多数业务就是从问题类开始的。这类业务的特征是市场需求增长很快，企业过去投资少，市场份额较对手小，需投入大量的资金，同时企业没有优势。企业必须慎重考虑自己的核心能力和产品的前途，考虑是加大投资还是放弃这类业务。

金牛类：低增长、高市场份额区。处于该区域的产品占有较高的市场占有率，享有规模经济高利润的优势，市场成长率低，企业不必大量投资。

通过对现有业务（产品）的评估和发展前景分析，企业由此得出对原投资组合的调整，通常有以下四种调整战略可供选择。

发展战略：适用于问题类业务，目的是扩大市场占有率，需要追加投资，甚至不惜放弃短期利益。

维持战略：适用于金牛类业务，保持某一战略业务单位的市场份额，不缩减也不扩张。

收缩战略：既适用于处境不佳的金牛类业务，也适用于仍有利可图的问题类或瘦狗类业务。其目的是获取战略业务的短期效益，不做长远考虑。

放弃战略：常用于瘦狗类或问题类业务，意味着企业应对该业务进行清理、撤销，以减轻企业负担，把资源投放到更有利的投资领域。

波士顿矩阵法也存在局限性：它要求每项分析的业务对象都要达到相同的占有率和增长率，但事实上不同业务的占有率和增长率是不相同的，因为不同业务所处的市场周期不同。按此法制定企业市场营销战略，可能使企业失去富有吸引力的营销机会。

[讨论]

使用波士顿矩阵对企业的业务单位进行分析后，除了以上四种战略可供选择以外，是否还存在其他的战略选择？

案例 1－11

用波士顿矩阵分析企业营销战略决策

某一林产品经销公司经营 A、B、C、D、E、F、G 七个品牌的酒品，公司可用资金 50 万元。经对前半年的市场销售统计分析，发现以下几个问题。

（1）A、B 品牌业务量占总业务量的 70%，两个品牌的利润占到总利润的 75%，在本地市场占主导地位。但这两个品牌是经营了几年的老品牌，从去年开始市场销售增长率已呈下降趋势，前半年甚至只能维持原有的业务量。

（2）C、D、E 三个品牌是新开辟的品牌。其中，C、D 两个品牌前半年表现抢眼，C 品牌销售增长了 20%，D 品牌增长了 18%，且在本区域内是独家经营；E 品牌是高档产品，利润率高，销售增长也超过了 10%，但本地竞争激烈，该品牌其他两家主要竞争对手所占市场比率为 70%，而公司只占到 10% 左右。

（3）F、G 两个品牌市场销售下降严重，有被 C、D 品牌代替的趋势，且在竞争中处于下风，并出现了滞销和亏损现象。

[讨论]

针对上述情况，根据波士顿矩阵原理，以上七类品牌分别应采取什么样的战略对策?

3. 制定企业新业务发展战略

企业对现有业务进行评估分析以后，需要对未来发展、新增业务作出战略规划。企业发展战略主要有三类：密集型增长战略、一体化增长战略、多角化增长战略。

（1）密集型增长战略。这一战略具有三种形式：市场渗透战略、市场开发战略、产品开发战略，如图 1-3 所示。

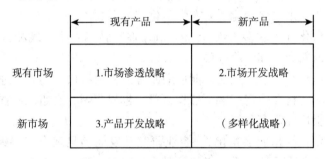

图 1-3　密集型增长战略

第一，市场渗透战略。即采取积极的措施，在现有市场上扩大现有产品的销量。可运用三种方法：一是设法使现有顾客多次或大量购买本企业产品；二是吸引竞争对手的顾客购买本企业的产品；三是开发潜在顾客。可通过提高产品质量，改善包装、服务，加大促销力度，多方面刺激需求，扩大销量。

第二，市场开发战略。把现有产品投放到新的市场，从而增加销量。企业可把产品从一个地区推广到其他地区、全国市场，甚至是国际市场；也可以发现新的细分市场，扩大市场范围。

第三，产品开发战略。即向现有市场提供新产品或者进攻产品，满足现有顾客的潜在需求，增加销量。比如，增加产品品种、新功能和新用途等。

[讨论]

下列产品分别采用了哪种密集型增长战略? 请详细说明理由。

（1）某地出产的板栗，品质优良，原来只在本地销售，因产量大增，需要向外地销售。

（2）某家具厂主打一款衣柜，随着市场竞争加剧，仅用一款产品打天下已经不能满足市场需求。

（3）新进入市场的香菇产品。

（2）一体化增长战略。企业发展到一定程度，如企业所属的行业发展潜力大，在供、产、销方面合并后将有更多的利益，便可考虑采用一体化增长战略，以增加新业务，提高盈利能力。其具体形式有三种：前向一体化、后向一体化、水平一体化。

第一，前向一体化。生产企业向前控制分销系统，如收购、兼并批发商与零售商，通过增强销售力量来谋求进一步的发展。企业也可以把生产的产品向前延伸，如造纸公司或印刷企业经营文件用品，木材公司生产实木家具等。

第二，后向一体化。制造商收购、兼并原材料供应商，控制市场供应系统。一方面，避免原材料短缺，成本受制于供应商的局面；另一方面，通过盈利高的供应业务争取更多收益。

第三，水平一体化。企业兼并或控制竞争者，也可以实行其他形式的联合经营，可以扩大经营规模，增强实力，也可取长补短，争取共赢。

（3）多角（元）化增长战略。当企业在原有业务领域没有更好的发展机会时，可通过创建新工厂或购买别的企业，生产和经营与企业原有业务无关或关联较小的业务。多角化增长战略有同心多角化、水平多角化和复合多角化三种形式。

第一，同心多角化（关联多角化）。企业利用原有技术、生产线和营销渠道开发与原有产品和服务相类似的新产品和新服务项目。

这种战略经营风险小，较易成功，能借助原有经验和特长，不需要进行重大技术开发或建立新的销售渠道，还将在一定程度上节省运费、包装费等。比如，百香果果汁厂家生产猕猴桃果汁饮料、木板厂经营家具等。

第二，水平多角化（横向多角化）。企业研究开发能满足现有市场顾客需要的新产品，而产品技术与原有企业产品技术没有必然的联系。比如，原来生产木质家具的企业，现在经营床上用品；或者大型百货公司经营美容、娱乐等业务。这标志着企业在技术和生产上进入一个新的领域，具有较大风险。

第三，复合多角化（集团多样化）。企业开发与原有产品的技术无关，同时与原有市场毫无联系的新业务。比如，中国林产品集团有限公司经营的产品包括林业种子、林场、森林旅游、林产品、林业物资等；家电企业同时经营旅游、金融、房地产等业务。国际上的大型集团性企业往往采取复合的经营战略，优点是扩大企业经营领域，有效分散经营风险，但管理难度大大增强。

无论企业考虑实行哪一种多角化战略，必须具备多角化经营的核心能力，诸如资金实力、人力资源、市场网络和管理能力。20 世纪 90 年代初期，春兰空调发展到一定阶段时，面临"精力过剩"的局面，才考虑投资摩托车、汽车等领域。企业规划、实行多元化战略必须慎重，财力和经营实力较弱的中小型企业不宜轻易采用该种战略。

（二）SWOT 分析法

SWOT 分析法又称态势分析法，四个英文字母分别代表优势（strength）、弱势（weakness）、机会（opportunity）、威胁（threat）。企业根据自身的既定内在条件进行分析，找出企业的优势、劣势及核心竞争力，从而将企业的战略与企业内部资源、外部环境有机结合。从整体上看，SWOT 可以分为两个部分：第一部分"SW"，主要用来分析内部条件；第二部分"OT"，主要用来分析外部环境。

1. 分析环境因素

企业在发展过程中存在的积极因素和消极因素，分别被称为优势和劣势因素，它们都属于主观因素；外部环境中对企业发展有直接影响的有利因素和不利因素，分别被称为机会因素和威胁因素，它们都属于客观因素。在调查分析这些因素时，不仅要考虑企业的历史和现状，而且要更多地考虑企业未来的发展趋势。关于企业环境因素的分析，如表 1 – 3 所示。

表 1 – 3 　　　　　　　　　　　　　　　　　环境因素分析

优势因素	技术技能优势，有利的金融环境，良好的企业形象和较高的顾客美誉度，被广泛认可的市场领导地位，成本优势，强势广告，产品创新能力，优质客户服务，优秀产品质量，战略联盟和并购
劣势因素	缺少关键技术，设备陈旧，高成本，超额负债，内部运营环境差，落后的技术研发能力，过分狭窄的产品组合，缺乏市场规划能力
机会因素	服务独特的客户群体，产品组合的扩张，前向或后向一体化，技能技术向新产品新业务转移，进入市场壁垒降低，战略联盟与并购带来的市场扩张，地理区域的扩张
威胁因素	强势竞争者的加入，替代品引起的销售下降，市场增长减缓，由新规则引起的成本增加，商业周期的影响，客户和供应商杠杆作用的加强，消费者需求减少，人口与环境的变化

（1）优势与劣势分析。竞争优势是指一个企业超越其竞争对手的能力，或者指公司所特有的能提高公司竞争力的东西。劣势是指某公司缺少或做得不好的东西，或者指某种会使公司处于劣势的条件。由于企业是一个整体，并且由于竞争优势来源的广泛性，所以，在进行优劣势分析时，必须从整个价值链的每一个环节上将企业与竞争对手作详细的对比。企业管理者应当明确本企业的优势与劣势。

（2）机会与威胁分析。外部环境的变化对企业产生的影响可以分为两方面：一方面是对营销有利的因素，对企业来说是环境机会；另一方面是对营销不利的因素，对企业来说是环境威胁。环境机会就是对企业行为富有吸引力的领域，企业在这一领域中，将拥有竞争优势。环境威胁对企业是一种挑战。如果不采取果断的战略行为，这种不利趋势将导致企业的竞争地位受到削弱。

2. 构造 SWOT 矩阵

将调查得出的各种因素根据影响程度不同进行排序，构建 SWOT 矩阵。SWOT 矩阵由四部分组成，如图 1 – 4 所示。

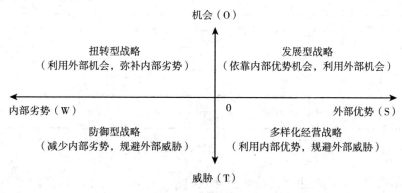

图 1 – 4　SWOT 矩阵

3. 选择战略

在对市场机会和环境威胁评价的基础上，通过对 SO、ST、WO、WT 策略进行甄别和选择，企业可以有的放矢地制定相应的战略，最终确定企业行动方案。可供企业选择的战略有以下几种。

（1）发展型战略。这是企业在现有的战略基础上向更高一级目标发展的战略。在外部环境出现较为有利的机会、企业资源又有充分保障的条件下，企业可以采用这种战略，以谋求更大的发展空间。该战略以发展为导向，引导企业不断地开发新产品，开拓新市场，采用新的生产方式和管理方式，以便扩大企业的生产规模，提高竞争地位，增强企业的竞争实力。

（2）扭转型战略。这是指企业利用市场机会克服劣势的战略。企业可以采取缩小生产规模、削减成本费用、实施业务转移等方式来扭转销售和盈利下降的趋势。

（3）防御型战略。这是企业应对市场可能给企业带来的威胁，采取措施保护和巩固现有市场的一种战略。在外部环境出现严重威胁时，如宏观经济不景气、产品已进入衰退期、出现了强有力的竞争对手等，企业可以采取缩小经营规模、提高产品质量和管理水平、推出新产品等手段来阻止竞争对手进入，巩固现有市场，以此来保证自己的稳定发展。

（4）多样化经营战略。它包含了产品多样化和市场领域多样化两种经营战略。多样化经营的目的在于分散风险，避免因市场变动而影响收益，充分利用生产潜力和市场销售潜力。

（三）市场营销计划

1. 市场营销计划概述

市场营销计划是指企业为实现预定的市场营销目标，为未来市场营销活动进行规划和安排的过程。企业市场营销计划大致包括六个方面的内容：企业计划、局部计划、产品品类计划、产品计划、企业品牌计划、市场计划。

市场营销计划详细说明了企业预期的经济效果，确定了企业实现计划活动所需的资源，描述了将要进行和采取的任务和行动，有助于监测企业各种市场营销活动的实施及其效果。

2. 市场营销计划的内容

市场营销计划应包括内容概要、背景和现状、威胁和机会、营销目标、营销策略、行动方案、预算及控制等内容，如图 1-5 所示。

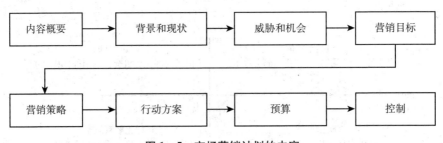

图 1-5   市场营销计划的内容

（1）内容概要。让高层主管很快掌握计划的核心内容，并据以检查研究和初步评估计划的优劣。

（2）背景和现状。这是正式计划中的第一个主要部分，是对当前企业市场处境的分析。

（3）威胁和机会。威胁是指不利的市场趋势，或不采取相应有效的市场营销行为就会使产品滞销或被淘汰的特别事件。机会是指企业的市场营销机会，即对企业的市场营销活动具有吸引力的地方，在这些地方该企业可与其他竞争对手并驾齐驱，或独占鳌头，获得优厚的利益。

（4）营销目标。确定企业的营销目标，并对影响这些目标的某些问题加以考虑和论证。

（5）营销策略。企业为达成营销目标所灵活运用的方式或手段，包括与目标市场、营销因素组合、营销费用支出水平有关的各种具体策略。

（6）行动方案。企业各种市场营销策略确定之后，还必须将它们转化为具体的行动方案。这些行动方案大致围绕任务类型、完成时间、负责人员来制订。

（7）预算。前述的市场营销目标、策略及行动方案拟订之后，企业就应制订一个保证该方案实施的预算。

（8）控制。营销计划的最后一部分为控制，用来监督和检查整个营销计划的进度。

3. 编制市场营销计划的程序

编制营销计划应遵循的程序，如图 1-6 所示。

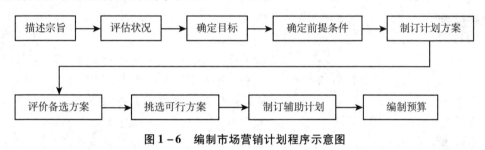

图 1-6　编制市场营销计划程序示意图

三、技能训练

（一）案例分析

案例 1-12

2003 年，褚时健在哀牢山深处的戛洒镇种下了第一批冰糖橙，命名"褚橙"，经过多年精心培育"褚橙"以其皮薄汁多、黄金甜酸比、清甜化渣的特性赢得市场口碑，成为最受亚洲人喜爱的甜橙品牌之一，并于 2017 年达成单品产值近 3 亿元的优秀成绩。

2015 年，"褚橙"团队着手打造龙陵生产基地，占地 10 000 亩，新一代"褚橙"人奔赴前线，采用"褚橙"庄园的标准化管理加因地制宜的管理体系研发新品牌"云冠橙"，2017 年，省属重点的院士工作站：中国工程院院士、现代柑橘技术体系首席科学家、华中农大校长邓秀新的院士工作站正式在龙陵基地落地，以科学的种植技术助力项目推进，基地于 2019 年已实现产量 6 000 吨，精选成品 3 000 吨，成品率达到 50%。

资料来源：吴菲菲. 农产品市场营销分析——以"褚橙"产品营销为例 [J]. 农村经济与科技，2020，31（9）：181，188.

机遇：近几年来，随着互联网技术、电子商务技术的不断发展，"褚橙"通过韩寒、王石、徐小平等微博名人的宣传，使得"褚橙"的概念深入人心。

优势："褚橙"摒弃其他品种的橙子走的大众路线，开始注重精品路线的发展。"褚橙"注重农产品标准化生产，生产资料统一分配，做到规模化生产，进口了一套先进的果品筛选设备，对果实进行洗涤、风干、分级、最后装箱入库，保证了每个果品的质量。

威胁：我国生鲜果蔬消费在地域分布、产品种类、消费层次各方面具有多样性特征，形成批发商、农产品批发市场及大型专业化果蔬服务商并存的竞争局面，市场化程度较高。

劣势：由于"褚橙"的销售方式主要是通过网络进行营销的，其主要营销模式为B2C，运输方式存在一定的问题：水果属鲜活农产品，具有配送区域广、订单批量小、种类多、客户需求个性化时效性要求较高、生鲜易腐，需要通过低温流通才能使其最大限度地保持天然食品原有的新鲜程度、色泽风味及营养。在配送过程中，由于订单批量小、会造成运输车辆的空驶率高达50%以上，果品在到达地区配送站后，为了尽快将商品送到消费者手中，以及在配送过程中交通压力以及成本的考虑，通常会采用小巧灵便的电动车作为配送工具，由于电动车没有冷藏设备，无法实现保鲜要求。保鲜程度受天气制约性较大，导致果品在最终送到消费者手中新鲜程度、口感等方面受到较大影响。

案例 1 – 13

六堡茶的历史已有1 500多年，提起六堡茶，很多人都会想到"三鹤六堡茶"这个中华老字号。而这座始建于1953年的梧州茶厂，是现存最古老的、仍在使用的砖木结构建筑，堪称"中国六堡茶第一仓"，承载见证着六堡茶产业发展的峥嵘岁月。2014年以来，梧州茶厂成功探索了六堡茶发金花关键控制技术、六堡茶发酵工艺自动控制技术、槟榔香六堡茶制作工艺，成功研发出槟榔香、金花、木板陈仓、窖藏等特色系列产品，受到众多茶友的喜爱，在继承传统同时不断创新。2017年，"三鹤"六堡茶品牌价值达3.1亿元，在中国茶叶企业产品品牌价值排行榜中位列第33位，稳居广西茶叶产品品牌第1位，六堡茶成为茶界的新风口。

资料来源：中国黑茶网. 老字号"三鹤"六堡茶 雄姿英发［EB/OL］. https://www.sohu.com/a/219539415_274923.

［试分析］

该公司的新业务发展战略应如何确定。

（二）任务实施

实训项目：制定创业战略规划设计书。

1. 实训目标

深入理解企业经营战略在企业经营管理中的实践，树立战略意识，培养初步运用的能力。

2. 实训内容与要求

为自己的林产品经营公司写一份创业战略规划设计书。战略规划的编制的内容包括并不限于以下四个方面。

（1）为公司经营选择一个合适的位置，并说明原因。

（2）界定经营目标、使命与经营范围。

（3）用 SWOT 方法进行企业经营环境分析。

（4）制订可行性方案。

3. 实训成果与检验

分组制定战略规划书，各小组进行成果汇报。教师与所有小组共同对各小组的表现进行评估打分，汇报包括如下内容。

（1）战略规划设计书，字数 3 000 字左右。

（2）制作 PPT 对创业战略规划书进行讲解，时间 5 分钟左右。

以上问题均以小组为单位进行，每个同学把重要信息如照片、文字材料、影音资料等制作成宣传册展出，之后交老师保存。

四、知识拓展

企业竞争性营销战略

迈克尔·波特（Michael Porter）根据企业在行业中的地位，将其分为市场领导者、市场挑战者、市场追随者和市场利基者。市场领导者占有 40% 以上的市场份额，拥有整个市场中最大的市场份额；市场挑战者占有约 30% 的市场份额，并争取获得更多的市场份额；市场追随者占有约 20% 的市场份额，并试图维持这样的市场格局；市场利基者占有不到 10% 的市场份额，占有大公司所不感兴趣的细分市场。不同企业必须根据自己在竞争中的地位出发，制定可行的营销战略。

1. 市场领导者战略

市场领导者在整个市场中占有最大的市场份额，在制定价格、新产品开发、销售渠道、促销战略等方面对行业内其他公司起着领导作用。作为市场的领导者，其营销战略的核心就是保持原有的领导地位。据此，其营销战略有以下几种。

（1）扩大市场总规模。市场总规模扩大，市场领先者得到的好处会大于同行业中其他企业。因此，市场领先者总是首先考虑扩大现有市场规模，包括寻找新使用者，开辟产品新用途，刺激现有顾客，增加使用量等。

（2）保持市场占有率。市场领导者在谋求扩大整个市场总需求的同时，还要防范市场挑战者的进攻，保护已经取得的市场占有率和市场地位。抵御挑战者从两方面入手：一方面，及时发现和弥补本企业可能遭到攻击的弱点，使挑战者无可乘之机；另一方面，不断创新，增强竞争优势，巩固本企业在产品开发、产品成本、分销与促销效率以及产品服务等方面的领先地位，以积极的态度抵御竞争者的挑战。

（3）提高市场占有率。市场领导者通过进一步提高市场占有率，来巩固其主导地位和获得更多盈利。

2. 市场挑战者战略

市场挑战者在行业中占据次要地位，竞争实力很强，有能力对市场领导者和其他竞争者发起挑战，希望取得市场领导者地位。其营销战略有以下几种。

（1）正面进攻。挑战者集中全部优势力量攻击竞争者的主要市场领域，即直接进攻竞争者的优势项目而非弱势项目。

（2）侧翼进攻。挑战者集中力量攻击竞争者的弱点。有时采取"声东击西"的策略，佯攻正面，实攻侧面。挑战者在正面攻击力量不足的情况下，选择竞争者防御较为薄弱的侧翼发起攻击。这种攻击风险小，比较容易取得成功，并且不易引起被攻击者的强烈反应。

侧翼进攻有两种比较有效的策略：一是发掘并进入领导者尚未占领的细分市场，使之发展成为强大的细分市场；二是地理性侧翼进攻，即攻击竞争对手的薄弱区域市场。

（3）包抄进攻。挑战者从各个方向对领先者发起全面攻击，即对领先者的强项和弱项都加以攻击。实施这种攻击策略，要求挑战者在各个方面拥有大大超过领先者的优势，并确信能够迅速、全面地突破竞争者的防御。

（4）迂回进攻。挑战者尽量避开与领先者的正面冲突，打入竞争激烈程度较低的市场，对领先者发起间接的进攻。实施迂回攻击的方式有三种：一是发展各种与竞争者无关的新产品；二是以现有产品开拓领先者尚未进入的细分市场；三是发展新技术、新产品，替代现有产品。

（5）游击进攻。这是规模较小、力量较弱的企业可以实施的一种策略，对领先者发起的小型的、间歇式的攻击。通过游击进攻，逐步削弱领先者的实力，以便寻找机会，建立永久性的立足点。

3. 市场追随者战略

市场追随者在产品、技术、渠道、促销等方面模仿市场领导者，以减小支出和市场风险。市场追随者由于不需要大量的投资，使其在成本上具有一定的优势，通常可获得满意的利润，其投资收益率甚至可以超过行业的平均水平，其中一些追随者可能发展成为挑战者。一般市场追随者可以采取三种竞争策略。

（1）紧密跟随。追随者在市场细分和营销组合方面，尽可能模仿市场领导者。有些跟随者表现为较强的寄生性，很少刺激市场，总是依赖市场领导者的市场而努力生存。

（2）有距离追随。追随者在某些方面模仿市场领导者，而在另一些方面又与领导者保持一定的差异。比如，在产品包装、广告宣传、产品价格等方面与市场领导者形成差异，而在产品功能、分销渠道等方面追随领导者。如果这种追随不具有攻击性，领导者不会介意这些追随者的存在。

（3）有选择追随。追随者择优模仿市场领导者的某些做法，而在其他方面保持自己的独创性。不是盲目追随，而是择优追随，追随的同时又不失独创性，但不进行直接的竞争。

4. 市场利基者战略

市场利基（补缺）者以规模较小的细分市场为目标市场，通过为特殊的顾客提供专门的产品和服务，谋求生存和发展。在许多行业中都会存在一些被大多数企业忽视的市场空缺，填补这些市场空缺，有时可以获得高额利润。作为市场利基者，要先发现和评估有利可图的市场空缺，然后在此基础上选择和制定适当的专业化战略。

五、课后练习

1. 单选题

（1）反映企业的目的、性质和特征的是（　　）。

A. 公司口号　　　　B. 公司目标　　　　C. 公司方针　　　　D. 公司使命

（2）在 SWOT 分析法中，S 代表的是（　　）。

A. 优势　　　　　　B. 劣势　　　　　　C. 机会　　　　　　D. 威胁

（3）在波士顿咨询法中，需要投入大量资金以支持业务单位发展的战略业务类型是（　　）。

A. 明星类　　　　　B. 问题类　　　　　C. 金牛类　　　　　D. 瘦狗类

（4）以下不属于密集型增长战略的是（　　）。

A. 市场渗透战略　　B. 产品开发战略　　C. 市场开发战略　　D. 多角化增长战略

（5）根据迈克尔·波特对企业在行业中的地位分析，（　　）在行业中占有 40% 以上的市场份额，拥有整个市场中最大的市场份额。

A. 市场领导者　　　B. 市场挑战者　　　C. 市场追随者　　　D. 市场利基者

2. 判断题

（1）进行 SWOT 分析时，最理想的选择是 ST 战略组合。　　　　　　　　　（　　）

（2）前向一体化是生产企业向前控制分销系统，如收购或兼并批发商、零售商。

（　　）

（3）产品开发战略是把现有产品投放到新的市场，从而增加销量。　　　　（　　）

（4）某企业一个业务单位呈高市场增长率、高相对市场占有率，最适宜它的投资策略是发展策略。　　　　　　　　　　　　　　　　　　　　　　　　　　　　（　　）

（5）一般市场追随者可以采取正面进攻、侧翼进攻、迂回包抄等竞争策略。　（　　）

3. 简答题

（1）一体化成长战略有哪些形式？各种形式有哪些区别？

（2）如何构建 SWOT 矩阵？SWOT 分析的结论应该怎样得出？

（3）市场营销计划的内容有哪些？

项目
二

确定林产品目标市场

【学习目标】

❖知识目标
1. 掌握林产品市场营销的宏观环境所包含的各项因素
2. 了解林产品市场营销的微观环境所包含的各项因素
3. 了解市场状况及目标市场的含义

❖技能目标
1. 能够运用 SWOT 等环境分析法
2. 能够针对某一产品开展市场状况调研
3. 能够制定林产品企业应对市场营销环境变化的对策

❖素质目标
1. 认识并掌握国家相关政策的演变
2. 培养和引导学生树立客观、全面和发展的辩证思维
3. 理解并尊重不同国家的营销文化

【内容架构】

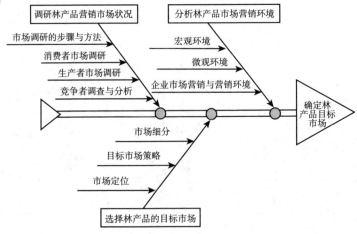

【导入案例】

困境中寻路，"褚橙"教你如何打造农产品自有品牌

褚时健，从昔日的"烟王"到如今成功打造的"褚橙"，从一开始的农产品积压仓库烂掉到销售近1亿吨的"褚橙"。这是一条曲折却又顺畅的"褚橙"品牌修炼之路！因为在困难当中找到正确的发展道路！

1. 选定经营赛道

在2012年脐橙推出市场的前期，低端橙在全国范围内泛滥滞销，另外当时国内有品牌的水果都是以"产地＋水果"的形式出现，以品种、产地作为区分，但缺乏像新奇士橙、佳沛奇异果这样的进口水果品牌。经过多方对比敲定果树品种。

2. 高品质的橙子

除了选对赛道外，"褚橙"在甜度、化渣率、水分、外观、酸度等方面经过极致打磨，成为优质的"橙"品。

3. 分类化的营销

"褚橙"结合相关电商、网络平台的精心策划，传播创始人和产品品质背后的励志故事，使其励志精神得到广泛传播，为把传播范围从现有的"60后"扩展到更多的人群，"褚橙"采取社会化营销思维来进行扩散，调整产品定位，将"褚橙"从单纯的食品扩大为易于分享的社交礼品，借鉴了可口可乐，别出心裁地把一些网络流行语印在包装上，形成特别标签，每个标签背后都锁定一个人群，就是12个人群。还借力韩寒、雕爷、蒋方舟等青年派意见领袖，赋予亲民、幽默与新潮的形象，推出了一个视频系列"褚时健与中国励志青年榜样"，弘扬社会正能量。如此一来，产品定位的改变，"褚橙"的受众也完成了从"60后""70后"向"80后"的精准定位和扩散。

资料来源：地道农旅. 困境中寻路，"褚橙"教你如何打造农产品自有品牌！［EB/OL］. https：// baijiahao. baidu. com/s? id = 1696843679658650721&wfr = spider&for = pc.

问题：分析上述案例，试总结"褚橙"是如何一步步确定目标市场的？

任务一　分析林产品市场营销环境

一、任务导入

"公司"确定经营战略以后，接下来需要进行营销环境分析，本次学习任务如下。

（1）继续走访调查或网络调查项目一导入任务完成后所确定的本地知名林产品企业，并回答以下问题：他们面临的宏观环境是什么样的？面临的微观环境是什么样的？他们在经营过程中是否遇到过环境机会和环境威胁？又是怎样应对的？

（2）将调查结果制作成PPT，并向班级同学汇报。

二、相关知识

市场营销环境是企业营销职能外部的不可控制的因素和力量，是影响企业生存和发展的外部条件，分为宏观环境和微观环境。由于企业的营销环境存在着很大的不确定性，它既可以给企业提供新的市场机会，又可能给企业带来市场威胁。因此，企业必须主动适应市场营销环境，不断制定和调整营销策略，以消除威胁，把握机会，从而在市场竞争中赢得优势。

（一）宏观环境

宏观环境是指那些给企业带来市场机会和造成环境威胁的社会力量，主要包括政治环境、法律环境、人口环境、经济环境、社会文化环境、自然环境和技术环境。虽然宏观环境是企业不可控制的因素，但企业可以通过调整其内部的人、财、物等资源，以及产品、价格、分销、促销等可以控制的营销手段，去适应宏观环境的发展变化。

1. 政治环境

政治环境是一个具有广泛含义的概念，包括政治形势以及政府机构、利益集团在国内社会生活和国际关系方面的政策和活动。一个国家的政局稳定与否，会给企业营销活动带来重大的影响。如果政局稳定，人民安居乐业，就会给企业营造良好的营销环境；相反，政局不稳，社会矛盾尖锐，秩序混乱，则会影响经济发展和人们的购买力。政府机构承担着制定政策、执行法律、管理社会、保护环境的权力职能，具有强大的宏观调控的力量。企业开展的一切营销活动都应遵循政府机构所制定的经济政策、经济法规和行政管理条例。为了推进市场经济进程，我国政府不断推出新的改革措施和方针政策，其中一些政策对企业的营销活动影响很大。例如，人口政策、财政金融政策、能源政策、产业政策、对外开放政策等。利益集团又称压力集团或院外活动集团，是指社会上具有共同利益的公众和对某些问题有共同见解者，为敦促政府维护其自身利益或实现其主张而形成的组织。在西方国家，利益集团具有很大的政治影响力。

案例 2-1

张五常之问

中国改革开放40多年来，中国GDP占世界的比重从3.8%上升到18.2%，平均每年经济增速达到9%以上，中国创造了人类历史上最大规模的经济增长。我们如何理解这种高速增长？

李稻葵和他的研究团队从政府与经济的关系的视角给出了一种解释。清华大学中国经济思想与实践研究院成立了专项课题组，进行了为期9个月的系统研究，课题组深入基层，既包括人均GDP最高的省份江苏，又有"中国底特律"之称的辽宁沈阳，获取第一手信息。另外，课题组还对改革开放的亲历者进行访谈，包括发改委、财政部、央行等10余部委的曾任、现任领导，获取关于改革开放具体决策过程中的信息。《中国的经验》给出的结论是：中国改革开放40多年基本的经济学总结是，一个成功的经济体，必须精心调整政府与经济的关系，尤其是政府与市场的关系。各级政府作为经济活动的参与者，他们的激励和行为必须调整到位。只有如此，政府才能和市场经济同向发力，经济才能长期健康发展。

资料来源：李稻葵．大变局中的中国经济［EB/OL］．https：//www.tsinghua.edu.cn/info/1662/101680.htm.

［想一想］
对比中东国家动荡的局势，我国稳定的局势和良好的社会环境给经济发展带来了什么？

2. 法律环境

法律环境是指国家或地方政府所颁布的各项法律、法规法令和条例等。它是企业营销活动的准则，企业只有依法进行各种营销活动，才能受到国家法律的有效保护。近年来，我国陆续制定、颁布了一系列重要法律、法规，企业营销人员必须熟悉相关法律、法规、条例和有关制度，密切关注与本企业有关的法律、法规等的变化，使企业的经营在合法的轨道上运行。同时，企业也应善于运用法律武器来维护自身的合法权益。

与企业经营相关的立法一般有三种：一是保护竞争，维护企业正常经营秩序，防止不正当竞争行为的出现，如《反不正当竞争法》《合同法》《商标法》《广告法》等；二是保护消费者利益不受损害，如《消费者权益保护法》《产品质量法》等；三是保护社会公众的长远利益不受损害，如《大气污染防治法》《环境保护法》等。这些法规和条例规范了生产市场和消费市场，保护了生产者、经营者和消费者的合法权益。

▷ **知识链接**

中华人民共和国森林法

中华人民共和国森林法于1984年9月20日第六届全国人民代表大会常务委员会第七次会议通过。又根据1998年4月29日第九届全国人民代表大会常务委员会第二次会议《关于修改〈中华人民共和国森林法〉的决定》修正。2019年12月28日第十三届全国人民代表大会常务委员会第十五次会议修订。新修订的中华人民共和国森林法一共分为九章84条，自2020年7月1日起施行。该法的修订和实施，有效践行了绿水青山就是金山银山理念，保护、培育和合理利用森林资源，加快国土绿化，保障森林生态安全，建设生态文明，实现人与自然和谐共生，是林业经济和林产品市场发展、壮大的重要前提。

［搜一搜］
关于林产品的法律法规都有哪些？分别是哪一年制定和实施的？

3. 人口环境

市场是由具有购买欲望与购买能力的人所构成的，企业营销活动的最终对象是购买者。影响营销活动的人口环境是多方面的，包括人口数量与增长速度、人口结构、人口地理分布及流动等。

（1）人口数量与增长速度对企业营销活动的影响。人口数量是决定市场规模和潜在容量的一个基本要素。如果收入水平不变，人口越多，那么与人口紧密相关的食品、服装、家用电器、交通、旅游等的需求量也就越大，市场也就越大。不少跨国公司纷纷在我国投资，其原因之一就是看中我国的庞大市场。

 知识链接

中国人口政策的变迁

2012 年，中国发展研究基金会发布《中国人口形势的变化和人口政策调整》的研究报告。该报告认为，中国已经进入低出生率、低死亡率的阶段，人口的红利期已经结束。目前，中国已步入老年型社会，人口老龄化将成为 21 世纪我国主要的人口问题之一。2013 年，我国提出启动并实施"单独二孩"（父母一方为独生子女的家庭可以生育第二个子女）政策。2016 年国家实行"全面二孩"政策，但是效果不是很明显。2021 年 5 月，中共中央政治局召开会议，会议指出，进一步优化生育政策，实施一对夫妻可以生育三个子女政策及配套支持措施，有利于改善中国人口结构、落实积极应对人口老龄化国家战略、保持中国人力资源禀赋优势。

资料来源：吴巍．中国人口政策的变迁及新时代呈现的特征分析［D］．第十二届公共政策智库论坛暨"新时代、新征程、新发展"国际学术研讨会会议论文集，2022：301－305.

[思考]

结合身边的具体例子，想一想"全面二孩"效果不明显的原因。

（2）人口结构对企业营销活动的影响。人口结构包括人口的年龄结构、性别结构、家庭结构、民族结构、受教育的程度和职业等。人口结构对企业营销活动的影响如表 2－1 所示。

表 2－1　　　　　　　　　　人口结构对企业营销活动的影响

人口结构	对企业营销活动的影响	举例
年龄结构	不同年龄的消费者对于商品和服务会产生不同的需要	儿童的消费重点是儿童食品、智力玩具、儿童读物等；老年人的消费重点是营养保健食品、医疗保健服务等
性别结构	男人与女人的购买习惯不同，企业可以针对不同性别人群的需求，开发新的产品市场	男性购买烟酒、男装、汽车较多；女性购买女装及配饰、化妆品较多
家庭结构	家庭是购买、消费的基本单位。家庭结构影响着家庭的消费规模和结构。家庭结构呈现多样化的特点，如单身家庭、丁克家庭、小型化家庭等	家庭数量的增加必然会引起对炊具、电视机、空调、洗衣机、家具等家庭耐用消费品需求的增加，并要求产品小型、精巧，以适应小型家庭需要
民族结构	各民族在长期生活中各自形成了独特的消费需求、社会风俗和生活习惯	在服饰、饮食、居住、婚丧、礼仪和节日庆典等方面都具有鲜明的民族特色
受教育程度和职业	受教育程度不同，会表现为不同的消费行为、审美观念、价值取向等。职业不同，收入水平、生活和工作条件不同，对商品的设计、款式、包装、价格等的要求也不尽相同	受教育程度高的消费者，购买商品时理性程度较高，往往追求高雅、美观、新颖；而受教育程度低的消费者，往往注重质价廉、实用

（3）人口地理分布及流动对企业营销活动的影响。人口的地理分布是指人口在不同地区的密集程度。人口的这种地理分布表现在市场上各地人口的密度不同，则市场大小不同；消费习惯不同，则市场需求特性不同。比如，北方人在饮食上主要以面食为主，而南方人则以米饭为主。当前，我国存在的一个突出现象就是农村人口向城市流动，内地人口向沿海经济发达地区流动。人口流入较多的地方使当地基本需求量增加，消费结构发生一定的变化，从而为当地企业带来较多的市场份额和营销机会。

[讨论]

每年冬季，大量外来人口涌入海南省，这会使海南的消费结构、消费习惯发生怎样的变化？

4. 经济环境

经济环境是指构成企业生存和发展的社会经济状况与国家经济政策，是影响消费者购买能力和支出模式的因素，包括经济发展状况、消费者收入特征、消费结构、储蓄和信贷及企业所处的物质环境状况。

一般而言，社会购买力受宏观经济环境的制约，是经济环境的反应。企业面临的社会经济条件及其运行状况、发展趋势、产业结构、交通运输、资源等情况，是制约企业生存和发展的重要因素。分析经济环境主要是分析影响人们购买力的各种因素。

数据链接

“淘潮流时代”的引领者

十几年前，人们购物还是习惯去商场和超市等传统卖场。如今，以天猫为代表的网购平台已成为大多数“80后”“90后”“00后”的购物首选。

2019年，天猫“双十一”当日成交额2684亿元，同比增长25.71%。除了数据亮眼之外，2019年是天猫第十一个“双十一”。线上线下联动（新零售）、全生态协同（在会员体系下）以及全球化（天猫国际）是2019年“双十一”的三个关键词。

“双十一”从“单身狗”的自嘲，演变成了全民的购物狂欢节。阿里集结了其生态下的所有业务，从衣食住行到吃喝玩乐，覆盖了几乎全部的生活场景。根据阿里官方提供的数据，2019年“双十一”共有超过18万个品牌和20万家线下门店参与。

资料来源：茶界小学生. 2019年“双十一”战绩：天猫2 684亿元，全网4 101亿元［EB/OL］. https://www.ksrmyy.com/ask/91014.html.

[谈一谈]
对比线下购物的体验，谈一谈网购的优缺点。

（1）国内生产总值。国内生产总值（GDP）是指在一定时期内（一个季度或一年），一个国家或地区的经济生产出的全部最终产品和劳务的价值，是衡量一个国家或地区经济状况的指标之一。它不但可反映一个国家或地区的经济表现，还可以反映一国或地区的国力与财富。表2-2列出了2019年GDP前10名的国家（2020年经历新冠肺炎疫情，除中国外，均

有不同程度下滑，故参考 2019 年的数据）。

表 2-2　　　　　　　　　**2019 年 GDP 前 10 名国家**　　　　　　　　单位：万亿美元

排名	国家	GDP 总量	排名	国家	GDP 总量
1	美国	21.37	6	英国	2.83
2	中国	14.34	7	法国	2.72
3	日本	5.08	8	意大利	2.0
4	德国	3.85	9	巴西	1.84
5	印度	2.88	10	加拿大	1.74

资料来源：李莹莹，赵德友. 21 世纪世界经济运行回顾与前景展望 [J]. 统计理论与实践，2023（5）：12-18.

（2）消费者收入。消费者收入是指消费者个人从各种来源所得到的货币收入，通常包括个人工资、奖金、红利、退休金、馈赠、出租收入及其他收入等。消费者收入的水平不仅决定消费者购买力规模的大小，而且直接影响消费者支出行为模式。消费者收入通常从以下三个指标进行分析。

第一，人均国民收入。用国民收入总量除以总人口的比值。这个指标大体反映了一个国家人民生活水平的高低，也在一定程度上决定商品需求的构成。一般来说，人均国民收入增加，人们对商品的需求和购买力就大；反之，则小。

第二，个人可支配收入。个人可支配收入是在个人收入中扣除税款和非商业性开支后所得的余额，是个人收入中可以用于消费和储蓄的部分，构成了实际的购买力。个人可支配收入被认为是消费开支的最重要的决定性因素，因而，常被用来衡量一国生活水平的高低。

第三，个人可任意支配收入。在个人可支配收入中减去用于维持个人与家庭生存不可缺少的费用（如房租、水电、食物、衣着等开支）后剩余的部分。这部分收入主要用于满足人们基本生活需要之外的开支，一般用于购买高档耐用消费品，或用于旅游、娱乐等。这部分收入是消费需求变化中最活跃的因素，也是影响非生活必需品和服务销售的主要因素，是企业开展营销活动时所要考虑的主要对象。

　[讨论]

　　个人可任意支配收入的增加，对消费者的需求有哪些影响？

（3）消费者的支出结构。随着消费者收入的变化，消费者支出模式也会发生相应变化，进而影响消费结构。1857 年，德国统计学家恩格尔在研究劳工家庭支出时发现，一个家庭收入越少，用来购买食物的比例就越大；随着家庭收入的增加，用于购买食物的比例就下降，而用于其他方面开支所占的比例上升。后来，人们用恩格尔系数来反映这种变化。其公式如下。

$$恩格尔系数 = 食品支出金额 \div 消费支出总金额 \times 100\%$$

恩格尔系数是衡量一个国家、地区、城市、家庭生活水平高低的重要参数。食物开支占总消费量的比重越大，恩格尔系数越高，说明生活水平越低；反之，食物开支所占总消费量的比重越小，恩格尔系数越小，说明生活水平越高。

知识链接

恩格尔系数与生活水准的关系

联合国根据恩格尔系数的大小，对世界各国的生活水平有一个划分标准，即一个国家平均家庭恩格尔系数大于60%为贫穷；恩格尔系数在50%~60%为温饱；恩格尔系数在40%~50%为小康；恩格尔系数在30%~40%属于相对富裕；恩格尔系数在20%~30%为富足；恩格尔系数在20%以下为极其富裕。按此划分标准，20世纪90年代，恩格尔系数在20%以下的只有美国，达到16%；欧洲、日本、加拿大，一般在20%~30%，是富裕状态；东欧国家，一般在30%~40%，相对富裕；剩下的发展中国家，基本上分布在小康。据国家统计局2020年发布的数据，我国居民恩格尔系数为30.2%，处于富足阶段。

（4）消费者的储蓄和信贷。消费者的购买力还受储蓄和信贷的影响。当收入一定时，储蓄越多，现实消费量就越小，而潜在消费量越大；反之，储蓄越少，现实消费量就越大，潜在消费量越小。

知识链接

储存卡和信用卡的区别

第一，最大的区别在于信用卡里没钱也可以刷卡消费或提取现金，但消费额度不能大于您的信用卡信用额度；而储蓄卡里没钱就不能消费和取现。

第二，信用卡消费后在一定的时间内必须把消费的钱还上，否则还会产生利息，就得多还钱，如果当时还不上，可以申请分期还款，但是需要手续费。而且取现也需要手续费，且每天都有利息；储蓄卡消费了可以不还，而且取现也不用花手续费。

第三，信用卡激活后，每年必须消费够5~6次才可以免年费，而且年费比较高；储蓄卡也有年费，每年10元，不管是否使用，只要卡里有钱就会扣年费。

第四，如果信用卡消费后，总是不能按时把钱还上，还会影响您的信用度。如果欠银行的钱达到一定数额而没有偿还，银行可以起诉。

[讨论]

近些年来人们使用信用卡的人数和频率逐年上升，"超前消费"成为当下的热词，试着讨论你对这个词的理解。

5. 社会文化环境

社会文化环境是指一个社会的民族特征、价值观念、生活方式、风俗习惯、伦理道德、教育水平、语言文字、社会结构等的总和。它主要由两部分组成：一是全体社会成员共有的基本核心文化；二是随时间变化和受外界因素影响而容易改变的社会亚文化。不同的国家或地区，不同的民族，都有各自不同的适应其生活环境的社会生活的行为准则和生活方式，这种行为准则和生活方式就是其社会文化因素。

企业营销对社会文化环境的研究，一般从以下几个方面入手。

（1）价值观念。价值观念是指人们对社会生活中各种事物的态度和看法。不同文化背景下，人们的价值观念往往有着很大的差异，消费者对商品的色彩、标识、式样以及促销方式都有自己褒贬不同的意见和态度。企业营销必须根据消费者不同的价值观念设计产品，提供服务。

（2）宗教信仰。宗教的推崇和禁忌会影响人们的购买和消费行为。例如，比利时地毯厂了解到阿拉伯国家的伊斯兰教教徒非常虔诚，不论他们到哪都按朝拜时间跪在地毯上，面向麦加朝拜。针对伊斯兰教徒的这一行为特点，比利时地毯厂生产出一种便于携带的跪毯，跪毯上配有扁平的地磁针，地磁针的方向总是指向麦加。这种跪毯一经问世，就深受伊斯兰教徒们的欢迎，供不应求，比利时地毯厂赚取了大笔利润。①

（3）受教育程度。受教育程度影响消费者对商品功能、款式、包装和服务的要求。通常，文化教育水平高的国家或地区的消费者要求商品包装典雅华贵，对其附加功能也有一定的要求。因此，企业营销开展的市场开发、产品定价和促销等活动都要考虑消费者所受教育程度的高低。

（4）消费习俗。消费习俗是指人们在长期经济与社会活动中所形成的一种消费方式与习惯。研究消费习俗，不但有利于组织好消费用品的生产与销售，而且有利于正确、主动地引导健康的消费。了解目标市场消费者的偏好、禁忌、习惯等，是企业进行市场营销的重要前提。

案例 2 - 2

文化差异对人的行为的影响

同样的一件事，不同国家的人其行为方式则大相径庭。有三个女孩分别来自美国、日本及中国，她们头戴鲜艳的帽子，身穿漂亮的裙子，一同去郊外旅游，她们来到山顶悬崖边，欣赏大自然所带来的乐趣，感受到自然界的魅力，心灵得到了升华。正在玩得高兴之时，一阵大风吹来，美国女孩赶紧用双手捂住帽子，而日本女孩则双手按住裙子，中国女孩则一支手按住裙子，一只手捂住帽子，既不让别人看见"隐私"，也不让帽子丢失，真是两全其美。这就是文化的差异，导致人的行为的差异，而且这种差异的影响是根深蒂固的。

资料来源：宁如，杨涵涛，刘亢. 试论中西文化差异对旅游消费行为的影响 ［J］. 现代营销（创富信息版），2018（12）：120 - 121.

---

6. 自然环境

自然环境是指自然界提供给人类的各种形式的物质资料，如阳光、空气、水、森林、土地等。自然环境对企业营销的影响表现为自然资源短缺、石油价格上升、环境污染加重、政府干预等。

（1）自然资源短缺。伴随着人类文明和经济社会的不断发展，人们大量地开采各种矿产，有限而不可再生资源日趋匮乏，如银、锡、铀等已近于枯竭的边缘。

---

① 曾波. 经营管理实例教学体会浅谈 ［J］. 新西部（下半月），2008（9）：164，169.

从总体上看，我国资源丰富，但从人均占有量考察，我国又是资源短缺的国家。例如，我国水资源总量名列世界第一，但人均占有量仅是世界人均占有量的 1/4。近几年，资源紧张使一些企业陷入困境，但这又促使企业寻找替代品，降低原材料消耗。

 [讨论]

    自然资源的短缺对企业的营销活动会产生哪些影响？

（2）石油价格上升。石油已成为影响世界经济发展的重要因素之一。在石油价格不断上涨的情况下，不少企业正寻求其他的能源，如太阳能、风能、原子能等，这些都将给企业营销环境带来新的变化。

（3）环境污染加重。环境污染问题已引起全世界人们的广泛关注。公众对环境问题的关心为企业创造了新的市场机会，促使企业开始研究开发污染控制技术及环保型产品。

案例 2 – 3

广西龙江镉污染事件

2012 年 1 月 15 日，广西龙江河拉浪水电站网箱养鱼出现少量死鱼现象被网络曝光，龙江河宜州市拉浪乡码头前 200 米水质重金属超标 80 倍。时间正值农历龙年春节，龙江河段检测出重金属镉含量超标，使得沿岸及下游居民饮水安全遭到严重威胁。当地政府积极展开治污工作，以求尽量减少对人民群众生活的影响。危害专家称，由于泄漏量之大在国内历次重金属环境污染事件中都是罕见的，此次污染事件波及河段将达到约 300 公里。因担心饮用水源遭到污染，处于下游的柳州市市民出现恐慌性屯水购水，超市内瓶装水被市民抢购。

后从广西河池市应急处置中心获悉，广西龙江河镉污染事故已锁定两个违法排污嫌疑对象，分别是广西金河矿业股份有限公司和金城江鸿泉立德粉厂。

资料来源：童政，周骁骏. 以环境倒逼机制推动转型升级 [N]. 经济日报，2013 – 12 – 10（16）.

[想一想]

该污染事件给案例中的企业造成了什么影响？

（4）政府干预。环境污染问题的日趋严重及公众对环境问题的关心使各国政府加强了对环境保护的干预程度，各国纷纷颁布政策法规，治理环境污染。

7. 技术环境

现代科学技术是社会生产力中最活跃和最具决定性的因素，技术环境不仅直接影响企业内部的生产和经营，而且还同时与其他环境因素相互依赖、相互作用，影响企业的营销活动。由于技术的进步，新产品不断涌入市场，老产品不断被新产品所替代。在给许多新兴行业和新的市场带来机会的同时，也给某些行业带来威胁。新技术被人们称为一种"创造性的破坏因素"。

新技术的发展和应用，使消费领域发生了一系列的变革，具体表现在以下几方面。

（1）消费结构日趋复杂化。面对科学技术的迅猛发展，消费者的需求层次也随之提高。

在购买商品时，不仅看重产品的实际效用，更重视产品的品牌、式样、包装及售后服务，以满足其追求独特个性和自我实现的高层次需求。

（2）生活方式的悄然改变。在当今的信息化社会中，科学技术对人类的影响与其自身的变革无疑将超过以往任何时候。航空技术的发展使人们能够一日游遍世界，计算机技术的升级使它成为融音响、视像、通信于一体的家庭娱乐中心和全能信息终端。依靠计算机和传真机，人们足不出户就可以知晓天下事，处理工作中遇到的各种问题。

（3）价值观念得以更新。新技术的日新月异同时也影响了消费者的价值取向。许多科技含量较高的商品，年初购买时尚属于超前消费，但到年底就已落伍。因此，不少消费者开始认识到与其成为一件商品的拥有者，还不如成为使用者。致使为数不少的消费者以租代购，以便不断使用具有最新功能的产品，成为消费潮流的先导者，这使得租赁行业得到了空前的发展。

5G 时代意味着什么？

3G 提升了速度，4G 改变了生活，5G 则将改变社会。5G 不仅是带宽的提升，更是一次颠覆性的升级。将人与人之间的通信向万物互联转变，成为整个社会数字化转型的重要基石。移动超高清视频、AR/VR 等大流量应用将进一步推动对于无线网络的升级需求。工业自动化、无人驾驶、网联无人机、远程医疗、智能交通、智能电网等行业的兴起，也对网络提出了超高可靠性、超低时延、海量连接等特殊场景需求。中国在 5G 方面逐步领跑世界，同时在 2020 年也正式实现了 5G 商用的发展目标，根据工信部官网查询的数据，"5G＋工业互联网"在建项目由 2020 年的超 1 100 个增加到 2022 年的超 4 000 个。

（二）微观环境

微观环境是指对企业营销活动产生直接影响的组织和力量。构成微观环境的主要因素有企业内部参与营销决策的各部门、企业的供应商、营销中介、顾客、竞争对手、社会公众等。这些因素与企业形成了协作、服务、竞争与监管的关系，直接制约着企业为目标市场服务的能力。

1. 企业内部参与营销决策的各部门

企业开展营销活动要充分考虑到企业内部的环境力量。企业内部设立了管理、财务、研发、采购、生产、营销等诸多部门，营销部门又由品牌管理与营销研究人员、广告及促销专家、销售经理、销售业务员等组成。

企业营销部门与企业业务部门之间既有多方面的合作，也存在着争夺资源方面的矛盾。所以，在制订营销计划、开展营销活动时，营销部门必须考虑到与企业其他各部门的合作和协调。营销管理系统内部各部门虽然所肩负的职能各不相同，但也要协调一致，服务于营销目标。通过内部有效沟通，协调好企业各职能部门和营销管理系统内部各部门之间的关系，这是营造良好微观环境、更好地实现营销计划的关键。

2. 供应商

供应商是指向企业及其竞争者提供生产与经营所需原材料、设备、能源、劳务、资金等资源的企业或个人。供应商对企业营销有着重大的影响，供应数量是否充足，供应质量的好坏，品种是否对路，这些都直接影响着企业的生产和经营；供应品的价格决定着企业产品成本与价格的高低。因此，企业应该选择与那些信誉良好、货源充足、价格合理、交货及时的供应商进行合作。

 ［想一想］

（1）一个好的供应商应该具备哪些条件？企业如何选择供应商？

（2）为什么一般企业采购物资至少要有三家供应商？

3. 营销中介

营销中介是指为企业融通资金、推销产品、提供各种便利营销服务的企业或个人。从各自不同的职能出发，营销中介可分为中间商、营销服务机构、实体分配企业、金融中介机构四种类型。

（1）中间商。中间商是指协助销售、分配产品至最终顾客的企业，主要包括批发商和零售商两大类。中间商直接向企业取货，利用自身已经建立的销售渠道将产品推销给下一级消费者，对企业产品从生产领域到消费领域的流通具有极其重要的作用。企业要选择合格的中间商，在建立合作关系后，要随时了解和掌握其经营活动，并采取一些激励性措施来推动其业务活动的开展，而一旦市场环境发生变化或中间商不能履行其职责时，企业应及时调整或终止与该中间商的合作。

（2）营销服务机构。营销服务机构是指广告公司、广告媒介经营公司、市场调研机构、市场营销咨询企业、财务代理、税务代理等专门提供各种营销服务的企业。这些机构虽然不直接经营商品，但它们协助企业确立市场定位，进行市场推广，对促进批发和零售发挥着举足轻重的作用。

（3）实体分配企业。实体分配企业是指担任仓储、运输活动的物流机构。它们协助制造企业将产品运往销售目的地，完成产品空间位置的移动。产品到达目的地之后，还有一段待售时间，所以实体分配企业还要协助制造企业保管和储存产品。物流的安全性和方便性直接影响营销活动的质量。

（4）金融中介机构。金融中介机构是指提供信贷和资金融通的各类金融机构，包括银行、信贷机构、信托公司、保险公司等。企业应与这些机构保持良好的关系，以保证融资及信贷业务的稳定和渠道的畅通。

案例 2 - 4

华为营销中介

一、中间商

华为手机 mate30 的中间商有连锁商店，特许经营商城，以及制造企业的销售分支机构。

1. 华为连锁商店

主要以华为线上旗舰店以及华为线下旗舰店为主，其线上旗舰店主要以京东华为旗舰店，淘宝旗舰店为主，以及一系列取得华为手机经营授权的中小微企业。

2. 华为特许经营店

华为特许经营店又分为：组合产品销售方以及单件产品销售方，如中国移动手机专卖店，中国联通手机专卖店，中国电信手机专卖店，其既可以销售单件华为手机，同时，又可以将手机移动套餐业务与华为手机实体产品进行捆绑组合销售，而国美电器，苏宁，京东实体店，以及以大润发，沃尔玛为主的大型商场则是以销售华为手机为主。

3. 制造企业的销售分支机构

华为 mate30 采用海思麒麟 990 芯片，那么其生产商的销售部，可以将华为手机进行内销，通过大量批发，采用内部折扣，刺激内部消费热点。

二、实体分配公司

华为物流公司，主要以人工智能物流为主，其主要组成部分为人工运输部门、仓储部门、包装管理以及订单处理。

华为启动了智慧物流与数字化仓储项目。项目已经初步实现了物流全过程可视，打造了收发预约、装车模拟、RFID 数字化应用等系列产品。

三、营销服务机构

目前，华为公司营销部与宏盟媒体集团达成合作，同时其内部公关部、推广部与一线明星进行合作，华为企业内部进行电影筹划工作，外部营销与一线流量明星进行代言合作，刺激公共关系热点。

四、金融中介机构

华为手机与国内各家大型银行进行合作，一起开发银行期货产品，以及数字支付平台，在提升国民方便度的前提下，向外发散，携手全球金融共创经济未来。

[想一想]

结合案例，想一想华为营销中介的特点与优势是什么？

4. 顾客

顾客是指使用进入消费领域的最终产品或服务的消费者和生产者，它也是企业营销活动的最终目标市场。顾客对企业营销的影响程度远远超过前述的其他环境因素。顾客是市场的主体，任何企业的产品和服务，只有得到顾客的认可，才能赢得这个市场。现代营销强调把满足顾客需要作为企业营销管理的核心。

分析顾客的心理、了解顾客对企业产品的态度是企业营销的重要工作之一。企业应认真研究目标市场上顾客的需求特点及变化趋势，并对目标顾客进行细分，在细分市场的基础上确定企业营销方式和营销策略，顾客的构成如图 2 - 1 所示。

5. 公众

公众是指对企业完成其营销目标具有实际或潜在利益关系和影响力的群体或个人。公众对企业的态度会对企业的营销活动产生巨大的影响，它既能增强企业实现自己营销目标的能力，也能削弱这种能力。企业必须采取一定的措施，处理好与主要公众的关系，争取公众的

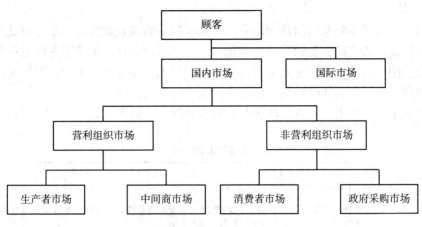

图 2-1　顾客的构成

支持，树立良好的企业形象，为自己营造和谐、宽松的社会环境。这是改善企业营销微观环境的一个重要方面。公众主要有金融公众、媒介公众、政府公众、社团公众、社区公众和内部公众等几类，其影响作用如表 2-3 所示。

表 2-3　　　　　　　　　　　　　　　　公众的影响作用

公众	影响	举例
金融公众	对企业的融资能力具有重要的影响	银行、投资公司、证券公司等
媒介公众	直接影响社会舆论对企业的认识和评价	报纸、杂志、电台、电视台、新媒体等
政府公众	政府政策、方针与措施的发展变化，对企业营销起促进或限制作用	如工商、税务、法律、商检及计量等政府部门
社团公众	社团公众的意见与建议对企业营销决策有着十分重要的影响	如消费者组织、环境保护组织、劳动权益保护组织、未成年人保护组织及其他非政府机构
社区公众	企业在营销活动中可能同周围公众利益发生冲突	社区公众是指企业所在地附近的居民和社区团体，如邻里居民和社区组织
内部公众	对企业的凝聚力和向心力有重要的影响	蓝领工人、白领工人、经理和董事等企业内部的所有工作人员

 知识链接

公众分类的好处

能帮助社会组织更好地认识公众的特征和共性，认识公众的多变性，重视与公众的关系，使社会组织的政策和活动能顾及各方面公众的利益。做到内外兼顾，内求同心协力，外求和谐发展，为组织的发展创设良好的社会环境。能帮助社会组织清晰地把握每一类公众的特征，有针对性、有重点、有选择地开展公关工作，有助于与各类公众更好地进行沟通与交流，建立起良好的情感关系。

6. 竞争者

竞争对手的营销策略及营销活动的变化就会直接影响该企业营销。最为明显的是竞争对手的产品价格、广告宣传、促销手段的变化，以及产品的开发、销售服务的加强都将直接对该企业造成威胁。为此，企业在制定营销策略前必须先弄清竞争对手，特别是同行业竞争对手的生产经营状况，做到知己知彼，以更有效地开展营销活动。

从消费需求的角度出发，可以将企业的竞争者划分为四类，如表2-4所示。

表2-4　　　　　　　　　　　　　　企业竞争者分类

竞争者类型	含义	举例
愿望竞争者	提供不同的产品以满足不同需求的竞争者	笔记本计算机、汽车、手机和出国旅游互为愿望竞争者
类别竞争者	提供不同的产品以满足相同需求的竞争者	面包车、轿车、摩托车、自行车等都是交通工具，在满足需求方面是相同的，它们就是类别竞争者
产品形式竞争者	生产同类产品但产品规格、型号、花色、款式不同的竞争者	自行车中的山地车与城市车，男式车与女式车，它们就构成了产品形式竞争者
品牌竞争者	生产相同规格、型号、款式的产品，但品牌不同的竞争者	以手机为例，华为、小米、苹果、三星等众多产品之间就互为品牌竞争者

（三）企业市场营销与营销环境

市场营销环境的变化可能给企业带来可以利用的市场机会，也可能给企业带来一定的环境威胁。企业能否从中发现并抓住有利于企业发展的机会，避开或减轻不利于企业发展的威胁，是企业营销的一个关键问题。

1. 环境机会与环境威胁

环境机会是指能为企业带来盈利可能的环境变化的特征或趋势，环境威胁则是指环境中不利于企业发展的现实的或潜在的特征或变化。营销环境的变化是客观的，企业不能从根本上去控制营销环境变化。但是，这并不意味着企业对于营销环境无能为力或束手无策，企业可以积极主动地改变自己以适应环境。

企业营销管理人员的任务就在于把握市场营销环境的变化趋势，主动适应环境的变化，提高企业的应变能力和对环境的能动性，开展各类市场营销活动，使企业更好地生存和发展。企业在复杂的营销环境中，面对的机会和威胁也是复杂的。

 [讨论]

（1）哪些因素给企业造成了环境威胁？哪些因素又能使企业享有差别利益的市场机会？

（2）企业应如何面对既有机会又有威胁的环境？

2. 企业对策

面对主要威胁和更好的机会，企业应当采取切实可行的对策，以把握最有利的时机进行营销活动，同时也要避开威胁或把损失降到最低程度。

（1）面对市场机会的对策。面对市场机会，企业可采取三种不同的对策。

第一，及时利用。当环境机会与企业的营销目标一致，企业同时又具有利用环境的资源条件并享有竞争中的差别利益时，则应充分利用市场机会，求得更大的发展。

第二，适时利用。有些市场机会相对稳定，在短时间内不会发生变化，而此时的企业暂时不具备利用环境机会的必要条件，则可以积极准备条件，待时机成熟时再加以利用。

第三，果断放弃。有些市场机会吸引力很大，但是企业缺乏必要的条件，不能加以利用，此时企业应该果断放弃，因为任何拖延和犹豫都可能使企业错过利用其他有利机会的时机。

（2）面对环境威胁的对策。面对主要威胁，企业有三种可选择的对策。

第一，反抗。企业试图通过各种手段去限制不利环境因素的发展。例如，A国的汽车、家电等工业品源源不断地流入B国市场，而B国的农产品却遭到A国贸易保护政策的抵制。B国政府为了对付这一严重的环境威胁，一方面，在舆论上提出B国消费者愿意购买A国优质的汽车、电视、电子产品，但A国政府不让A国消费者购买便宜的B国产品的质疑；另一方面，B国向有关国际组织提出起诉，要求仲裁，同时提出如果A国政府不改变农产品贸易保护政策，B国对A国工业品的进口也要采取相应的措施。B国政府的这些措施扭转了不利的环境因素。

第二，转移。企业见环境气候不妙时，决定将投资转移到其他盈利更多的行业或市场，或者实行多角化经营等，以寻求新的生机。转移对策包括三方面内容：一是产品转移，即将受到威胁的产品转移到其他市场；二是市场转移，即将企业的营销活动转移到新的细分市场上；三是行业转移，即将企业的资源转移到更有利的行业中去。

第三，减轻。企业通过调整市场营销组合，改变自己的营销战略，主动地去适应环境变化，以减轻环境威胁的程度。

案例 2 – 5

可口可乐与百事可乐的竞争

当可口可乐的年销售量达300亿瓶时，美国的饮料市场上突然杀出了百事可乐，而且在广告方式上也与可口可乐针锋相对："百事可乐是对年轻人的恩赐，青年人无不喝百事可乐。"其潜台词很清楚，即"可口可乐是老年人的，是旧时代的东西"。面对这种环境威胁，可口可乐及时调整市场营销组合。它一方面聘请社会上的名人（如心理学家、应用社会学家、社会人类学家等），对市场购买行为新趋势进行分析，采用更加灵活的宣传方式，向百事可乐展开了宣传攻势；另一方面花费比百事可乐多50%的广告宣传费用，与之展开了一场广告战，力求将广大消费者吸引过来。

资料来源：张波. 可口可乐与百事可乐的营销差异［J］. 学理论，2015（30）：38 – 40.

三、技能训练

（一）案例分析

案例 2-6

提起三只松鼠，通常都要跟着良品铺子。这两个零食大王确实经常被拿来比较。首先两家的口感、品质、味道都差不多；其次在业绩方面三只松鼠营收更高，但利润略低；再看在资本市场上，三只松鼠是 2019 年上市的，现在市值 167 亿元。良品铺子 2020 年紧随其后，市值 137 亿元。从市盈率来看，资本对这两家公司的预期也差不多，都是 30 多倍（静态）。

这么看，三只松鼠和良品铺子还真是棋逢对手，难分高下。不过，如果了解这两个公司的历史，就会发现，其发展路径完全不同。三只松鼠和良品铺子的核心区别在于，前者完全就是乘电商而起，而后者是小门店起步，改道线上。

三只松鼠成立于 2012 年，当时正值电商兴起，三只松鼠纯线上的商业模式吸引了不少资本关注。三只松鼠轻资产运营，自己不搞生产，完全就是代工贴牌。所以它的任务，就是树立品牌，搞营销。不仅是打广告，而且细节到位。坚果礼包附赠开壳器，售后卖萌，一改网店逢人就"亲"的习惯，模仿松鼠称顾客"主人"等。这一套操作下来，三只松鼠积累了不错的口碑，连续 7 年蝉联天猫"双十一"销量冠军。

良品铺子成立于 2006 年，起步时是一家零食小门店，也是代工厂生产的。良品铺子 2012 年成立了线上商店，而且在有赞、淘宝、微博商城都有入驻。不过到 2015 年，良品铺子才凭借低价坚果，线上放量。当年"双十一"，各个平台销售总额达到了 1.23 亿元。所以，良品铺子也算吃到了电商的红利，只是与三只松鼠的区别在于，三只松鼠成败都赖于电商，而良品铺子，一直是线上线下两条腿走路。

伴随着红利消退的，就是线上获客成本上升，盈利能力下降。这一点，在三只松鼠身上尤其明显。这种情况下，纯电商企业，要开始另谋生路，开辟线下渠道。这样看，良品铺子本就是线上＋线下的模式，似乎占尽了优势。其实……正因如此，良品铺子再难追得上三只松鼠。线上红利衰退，透露出的另一个意思是，线上市场基本饱和。

当然，良品铺子以往能够与三只松鼠抗衡，是因为还有一块线下市场。良品铺子在线下已经深耕了 15 年。截至 2020 年末，线下门店 2 701 家。而三只松鼠，最近两年才开始发力线下，终端门店只有 1 043 家。看似良品铺子已经形成了碾压式优势。但是，对比营收数据来看，2020 年，良品铺子 2 700 家店实现 36.8 亿元营业收入，三只松鼠千家门店实现 25.5 亿元营业收入。更关键的是，三只松鼠的线下市场，才刚起步。差距还在进一步缩小，甚至反超。之所以会如此，一方面是因为三只松鼠不仅有门店，还靠分销渠道覆盖了 40 万元销售终端；另一方面，良品铺子在推动线上时，也冲击了自己的线下业务。

良品铺子在线上是通过价格战打开的市场。虽占了一席之地，但却是以牺牲利润为代价的。所以低价策略，只在线上执行。这一点通过良品铺子的毛利率能够直观看出来。线上毛利率 30%，而线下直营店可达 50%。

线上线下不同价，必然导致很多线下客户已经转到了线上。解决这种困局的方式，就是重新涨价。2018年，良品铺子提出高端零食作为未来十年发展的战略方向。通过扩张市场规模获取更多利润空间。这样一来，三只松鼠产品SKU 500多款，良品铺子更夸张，2019年已超1 400个。品类过多，会导致管理难度增大，而且不同的产品，可能还要找不同的代工厂生产，致使规模效应缩减，质量检测（品控）难度翻倍。

说到底，还是代工生产，弱化了产品优势。对于三只松鼠和良品铺子而言，成为商超的一员，已不足以支撑其发展。他们要做的是开一个小卖铺，生产各种各样的零食，都放到这里销售。这样在店铺内，就没有竞争对手了。但问题是，现在在线下，大家都不愿意走进小卖铺，而是要进综合商超，一站式采购。

电商红利的消退，致使三只松鼠和良品铺子把线上店铺搬到了线下。但是点开线上店铺容易，走进线下店铺难。或许三只松鼠和良品铺子唯一的办法，就是在门店前多立几块牌子，写上全店五折，凑单满减。然而这块敲门砖，伤敌八百，自损一千。

资料来源：星空财富. 两条腿的良品铺子，败给瘸条腿的三只松鼠［EB/OL］. https：//m. thepa-per. cn/baijiahao_14054511.

［试分析］

三只松鼠和良品铺子在各自发展过程中遇到环境影响因素以及他们各自应对的策略？

案例2-7

由于市场竞争程度的加剧，饮料行业销售渠道对于生产厂家而言变成了稀缺资源，各企业倍加重视对销售渠道建设。

从1999年开始，汇源集团在与后来者在渠道管理的竞争中显得力不从心，面对"群雄逐鹿"的残酷市场竞争，汇源集团应采取什么措施去"问鼎中原"？汇源集团的未来之路应该怎么走？为此，2008年汇源集团委托华经纵横以国内某知名饮料企业为标杆进行果汁饮料销售渠道竞争研究。

合理分工，两头促进的政策。"无缝营销渠道"策略的核心是建设性的协作关系，这种建设性的协作关系是以双方核心能力的差异性、互补性为基础的。这种互补性决定了"无缝营销渠道"策略创造价值的空间，双方合作才有价值；而差异性的存在决定了这种比较平衡的合作伙伴关系才能够被确定。面对这种情况，目标企业采取"两头促进"的策略：一方面促使现有经销商积极开拓新的二级经销商和二级经销商主动配送货到末端零售商；另一方面，企业内部的业务人员自己也积极开发零售网点，培养成熟后交与二级经销伙伴进行后期持续的配送货工作，成熟的二级经销商也交与经销商进行后期的配送货工作。这样在销售区域内的每一个小的局部市场内都能保障产品的流通链的顺畅与快捷，而快捷的商品流通减少了各渠道成员的货款占用与资金积压，提高了商品的周转率，进而更加强了这种协作型渠道模式的稳定性以及渠道成员的积极性和忠诚度。

真诚服务末端的政策。在整个协作型"无缝营销渠道"建设过程中，末端零售商是最为关键的环节，一方面是因为零售商更靠近消费者，更能把握消费者偏好的脉搏；另一方面是因为只有末端零售环节的配合，整个渠道价值链和流通链才能够依靠产品的快速流通得以维系。服务末端零售商就成为目标企业产品的成功能否持续的关键支柱。

全天候维系末端的政策。秋冬季节，目标企业便提供末端零售点保温电饭煲以执行"冬季热饮"的促销活动，在整个促销活动中包含着对各级销售渠道成员的促销，因而可以通过这类促销奖励政策弥补渠道成员，尤其是末端成员额外成本的支出负担；同时，整个活动也包含着消费者促销方面的内容，通过这部分政策方面减轻渠道成员的压力，另一方面也支撑着淡季中必需的市场消费量，维系企业品牌的知名度。然而，其他企业的果汁饮料在秋末冬初就鸣锣收兵、偃旗息鼓般地进入"冬眠"状态，待到来年开春回暖之际又重新操作整个销售渠道，尤其是又得面对任务繁重且艰巨的铺货工作，也就是说年复一年地从"零"开始运作整个销售渠道与市场。

资料来源：綦安训. "渠道为王"的实践——汇源集团营销模式之探讨 [J]. 现代商业，2010（3）：51－52.

[试讨论]

汇源集团的"无缝营销渠道"策略如何操作，重点需要注意什么环节？

（二）任务实施

实训项目：调查与访问——林产品经营企业的营销环境。

1. 实训目标

（1）深入了解林产品企业在经营过程中所面临的各种环境。

（2）初步掌握林产品企业在经营过程中面临环境机会和环境威胁时可采取的对策。

2. 实训内容与要求

4~5 名学生组成一个小组，对本地知名林产品企业走访调查或网络调查。在调查访问之前，应制订调查与访问计划，需列出调查与访问的具体问题。具体问题可参考下列提示。

（1）本地知名林产品企业的产品种类、目标客户、价格区间、市场覆盖的地域范围、销售产值、行业地位等。

（2）企业所处的政治、法律、人口、经济、社会文化、自然和技术环境是什么样的？

（3）企业合作的供应商、销售中介，企业的竞争对手。

（4）金融、媒体、政府、社区等公众对企业的态度如何？

（5）企业经营过程中是否遇到过环境机会或环境威胁？又是怎样应对的？产生了怎样的效果？

（6）从企业的经营环境中选出一种感兴趣的环境因素，并做简要分析。

3. 实训成果与检验

调查访问结束后，各小组进行成果汇报。教师与所有小组共同对各小组的表现进行评估打分，汇报内容如下。

（1）所调查企业的产品种类、目标客户、价格区间、市场覆盖的地域范围、销售产值、行业地位、合作的供应商、销售中介，竞争对手等，书面论述不超过 2 000 字。

（2）所调查企业的政治、法律、人口、经济、社会文化、自然和技术环境，书面论述不超过 1 200 字。

（3）所调查企业处于环境机会或环境威胁下的应对手段，制作 PPT 演示讲解，时间为 3 分钟左右。

（4）所调查企业的某一具体的环境因素分析，书面论述不超过400字。

以上问题均以小组为单位进行，各小组在讨论的基础上，每个同学把自己调查访问所得的重要信息如照片、文字材料、影音资料等制作成宣传册展出，之后交老师保存。

四、知识拓展

环境分析评价的方法

1. 市场机会矩阵

企业寻找和发现市场机会以后，还必须对各种市场机会进行分析和评价，以判断其能否成为企业发展的"公司机会"。公司机会是指符合企业的经营目标和经营能力，有利于发挥企业优势的市场机会。

外界环境变化可能同时给企业带来若干个发展机会，但并非所有市场机会都对企业具有同样的吸引力。因此，企业应对各种市场机会进行分析和评价，并判断哪些市场机会对企业具有较大吸引力，哪些市场机会企业暂时不应考虑。

每个市场机会都可以按照其潜在吸引力大小和成功概率高低进行分类。以横坐标轴表示成功概率高低，以纵坐标轴表示潜在吸引力大小，市场机会可以分为四种类型，如图2-2所示。

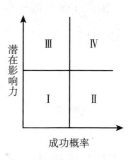

图2-2　市场机会矩阵

Ⅰ区域：成功概率低和潜在吸引力小的市场机会，企业应该放弃。

Ⅱ区域：成功概率高和潜在吸引力小的市场机会，中小企业应加以利用。

Ⅲ区域：潜在吸引力大和成功概率低的市场机会，企业应密切加以关注。

Ⅳ区域：潜在吸引力大和成功概率高的市场机会，企业应准备若干计划充分利用这种机会。

2. 环境威胁矩阵

一个企业往往面临着若干环境威胁，但并不是所有的环境威胁都一样大，这些威胁可以按照其潜在严重性和出现的可能性加以分类。以横坐标轴表示环境威胁出现的可能性，以纵坐标轴表示环境威胁的潜在严重性，环境威胁也可以分为四种类型，如图2-3所示。

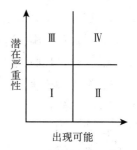

图2-3　环境威胁矩阵

Ⅰ区域：潜在严重性和出现可能性都较小的环境威胁，企业可以不加理会。

Ⅱ区域：潜在严重性小和出现可能性大的环境威胁，企业应制订出应对计划。

Ⅲ区域：潜在严重性大和出现可能性小的环境威胁，企业不能掉以轻心，以免此种潜在威胁变为现实。

Ⅳ区域：潜在严重性和出现可能性都较大的环境威胁，企业应准备多个应变计划，并且阐明在威胁出现之前或者当威胁出现时企业应采取的对策。

3. 机会—威胁矩阵

图 2 - 4　机会—威胁矩阵

分析机会与威胁，可以采用"机会—威胁矩阵"对营销环境进行总体分析，如图 2 - 4 所示。以横坐标轴表示机会水平高低，以纵坐标轴表示威胁水平高低，则会出现以下四种类型。

理想业务：高机会和低威胁业务。对于理想业务，企业应看到机会难得，甚至转瞬即逝。因此，企业必须抓住机会，迅速行动。

冒险业务：高机会和高威胁业务。对于冒险业务，企业既不能盲目冒进，也不能迟疑不决，而应全面分析自身优势和劣势，扬长避短和创造条件，争取实现突破性发展。

成熟业务：低机会和低威胁业务。对于成熟业务，企业要么不进入，要么作为常规业务用于维持企业的正常运转，并为开展理想业务和冒险业务准备条件。

困难业务：低机会和高威胁业务。对于困难业务，企业不要进入；已经进入的企业，要么努力改变环境，走出困境或减少威胁，要么立即转移，摆脱当前困境。

五、课后练习

1. 单选题

（1）消费者的收入水平和支出模式属于（　　）分析的范畴。

A. 政治环境　　　　　B. 法律环境　　　　　C. 人口环境　　　　　D. 经济环境

（2）与林产品经营相关的立法一般不包括（　　）。

A. 保护竞争

B. 保护合作

C. 保护消费者利益不受损害

D. 保护社会公众的长远利益不受损害

（3）下列不属于消费者收入分析指标的是（　　）。

A. 人均国民收入　　　　　　　　　　B. 个人可支配收入

C. 个人理想收入　　　　　　　　　　D. 个人可任意支配收入

（4）社会生产力中最活跃和最具决定性的因素是（　　）。

A. 法律因素　　　　　　　　　　　　B. 人口因素

C. 经济因素　　　　　　　　　　　　D. 技术因素

（5）企业竞争者分类不包括（　　）这一类型。

A. 愿望竞争者　　　　　　　　　　　B. 类别竞争者

C. 产品形式竞争者　　　　　　　　　D. 质量竞争者

2. 判断题

（1）人口地理分布及流动对林产品营销活动无影响。　　　　　　　　　　　　（　　）

（2）林产品营销对经济环境进行分析，主要分析的是影响人们购买力的各种因素。

　　　　　　　　　　　　　　　　　　　　　　　　　　　　　　　　（　　）

（3）满足顾客需要是林产品营销管理的核心。　　　　　　　　　　　（　　）

（4）供应商仅指向企业及其竞争者提供生产与经营所需原材料、设备、能源、劳务、资金等资源的企业。　　　　　　　　　　　　　　　　　　　　　　　　　（　　）

（5）林产品转移，即将林产品的营销活动转移到新的细分市场上。　　（　　）

3. 简答题

（1）林产品营销对社会文化环境的研究，一般从哪些方面入手？

（2）林产品营销中介有哪几种类型？

（3）当林产品营销面临环境机会时可采取什么样的对策应对？

任务二　调研林产品营销市场状况

一、任务导入

4～5人一组，学完相关知识后完成如下任务。

（1）通过对市场营销环境进行初步分析，为了进一步明确行业现状，为进入市场开展营销活动做准备，"公司"需要对林产品市场状况进行一次深入调研。调研围绕消费者、生产者和竞争者三个主体市场进行。

（2）制订调研计划、编制调查问卷、进行市场调研、撰写调研报告。

（3）将调查结果制作成PPT，并向班级同学汇报。

二、相关知识

（一）市场调研的步骤与方法

市场调研是一种把消费者及公共部门和市场联系起来的特定活动，在这一活动中，运用科学的方法有目的、有计划地系统而客观地辨别、收集、分析和传递有关市场营销活动的各方面的信息，并对其加以科学整理和分析，有助于识别和界定市场营销机会和问题，产生、改进和评价营销活动，监控营销绩效，为给企业营销管理者有效进行市场营销决策提供重要依据。

1. 市场调研的类型

市场调研分类的标准很多，在方法属性分类中，包括定量研究、定性研究；在研究领域中，可分为渠道研究或零售研究、媒介和广告研究、产品研究、价格研究等；在行业属性中，可分为商业和工业研究；按照研究的性质，可以分为探测性调研、描述性调研和因果关系性调研三大类型，如表2-5所示。

表2-5　　　　　　　　　　　市场调研的类型

调研类型	含义	应用思路
探测性调研	在企业对市场状况不明确或对问题不知从何处寻求突破时所采用的一种调研方式，其目的是发现问题所在，并明确地提出来，以便确定调查的重点	探寻潜在的问题或机会，寻找有关的新观念或新阶段，更精确地确定企业所面临的问题与相关的影响因素
描述性调研	对所调研内容的客观描述，回答 who、what、when、where、why、how、how much，主要回答"是什么"的问题	描述某个相关群体的特征；估计某个群体中某个行为方式的发生比率；测量消费者对有关产品的知识、偏好与满意度；确定不同营销变量之间的关系
因果性调研	为了查明同一项目不同要素之间的关系，以及查明导致产生一定现象的原因所进行的调研，着重回答"为什么"的问题。	确定自变量和因变量；确定变量间的相关关系；进行预测

2. 市场调研的步骤

市场调研的步骤大致可分为八个阶段，如图2-5所示。

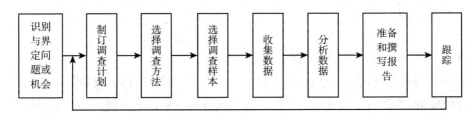

图2-5　市场调研的步骤

（1）识别与界定问题或机会。市场调研的内容一般是生产和经营中碰到的问题、潜在市场的问题或者是规划企业的发展战略问题。这些问题一般不太具体、只带有方向性，不能直接通过调查来解决，需要将其转变为营销调研问题。也就是说，要将它转变为这些问题需要什么信息，这些信息从何处可以得到。

📎 知识链接

机会识别的方法

机会识别的原则。看到别人所看不到的，想到别人所想不到的。做到别人所做不到的。

换位思考。企业往往站在自身的角度考虑问题，比如消费者需求，到底消费者需要什么，很多时候是企业自己假想出来的，即使做了市场调查，有时也不能得到真实的数据，所以企业必须做换位思考。设想自己是消费者，会看重什么。这样就更容易发现消费者需求的机会。

本质思维。任何事情首先都是表现为现象，然后才是本质。下到市场，我们所看到的都是现象，排面不好、产品品类少，消化慢，这些都是现象，在现象里面是本质，就是为什么。不断地追问为什么，通过三到四次的为什么的追问，一般情况下都可以看到问题的本质。就可以直击问题的本质。

批判性思维。一种行为必然导致一种结果。接上面的问题，排面不好，那么企业以前做排面采取的是哪种方式，如果换一种方式去做，排面是否会变好。不断地否定既成的行为，去获得另外企业没有想过的行为。

系统性思维。就是要学会想象，能把不同的现象放到一起去思考，去联想，就能发现事物内在的相同之处和不同之处。站在更高的角度，站在事物的相互关系的角度去分析，就可以达到不同的结果。

资料来源：王志国. 问题和机会识别的几种方法［EB/OL］. https：//www. globrand. com/2010/502615. shtml.

（2）制订调查计划。这是市场调研的基本框架，在实际操作中一般以市场调查计划书的形式出现，是市场调查实施的指导方针。制订调查计划需考虑以下方面的内容。

第一，调查目的，调查目的要符合客观实际，是任何一套方案首先要明确的问题，是行动的指南。

第二，调查对象和调查单位，调查对象即总体，调查单位即总体中的个体。

第三，调查项目，即指对调查单位所要登记的内容。

第四，调查表，就是将调查项目按一定的顺序所排列的一种表格形式。调查表一般有两种形式：单一表和一览表。单一表是在一个表格中只登记一个单位的内容。一览表是把许多单位的项目放在一个表格中，它适用于调查项目不多时。

第五，调查地点和调查时间：调查地点是指确定登记资料的地点；调查时间是指涉及调查的标准时间和调查期限。

第六，组织计划：是指确保实施调查的具体工作计划。

（3）选择调查方法。按照收集资料的方法，市场调查方法可以分为以下几类，如表2-6所示。

表 2-6　　　　　　　　　　　　　市场调研方法

收集方法	分类	含义	作用
第一手资料收集	询问法	由调查员直接同受访者接触，通过提问和回答，实现信息沟通，从而掌握第一手市场信息。通常应该事先设计好询问程序及调查表或问卷，以便有步骤地提问	了解被访者的深度的详细信息，实地调查中运用最为普遍的方法
	观察法	由调查员亲临调查现场或利用观察器材客观地观察调查对象并忠实地记录其人、其事或其事物的状态、过程和结果，收集第一手市场信息的一种实地调查方法	常用于对竞争对手研究和服务质量的研究，在日常的营销活动中被广泛使用
	实验法	在可控制的条件下对所研究的现象的一个或多个因素进行操纵，以测定这些因素之间的关系，观察它们对营销活动的影响效果，它是在因果关系调研中经常使用的方法	通过收集到的详细信息，建立数学模型，揭示或确立市场现象之间的关系，有利于探索解决市场问题的具体途径和方法
第二手资料收集	文案调查法	利用企业内部和外部现有的各种信息、情报，对调查内容进行分析研究的一种调查方法	这些资料的取得往往在预调查阶段非常重要，它可以帮助我们判断调查的必要性及其重点方向

 知识链接

询问法的方式

面谈调查法。这种方法是将所拟调查事项，派出访问人员直接向被调查对象当面询问以获得所需资料的一种最常见的调查方式。这种方式具有回答率高、能深入了解情况、可以直接观察被调查者的反应等优点，集中起来就是较别的方法能得到更为真实、具体、深入的资料。但是这种方法也存在调查的成本高、资料受调查者的主观偏见的影响大等缺点。

邮寄调查法。这是调查者把事先设计好的调查问卷或表格，通过邮局寄给被调查者，要求被调查人自行填妥寄回，借以收集所需资料的方法。其好处有：调查范围大、成本低、被调查者有充分时间独立思考问题。同时存在所用时间长、受调查人文化程度限制、问卷回收率低等缺点，企业通常采用有奖、有酬的刺激方式加以弥补。

电话调查法。通过电话与被调查者进行交谈以收集资料的方法。这种方法进行调查的主要优点是：收集资料快、成本低、电话簿有利于分类。其主要缺点是：只限于简单的问题，难以深入交谈；被调查人的年龄、收入、身份、家庭情况等不便询问；照片图像无法利用，这与访问法相比有隔靴搔痒之感；受电话装机的限制。

问卷调查法。网络问卷调查即调查公司通过网络邀请参与回答问卷以获取市场信息的一种调查方式。这种方法进行调查的主要优点是：收集资料快、成本低（现在互联网上有很多专门制作调查问卷的网站）。其主要缺点是：只限于简单的问题，难以深入交谈；只能调查一些简单的有限的调查公司能够想到的问题。

混合调查法。三种询问调查方法混合起来加以综合使用。如派出专人访问，与收到邮寄调查表的人进行深入交谈，或在电话调查中发现线索再派专人出访。

资料来源：谢平芳，黄远辉，赵红梅．市场调查与预测［M］．南京：南京大学出版社，2020：163.

（4）选择调查样本。市场调查有全面调查、典型调查、重点调查、抽样调查等方式，其中抽样调查应用最广泛。抽样调查是从全部调查研究对象中，抽选一部分样本进行调查，并据以对全部调查研究对象做出估计和推断的一种调查方法。抽样调查虽然是非全面调查，但它的目的却在于取得反映总体情况的信息资料，因而，也可起到全面调查的作用。

在抽样调查中，常用的名词如下。

第一，总体。总体是指所要研究对象的全体。它是根据一定研究目的而规定的所要调查对象的全体所组成的集合，组成总体的各研究对象称为总体单位。

第二，个体。个体是指总体中的每一个考察对象。

第三，样本。样本是总体的一部分，它是由从总体中按一定程序抽选出来的那部分总体单位所组成的集合。

第四，样本的容量。样本中个体的数量叫作样本的容量。

第五，抽样框。抽样框是指用以代表总体，并从中抽选样本的一个框架，其具体表现形式主要有总体全部单位的名册、地图等。抽样框在抽样调查中处于基础地位，是抽样调查必不可少的部分，其对于推断总体具有相当大的影响。对于抽样调查来说，样本的代表性如何，抽样调查最终推算的估计值真实性如何，首先取决于抽样框的质量。

第六，抽样比。抽样比是指在抽选样本时，所抽取的样本单位数与总体单位数之比。

第七，置信度。置信度也称为可靠度，或置信水平、置信系数，即在抽样对总体参数做出估计时，由于样本的随机性，其结论总是不确定的。因此，采用一种概率的陈述方法，也就是数理统计中的区间估计法，即估计值与总体参数在一定允许的误差范围以内，其相应的概率有多大，这个相应的概率称作置信度。

第八，抽样误差。在抽样调查中，通常以样本做出估计值对总体的某个特征进行估计，当二者不一致时，就会产生误差。因为由样本做出的估计值是随着抽选的样本不同而变化，即使观察完全正确，它和总体指标之间也往往存在差异，这种差异纯粹是抽样引起的，故称为抽样误差。

第九，偏差。偏差也称为偏误，通常是指在抽样调查中除抽样误差以外，由于各种原因而引起的一些偏差。

第十，均方差。在抽样调查估计总体的某个指标时，需要采用一定的抽样方式和选择合适的估计量，当抽样方式与估计量确定后，所有可能样本的估计值与总体指标之间离差平方的均值即为均方差。

案例 2-8

××中学对万名住宿学生的消费调查

　　××中学要了解在校 10 000 名住宿学生的消费状况。首先确定在校的 10 000 名学生为调查对象。从操作的难易度来说，这些学生都可以被调查到，也就是说抽样框和总体一致；也可以根据经验确定 5% 的被访者数量，然后以宿舍为单位从全校 2 500 个宿舍中，按一定的规则抽出 125 个宿舍，对学生进行调查，被抽中的学生就构成了调查的样本。

　　此次调查中，调查对象是所有在校的 10 000 名住宿学生。抽样框是全校的 2 500 个宿舍。可供选择的地点包括教室、食堂、宿舍，综合来看，前两个地点都不能保证所有的被访者都有可能被抽中，但选择宿舍建立抽样框，可解决这个问题。样本是从全校的 2 500 个宿舍中，按照分层随机抽样的方法，被抽出的 125 个宿舍中的学生、最终的 500 名被访者就是样本。

（5）收集数据。市场调研中，常用的收集数据的方法有调查法、观察法和实验法，一般来说，前一种方法适宜于描述性研究，后两种方法适宜于探测性研究。企业做市场调研时，采用调查法较为普遍，调查法又可分为面谈法、电话调查法、邮寄法、留置法等。

（6）分析数据。分析数据阶段的主要任务是用适当的统计分析方法对收集来的大量数据进行分析，提取有用信息和形成结论而对数据加以详细研究和概括总结，其中包括统计分析和理论分析。

（7）准备和撰写报告。市场调研报告是经过在实践中对某一产品客观实际情况的调查了解，将调查了解到的全部情况和材料进行分析研究，揭示出本质，寻找出规律，总结出经验，最后以书面形式陈述出来。可以为市场预测提供科学依据，它是制定经济政策的依据。其作用主要体现在均衡供需、指导生产、合理定价、了解信息等方面。

撰写市场调研报告的原则

第一，对于获得的大量的直接和间接资料，要做艰苦细致的辨别真伪的工作，从中找出事物的内在规律性。调研报告切忌面面俱到，在第一手材料中，筛选出最典型、最能说明问题的材料，对其进行分析，从中揭示出事物的本质或找出事物的内在规律，得出正确的结论，总结出有价值的东西。

第二，用词力求准确，文风朴实。写调研报告，应该用概念成熟的专业用语，非专业用语应力求准确易懂。通俗应该是提倡的。特别是被调查对象反映事物的典型语言，应在调研报告中选用。盲目追求用词新颖，把简单的事物用复杂的词语来表达，实际上是学风浮躁的表现。

第三，逻辑严谨，条理清晰。调研报告要做到观点鲜明，立论有据。论据和观点要有严密的逻辑关系，条理清晰。论据不单是列举事例，讲故事，逻辑关系是指论据和观点之间内在的必然联系。如果没有逻辑关系，无论多少事例也很难证明观点的正确性。

第四，要有扎实的专业知识和思想素质。调研人员既要有深厚的理论基础，又要有丰富的专业知识和透过现象洞察事物本质的能力。例如，一项政策往往涉及国民经济的许多方面，并且影响到不同的社会群体，只有具备很宽的知识面，才能够深刻理解国家的大政方针，正确判断政策所涉及的不同群体的需要，才能看清复杂事物的真实面目。

第五，要拥护党和政府的路线、方针和政策。调研报告带有一定程度的主观性。作者所处的立场决定了报告的主题和观点，也决定了报告素材选取的倾向性。深入实际做调研工作，一定要有为老百姓、为国家解决问题的强烈愿望和感情。

（8）跟踪。跟踪主要是了解前一段工作的成效和调查结果的采纳等情况。

3. 市场调查问卷的要求和结构

市场调查问卷是企业为系统地搜集、记录、整理和分析有关市场的信息，了解市场发展变化的现状和趋势，针对企业特定的目标市场和目标人群设计的问卷类调查表。

（1）市场调查问卷的基本要求。一份完整的市场调查问卷应能从形式和内容两个方面同时取胜。从形式上看，要求版面整齐、美观、便于阅读和作答。从内容上看，至少应该满足以下要求：正确的政治方向，把握正确的舆论导向；问题具体、表述清楚、重点突出、整体结构好；确保问卷能完成调查任务与目的；便于统计整理。

（2）市场调查问卷的结构。问卷可以是表格式、卡片式或簿记式等多种形式。但实际操作过程中，一份完整的问卷应具备一定的格式。问卷的基本结构如表2-7所示。

表2-7　　　　　　　　　　　　市场调查问卷的结构

问卷结构	含义	注意要点
标题	说明研究主题，使人一目了然，增强填答者的兴趣和责任感	标题一般采用"调查对象"+"调查内容"+"调查问卷"方式，如"××大学生购买手机情况调查问卷"

续表

问卷结构	含义	注意要点
前言	主要用于说明调查的意义、目的、项目、内容以及对被调查对象的希望和要求等	文字须简明易懂，能激发被调查者的兴趣。如果使用询问法，在该部分要说明"我是谁""我的目的""需要被访者做什么"等内容
问卷指导	用来指导被调查者解答问卷，包括调查说明及填表要求。告诉调查者和被调查者为什么要去做、如何去做	问卷指导的长短由内容的难易程度决定，但要尽可能简明扼要，务必去除废话和不实之词
被调查者背景资料	个人背景资料包括性别、年龄、受教育程度、职业及职务、收入水平、婚姻状况等；单位背景资料包括单位名称、营业面积、经营范围、注册资金、职工人数等	在数据分析阶段，可与主体部分的问题进行交叉分析，要注意背景资料的全面性和相关性
主体问题及其答案	问题是调查问卷的主体部分。科学的问卷应依据调查目的，列出所需了解的项目和备选答案，并以一定的格式将其有序地排列组合起来。通过被调查者对问卷中问题的答复，市场调查者可以对被调查者的个人基本情况和对某一特定事物的态度、意见倾向以及行为有较充分的了解	根据调查项目的特点选择合适的题型；题目的顺序和表述要注重逻辑性；设计问句要尽量具体而不抽象，尽可能将需要调查的内容转化为可以观察和测量的项目；避免问题带有诱导性
结束语	主要用于表达对被调查者合作的感谢	结束语要简短明了，甚至可以省略，访问员最后应签署姓名和日期

4. 市场调查问卷的题型设计

（1）设计直接性问题和间接性问题。

第一，直接性问题。直接性问题是指通过直接的提问立即就能够得到答案的问题。这些问题可以是一些已经存在的事实或关于被调查者的一些不很敏感的基本情况。

例如，您的年龄、您的职业、您偏好什么品种的茶叶等。

第二，间接性问题。间接性问题是指那些不宜直接回答，而采用间接的提问或迂回的询问方式得到答案的问题，一般适用于避开个人隐私，或者避开被调查者因问题产生窘迫、疑虑，或者被调查对象不愿意直面的问题。

例如，有人认为转基因的蔬菜有危害，有人则认为没有，您同意哪一种观点？

（2）设计开放式问题和封闭式问题。

第一，开放式问题。开放式问题比较灵活，对所提出的问题不列出答案，可由被调查者自由回答和解释，类似于简答题。对于调查者来说，这类问题能收集到原来没有想到或者容易忽视的资料。但被调查者的答案可能各不相同，标准化程度较低，资料的整理和加工比较困难，同时还可能会因为回答者表达问题的能力不同而产生调查偏差。

例如，您认为哪个品种的桃子味道更美味？

第二，封闭式问题。封闭式问题是指事先将问题的各种可能答案列出，由被调查者根据自己的意愿选择回答。这类问题标准化程度高，回答问题较方便，回答率较高，调查结果易于处理和分析，可节省调查时间。但设计的答案可能不是被调查者想回答的答案；

给出的选项可能对被调查者产生诱导；被调查者可能猜测答案或随便乱答，难以反映真实情况。

例如，您认为下列哪种木材制成的家具质量最优？

A. 榉木　　B. 橡木　C. 枫木　　D. 柚木

（3）设计事实性问题、行为性问题、动机性问题、态度性问题。

第一，事实性问题。调查这类问题的主要目的是获得有关事实性资料。因此，问题的意见必须清楚，使被调查者容易理解并回答。通常在一份问卷的开头和结尾都要求回答者填写其个人资料，如职业、年龄、收入、家庭状况、教育程度、居住条件等，这些问题均为事实性问题，对此类问题进行调查，可为分类统计和分析提供资料。

第二，行为性问题。行为性问题是对回答者的行为特征进行调查。

例如，您食用过茶油吗？您购买过松茸吗？

第三，动机性问题。动机性问题是指为了解被调查者的一些具体行为的原因和理由而设计的问题。所获得的调查资料对于企业制定市场营销策略非常有用，但是收集难度很大。调查者可以多种询问方式结合使用，尽最大可能将被调查者的动机揭示出来。

例如，假如您装修新房子，您购买除甲醛类的花卉植物的原因是什么？

第四，态度性问题。态度性问题是关于对回答者的态度、评价、意见等问题。

例如，您对××品牌200g包装的香菇价格满意吗？

在实际调查中，几种类型的问题往往是结合使用的。在同一份问卷中，既会有开放式问题也会有封闭式问题。甚至在同一个问题中，也可将开放式问题与封闭式问题结合起来，组成结构式问题。

例如，您购买过藤编家具吗？有＿＿＿，无＿＿＿；若有，是什么类型的家具？

同样，事实性问题既可采取直接提问方式，对于回答者不愿直接回答的问题，也可采取间接提问方式，问卷设计者可以根据具体情况选择不同的提问方式。

（4）设计二项选择和多项选择问题。

第一，二项选择法。其回答项目非此即彼，简单明了。这类问题的答案通常是对立的、互斥的，"是"或"否"，"有"或"无"等。被调查者的回答不能有更多的选择，适用于互相排斥的问题，及询问较为简单的事实性问题。

例如，您店铺售卖的坚果是否包含进口松子？

A. 是　　　B. 否

第二，多项选择问题。有些问题为了使被调查者完全表达要求、意愿，还需采用多项选择法，根据多项选择答案的统计结果，得到各项重要性的差异。

例如，您听说过下面哪些可食用菌类？

A. 松露　　B. 虫草　　C. 牛肝菌　　D. 马鞍菌　　E. 猪苓　　F. 桑黄　　G. 榛蘑

（5）设计量表应答式问题。设计量表应答式问题主要是为了对应答者回答的强度进行测量。同时，许多量表式应答可以转换为数字，这些数字可以直接用于编码，便于用更高级的统计分析工具进行分析。其缺点在于问题有时对应答者的记忆与回答能力要求过高，应答者可能出现误解，影响调查数据的准确性。

目前，市场调查中常用的量表主要有以下几种。

第一，评比量表。对提出的问题，调查者在问卷中事先设置的答案选项，以两种截然不同的态度为端点，在两端点中间以程度顺序排列不同的态度，由回答者自由从中选出一个适合自己态度的表现。一般情况下，选项不应超过五级，否则普通应答者可能会难以做出选择。

例如，您对购买的融安金橘的口感是否满意？

A. 非常满意　　　B. 满意　　　C. 一般　　　D. 不满意　　　E. 非常不满意

第二，语义差异量表。此类量表由一系列两极性形容词词对组成，并被划分为 7 个等值的评定等级（有时也可以划分为 5 个或 9 个），主要含有 3 个基本维度，即"评价的"（如好的与坏的、美的与丑的、干净的与肮脏的），"能量的"（如大的与小的、强的与弱的、重的与轻的），"活动的"（如快的与慢的、积极的与消极的、主动的与被动的），如图 2-6 所示。语意差别量表被广泛地用于市场研究，用于比较不同品牌商品，产商的形象，以及帮助制定广告等战略、促销战略和新产品开发计划。具体做法是在一个矩阵的两端分别填写两个语义相反的术语，中间用数字划分等级，由回答者根据对词或概念的感受、理解，在量表上选定相应的位置。

语义差异量举例

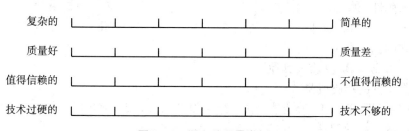

图 2-6　语义差异量举例

（6）表格式问题。表格式问题整齐、醒目，一目了然，但也容易使人觉得单调、呆板。在一份问卷中这种形式的问题不要用得太多。

例如，本年度农场是否发生过下列情况？（请在每一行合适的位置画"√"）

问题	是	否
是否有 15 家以上新的农产品代理经销商加入		
是否收到过农产品代理经销商负面的反馈		
是否申请过助农小额信贷		
是否在当地媒体上投放过农产品广告		

（7）关联式问题。关联式问题是指在前后两个（或多个）相互连接的问题中，被调查者对前一个问题的回答，决定着后面问题的回答顺序。有的学者将这种起筛选作用的前一个问题称为"过滤性问题"。

关联式问题针对的是调查中的某些实际情况。例如，被调查者对有些问题答案的不同选择，其后面需要调查的问题不同；又如，某个问题只适用于样本中的一部分调查对象，为了使问卷适合每一个被调查者，在设计时就可以采用关联式问题的办法。

a. 您是否通过网购的方式购买过平和蜜柚?

A. 是　　　　　B. 否

b. 您购买平和蜜柚使用的平台是?

A. 淘宝　　　　B. 京东　　　　　C. 拼多多　　　　　D. 其他

【问卷范例】

新疆特色林果产品购买者行为调查问卷

尊敬的女生/先生:

您好,为了更好地了解新疆特色林果产品的销售市场情况,本研究特意制定此调查问卷,感谢您在百忙之中抽出时间来填写这份问卷,本问卷采用无记名的方式进行,全程保密,仅仅供学术研究之用,不会涉及商业用途,本问卷数据对于我们的研究有非常重要的影响,请您根据您的自身情况填写,最后再次衷心地感谢您的填写。

祝您身体健康,万事如意!

第一部分　个人情况

(1) 您的性别是 (　　)。

A. 男性　　　　B. 女性

(2) 您的民族是 (　　)。

A. 维吾尔族　B. 汉族及其他

(3) 您所处的年龄段是 (　　)。

A. 20 岁以下　B. 20~35 岁　　C. 36~50 岁　　D. 51~60 岁　　E. 60 岁以上

(4) 您的最高学历是 (　　)。

A. 硕士研究生及以上　　　　B. 大学 (大专和本科)

C. 高中和中专　　　　　　　D. 初中　　　E. 小学及以下

(5) 您的家庭状况 (　　)。

A. 单身　　　B. 两口之家　　C. 三口及以上

(6) 您的职业是 (　　)。

A. 学生　　　B. 农民　　　　C. 国企员工　　　D. 自由职业者

E. 离退休人员F. 行政事业单位职员　　　　　　　G. 其他

(7) 您的个人月收入 (　　)。

A. 3 000 元以下　　　　　　B. 3 000~5 000 元　　　　　C. 5 000 元以上

(8) 您长期居住的地方是 (　　) 省 (　　) 市。

第二部分　购买行为和新疆干果常识部分

(9) 您是否了解并购买过新疆特色林果产品? (　　)。

A. 了解,购买过 (继续)　　B. 了解,未购买 (终止)

C. 不了解,未购买 (终止)

(10) 您每月用于新疆林果产品的消费金额大概是 (　　)?

A. 50 元以下　B. 50~100 元　　C. 100~200 元　D. 200~300 元　E. 300 元以上

(11) 您经常购买并消费新疆特色林果产品的原因是 (　　)?

A. 产品品质好　　　　　　B. 生活习惯

C. 补充微量元素 　　　D. 跟着周围同事朋友一起买 　　　　　E. 其他_____

（12）您经常会在（ 　　 ）购买新疆特色林果产品？

A. 超市 　　　　　B. 农贸市场 　　　　C. 批发市场 　　　　D. 网店

E. 专卖店 　　　　F. 其他_____

（13）您购买新疆特色林果产品的用途是（ 　　 ）？

A. 以保健为目的长期食用 　　　　　　　B. 作为礼品馈赠亲友

C. 作为佐餐食材随机性购买自己消费 　　D. 其他_____

（14）您把新疆特色林果产品作为礼物馈赠亲友时更关注产品的（ 　　 ）方面？

A. 新鲜程度 　　　B. 包装 　　　　C. 价格 　　　　D. 产地

E. 品牌 　　　　　F. 其他_____

（15）您更偏好（ 　　 ）类新疆林果产品？

A. 干果 　　　　　B. 鲜果

（16）您更喜欢的干果是（ 　　 ）？

A. 坚果类（核桃、巴旦木等） 　　　　　B. 果实类（红枣、包仁杏等）

C. 果肉类（葡萄干、杏干等） 　　　　　D. 种仁类（核桃仁、杏仁等）

（17）您更喜欢的鲜果是（ 　　 ）？（可多选）

A. 浆果类（葡萄、桑葚等） 　　　　　　B. 瓜类（西瓜、甜瓜等）

C. 核果类（桃子、杏子等） 　　　　　　D. 仁果类（苹果、梨子等）

（18）您家庭平均月购买量干货是（ 　　 ）？

A. 小于1公斤 　　　B. 1~2公斤 　　　C. 2~3公斤 　　　D. 3公斤以上

（19）您对所购买的新疆特色林果产品有（ 　　 ）要求？（可多选）

A. 确保产品质量 　　B. 价格适中

C. 购买方便 　　　　D. 应季新鲜 　　　E. 分等级包装

（20）您认为您在新疆特色林果产品购买过程中遇到的问题是（ 　　 ）？（可多选）

A. 以次充好，质量没保障 　　　　　　　B. 定价过高

C. 假冒产品太多 　　　　　　　　　　　D. 其他_____

（21）您认为现在新疆特色林果产品消费最大的隐患是（ 　　 ）？（可多选）

A. 农药残留超标 　　　　　　　　　　　B. 化肥使用太多

C. 加工过程添加剂过量 　　　　　　　　D. 其他_____

（22）您认为（ 　　 ）种渠道模式对您最有利？

A. 网店直销模式 　　B. 超市直供零售模式 　C. 实体直销专卖店

D. 多层次长距离运输后农贸市场批零模式

（23）您喜欢实体店直销类型吗？（ 　　 ）

A. 非常喜欢 　　　B. 很喜欢 　　　　C. 喜欢 　　　　D. 一般

E. 不喜欢

（24）您对新疆特色林果产品本身及销售环节有什么建议和意见？

资料来源：陈晓丽. 新疆特色林果产品市场营销策略研究——以红枣为例［D］. 石河子：石河子大学，2019.

（二）消费者市场调研

与产业市场或政府市场相比，消费者市场具有复杂性、多变性特点。消费者市场调研的方法同样适用于产业市场及其他市场的调研。

1. 消费者主体调研

消费者主体是购买消费品的个人、家庭或团体。

（1）消费者个体调研。由于不同类别的消费者具有不同的需要和动机、购买行为和消费习惯。所以，对消费者个体通常按调研项目的需要进行分类研究。最常见的消费者个体调研包括调查消费者的性别、收入水平、受教育程度、年龄等，还可以按照心理特征、价值观等对消费者个体进行调研。

（2）消费者群体调研。家庭是基本的消费单位，在消费者群体中占有十分重要的地位。家庭调研包括对家庭总量的调研和对家庭结构的调研。家庭总量是指在一定范围、一定时间节点的家庭户数。家庭结构是指一定家庭总量中，不同家庭的构成及其相互关系。家庭结构包括家庭的构成结构、家庭的生命周期、家庭的规模结构等。按照家庭的构成特征，家庭可以分为核心家庭（即夫妇双方加小孩）、单亲家庭、双老家庭和其他家庭等类型。

2. 消费者行为调研

（1）消费者行为。消费者行为研究是指对消费者为获取、使用、处理消费物品所采用的各种行动以及事先决定这些行动的决策过程的定量研究和定性研究。该项研究除了可以了解消费者是如何获取产品与服务，还可以了解消费者是如何消费产品，以及产品在用完或消费之后是如何被处置的。

影响消费者行为的环境因素主要有文化因素、社会因素、个人因素和心理因素，如图2－7所示。

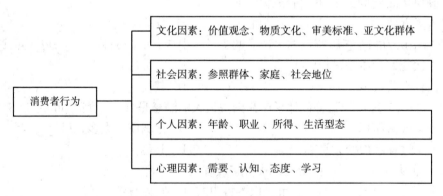

图2－7 影响消费者行为的因素

其中，生活形态是人们所遵循的一种生活方式，包括使用时间和花费金钱的方式。一个人的生活形态通常透过他的活动（activity）、兴趣（interest）和意见（opinion）（通称为AIO）来表达。

［做一做］

请自主了解AIO的构面，并分小组交流。

案例 2－9

"80 后""90 后""00 后"的亚文化消费特征

　　人们经常以 10 年为标准划分一个时代,这个时代的人群就被分为"80 后""90 后""00 后",甚至是"10 后"。这几代人的衣食住行必然是不相同的,所有的不同都源于时代变迁。

　　"80 后"一代中很大部分是独生子女,在中国改革开放和现代化进程中长大,在努力学习和工作的同时也懂得自我调节。在娱乐上,他们的开支比上辈人要多得多;在娱乐方式上,除了传统媒体、电影院、吃饭逛街,还有 KTV、酒吧、网络娱乐等新兴娱乐活动,连运动项目也有很多新花样。

　　生于个性飞扬时代的"90 后",喜欢标新立异,追求个性发展,乐于接受新鲜事物。在信息膨胀的网络经济时代,网上购物已成为"90 后"消费方式新趋势。

　　"00 后"是新生一代,他们成长在新时代,其消费趋势是既注重品质又注重便利支付的时尚购物方式。

　　资料来源:张雪银."80 后""90 后""00 后"亚文化属性的代际演变和代内演进 [EB/OL]. https://www.fx361.com/page/2019/0717/5323909.shtml.

案例 2－10

小罐茶的"走红"

　　小罐茶,一个 2016 年 7 月上市的很年轻的品牌,"小罐茶,大师作"的宣传语和茶文化大师们的竞相出镜,强调小罐茶从原料、采摘到加工、包装等的完整流程,都有严苛的标准控制,体现出小罐茶对产品质量的极致追求。普洱熟茶、武夷大红袍、西湖龙井、安溪铁观音、黄山毛峰、茉莉花茶、福鼎白茶、滇红共八类茶品,八款不同特色的包装,让小罐茶似乎在一夜之间从国内茶企中脱颖而出,进入前列。

　　资料来源:高璐雅,林刚.消费升级背景下"小罐茶"品牌传播创新策略探析 [J]. 国际公关,2022 (4):81－82.

　　[讨论]

　　请从消费者行为的角度,分析小罐茶能够热卖的原因。

　　(2) 消费者购买行为的类型。消费者在购买商品时,因商品价格、购买频率的不同,购买决策的慎重程度也不同。消费者的购买行为分四种类型,如图 2－8 所示。

　　第一,复杂型购买行为。复杂型购买行为是指消费者面对不常购买的贵重物品,由于产品品牌差异大,购买风险大,消费者需要有一个学习过程,广泛了解产品的性能、特点,从而对产品产生某种看法,最后决定购买的消费者购买行为类型。

　　针对这种类型的购买行为,企业应设法帮助消费者了解与该产品有关的知识,并设法让他们知道和确信本产品比较重要的性能特征及优势,树立他们对本产品的信任感。这期间,企业要特别注意针对购买决定者,进行有关本产品特性的多种形式的宣传。

	低度介入	高度介入
品牌差异大	变换型购买行为	复杂型购买行为
品牌差异小	习惯型购买行为	化解失调感型购买行为

图 2 - 8　消费者购买行为类型

第二，化解失调感型购买行为。当消费者高度介入某项产品的购买，但又看不出各品牌有何差异时，对所购产品往往产生不协调感，即消费者购买某一产品后，或因产品自身的某些方面不称心，或得到了其他产品更好的信息，从而产生不该购买这一产品的后悔心理。为了改变这样的心理，追求心理平衡，消费者广泛地收集各种对已购产品的有利信息，以证明自己购买决定的正确性。

针对这种类型的购买行为，企业应通过调整价格和售货网点，并向消费者提供有利的信息，帮助消费者消除不平衡心理，坚定消费者对所购产品的信心。

第三，变换型购买行为。消费者经常改变品牌选择，并且，改变品牌选择并非因为对产品不满意，而是由于市场上有大量可选择的品牌。消费者的好奇心在这种购买行为中起了很大作用。比如购买大米，消费者上次购买的是东北产的大米，而这次想购买泰国产的大米。这种品种的更换并非对上次购买的大米不满意，而是想换换口味。

面对这种购买行为，当企业处于市场优势地位时，应以充足的货源占据货架的有利位置，并通过提醒性的广告促成消费者建立习惯型购买行为，而当企业处于非市场优势地位时，则应以降低产品价格、免费试用、介绍新产品的独特优势等方式，鼓励消费者进行多种品种的选择和新产品的试用。

第四，习惯型购买行为。消费者对产品不了解，并且也不是品牌忠诚者，只是出于某种习惯长期购买某品牌的产品。此类型购买行为多针对价格低廉、经常购买、品牌差异小的产品。绝大多数日用品的购买都属于习惯型购买行为。

针对这种购买行为，企业要特别注意给消费者留下深刻印象，广告要强调本产品的主要特点，要以鲜明的视觉标志、巧妙的形象构思赢得消费者对本企业产品的青睐。为此，广告要加强重复性、反复性，以加深消费者对产品的熟悉程度。

消费者购买行为调研，需要掌握消费者购买"自己品牌产品"的行为特征信息，应该采用的方法是观察法。因为购买行为可以被观察到，调研的对象是"真实行为"。观察消费者的购买行为，掌握消费者所关注的核心、消费行为过程等，为确定营销策略提供依据。

3. 消费者决策调研

消费者决策调研主要调研购买某个产品，制定某项购买决策的过程中会有哪些人参与，这些参与者将会在最终决定的形成中产生什么影响。常采用消费者座谈法、入户访问等方法进行消费者决策调研。

（1）消费者决策。消费者决策是指消费者为了满足某种需求，在一定的购买动机的支配下，在可供选择的两个或者两个以上购买方案中，经过分析、评价、选择并且实施最佳的购买方案以及购后评价的活动过程。

人们在一项购买决策过程中可能充当以下角色：发起者，首先想到或提议购买某种产品或服务的人；影响者，其看法或意见对最终决策具有直接或间接影响的人；决定者，对购买时间、地点、数量等问题做出全部或部分最后决定的人；购买者，实际采购的人；使用者，直接消费或使用所购产品或服务的人。

了解每一购买者在购买决策中扮演的角色，并针对其角色地位与特性，采取有针对性的营销策略，就能较好地实现营销目标。比如，购买一张实木书桌，提出这一要求的是孩子，是否购买由夫妻共同决定，丈夫对实木书桌的品牌做出决定，妻子对实木书桌的造型做出决定。这样，家具公司就可以对丈夫做更多有关品牌方面的宣传，以引起丈夫对本企业生产的实木书桌的注意和兴趣。

女性是家庭消费的主导者

2020年"三八"妇女节前夕，中国妇女报、中国妇女网联合拼多多新消费研究院共同发布了《新电商平台上的女性》数据报告。报告显示，女性是家庭消费决策主导者。"80后"女性的购物清单对此有明显体现，"80后"女性购买的商品集中在了水果蔬菜、日用百货、母婴玩具、家居家纺等类目。她们处于家庭与事业的黄金上升期，承担着女人、妻子、母亲、员工的多重角色，她们除了关注自身健康、娱乐休闲，还需要照顾、平衡全家人的需要。这也意味着相比男性，女性在家庭消费、投资等财务工作上承担了更多的责任。

（2）消费者购买决策过程。典型的购买决策过程，如图2-9所示。

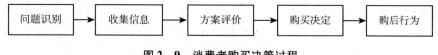

图2-9　消费者购买决策过程

第一，问题识别。问题识别阶段需要确认需求并将之与特定的产品或服务联系起来，消费者认识到自己有某种需要时，是其决策过程的开始。这种需要可能是由内在的生理活动引起的，例如，为了饱腹引发的米面粮油等物资的购买。也可能是受到外界的某种刺激引起的，例如，看到微信朋友圈中有好友分享进口车厘子的照片，能刺激消费者购买进口车厘子的欲望。

市场营销人员应注意识别引起消费者某种需要和兴趣的环境，并充分注意到两方面的问题：一是注意了解那些与本企业的产品实际上或潜在的有关联的驱使力；二是消费者对某种产品的需求强度，会随着时间的推移而变动，并且被一些诱因所触发。在此基础上，企业还要善于安排诱因，促使消费者对企业产品产生强烈的需求，并立即采取购买行动。

第二，收集信息。当消费者产生了购买动机之后，便会开始进行与购买动机相关联的活动，收集与此产品相关和密切联系的信息，以便进行决策。

消费者信息的来源渠道主要有四个，如表2-8所示。

表2-8　　　　　　　　　　　　　　消费者信息来源渠道

信息来源	含义
个人信息	从家庭、亲友、邻居、同事、网友等个人交往中获得信息
商业信息	这是消费者获取信息的主要来源，包括广告、推销人员的介绍、商品包装与陈列、产品说明书等提供的信息
公共信息	从电视、网络、报纸、杂志等大众传播媒体所获得的信息
经验信息	从自己亲自接触、使用商品的过程中得到的信息

上述四种信息来源中，商业信息最为重要。对企业来说，商业信息是可以控制的。

第三，方案评价。方案评价阶段，将根据产品或服务的属性、利益和价值组合，形成各种购买方案，并确认购买态度。消费者得到的各种有关信息可能是重复的，甚至是互相矛盾的，因此还要进行分析、评估和选择，这是决策过程中的决定性环节。

第四，购买决定。经过对各种品牌的评价，消费者做出最后的购买决定，一般包括购买时间、地点、购买方式等几个方面的内容。购买决定一经做出，多数情况会付诸实施，但还可能会改变主意，以致修改、推迟或取消购买决定。因此，只让消费者对某一品牌产生好感和购买意向是不够的，真正将购买意向转为购买行动才重要。

案例2-11

决定购买到最终购买的距离

在对100名声称要为新住宅购入实木茶台的消费者进行追踪研究以后发现，只有44名实际购买了茶台，而真正购买实木茶台的消费者只有30名。他们的购买决定受到两个因素的影响。

一是他人的态度。消费者的购买意图会因他人的态度而增强或减弱。他人态度对消费意图影响力的强度，取决于他人态度的强弱及其与消费者的关系。一般来说，他人的态度越强、与消费者的关系越密切，其影响就越大。例如，男主人想买一张实木茶台，而女主人坚决反对，丈夫就极有可能改变或放弃购买意图。

二是意外的情况。消费者购买意向的形成，总是与预期收入、预期价格和期望从产品中得到的好处等因素密切相关的。但是当他欲采取购买行动时，发生了一些意外的情况，诸如因疫情收入减少，因产品涨价而无力购买，或者有其他更需要购买的东西等，这一切都将会使他改变或放弃原有的购买意图。

第五，购后行为。购后行为阶段，将会评估购买获得的价值，并通过行动表达满意或不满意等。消费者购后的满意程度取决于消费者对产品的预期性能与产品使用中的实际性能之间的对比。购买后的满意程度决定了消费者的购后活动，决定了消费者是否重复购买该产品，还会影响到其他消费者，形成连锁效应。

消费者购买决策过程影响因素

稳定因素。这主要是指个人某些特征，如年龄、性别、种族、民族、收入、家庭、生活周期、职业等。稳定因素不仅能影响参与家庭决策者，而且影响人们决策过程的速度。在决策过程的某一特殊阶段，购买行为也部分地取决于稳定因素。

随机因素。随机因素是指消费者进行购买决策时所处的特定场合和具备的一系列条件。有时，消费者购买决策是在未预料的情况下作出的，例如，某人也许要购买一张机票去与弥留之际的亲戚一起度过其最后几天。或者某种情况的出现将延迟或缩短人们的决策过程。

感觉心理因素。不同的人用不同的方法同时看到同一事物的结论是不一样的。同样，同一个人在不同的时间用不同的方式看同一事物，结论自然也不同。感觉是为了获得结果对输入的信息进行识别，分析和选择的过程。

动机。动机是激励一个人的行动朝一定目标迈进的一种内部运力。在任何时候一个购买者受多种动机影响而不是仅受一个动机影响，而某一时点一些动机比另一些动机强，但这种强烈的动机在不同的时点是不同的。动机能降低或增大压力。

经验。经验包括由于信息和经历所引起的个人行为的变化。一些生理条件，如饥饿、劳累、身体成长变化、衰老、退休而引起的行为变化，不列入经验考虑范围。

4. 消费者（顾客）满意度调研

消费者（顾客）满意度调研是用来测量一家企业或一个行业在满足或超过顾客购买产品的期望方面所达到的程度。消费者（顾客）满意度调研要求完整地列出能够影响消费者满意度的所有因素，而不是公司认为对自己形象具有重大影响的某些因素。

顾客的可感知绩效

顾客的可感知绩效是指购买和使用产品以后可以得到的好处、实现的利益、获得享受、被提高的个人生活价值。

顾客的预期绩效是指顾客在购买产品之前，对于产品具有的可能给自己带来的好处、利益、提高其生活质量方面的期望。

顾客满意＝f（可感知绩效，预期绩效）			
可感知绩效	大于	预期绩效	很满意
可感知绩效	等于	预期绩效	满意
可感知绩效	小于	预期绩效	不满意

消费者（顾客）满意度调研的目标主要有：一是发现导致顾客满意的关键绩效因素；二是评估公司的绩效及主要竞争者的绩效；三是视问题的严重程度，提出改善建议，并通过

不断地跟进调研以实现持续提高消费者的满意度。

常用消费者（顾客）满意度调研的方法主要有入户访谈法、拦截调查、电话测评、小组座谈会、神秘顾客法等。常用设计量表有利克特量表、语义差别量表、数字量表、序列量表、斯马图量表等。

案例2-12

农产品社区网络团购消费者满意度调查问卷

尊敬的女士/先生：

非常感谢您参与本次农产品社区网络团购消费者满意度调查。本调查问卷旨在了解您真实的想法，选项没有对错之分，请根据您实际社区网络团购体验感受选择您认为合适的选项。承诺严格保密问卷个人资料，调查结果仅供学术研究分析使用，绝不用作其他用途。请您放心作答。

农产品包括高粱、大米、花生、玉米、面粉、新鲜水果、蔬菜、海鲜水产品、猪牛羊肉、花卉、苗木、食用菌、鸡、鸭等家禽、蛋类、毛茶、干货以及各个地区土特产等。

一、基本情况

(1) 您最近的居住地。[单选题]
○长沙市　　　○其他

(2) 您有在居住地社区团购群里购买过农产品吗？[单选题]
○有（继续）　　○没有，但想尝试（终止）　　　○没有，也不想尝试（终止）

(3) 您在几个社区团购群购买过农产品？[单选题]
○1个　　　○2个　　　○3个　　　○4个以上

(4) 您的性别。[单选题]
○男　　　　○女

(5) 您的年龄。[单选题]
○18岁以下　　○18~24岁　　○25~30岁
○31~40岁　　○41~50岁　　○50岁以上

(6) 您的最高学历。[单选题]
○高中/中专及以下　　　　○大专　　○本科　　○硕士及以上

(7) 您的平均月收入。[单选题]
○2 000元以下　　　　○2 000~4 000元　　○4 000~6 000元
○6 000~8 000元　　　○8 000元以上

(8) 您一周内在社区团购群里购买农产品次数？[单选题]
○少于5次　　○5~10次　　○10次以上

(9) 您在社区团购群里主要购买哪些农产品？（最多3项）
○大米、玉米　　　　　○水果
○海鲜水产品　　　　　○猪牛羊肉
○鸡、鸭等家禽、鲜蛋类　　○新鲜蔬菜
○其他

（10）您选择在社区团购群里购买农产品的原因。（最多3项）

○价格比实体店便宜 　○产品新鲜 　○方便，省时省力 　○售后快捷

○品种丰富，有实体店买不到的产品 　○经过团购，习惯这种购物模式

（11）您在社区团购群里下单后，希望多久能送到？［单选题］

○12：00前下单，当天18：00前送到 　○当天下单，第二天12：00前送到

○下单后2~3天送到 　○不限时间

（12）您选择在社区团购群里购买农产品，比较看重哪些方面？（最多4项）

○平台的知名度 　○平台的口碑 　○产品价格 　○他人评价

○产品质量，新鲜度 　○产品与描述是否一致 ○支付是否安全

○品种是否齐全 　○售后服务 　○平台购物体验，是否好用

（13）在社区团购群购买农产品时，哪种描述符合您的行为？［单选题］

○我会更看重价格，会因为价格略微牺牲品质

○我会更看重品质，会因为品质略微牺牲价格

○价格与品质都会考虑

（14）如果您在某平台购买农产品不满意，对您之后的影响？［单选题］

○没有影响，会继续在这一平台购买

○不会在这一平台购买，会选择其他平台

○不会再选择社区团购购物

二、请根据您社区网络团购经历，对下述观点进行评价

内容	非常不同意(1)	不同意(2)	略微不同意(3)	无所谓(4)	略微同意(5)	同意(6)	非常同意(7)
预期满意							
我预期我能在社区网络团购中购买到满意的农产品							
我预期社区网络团购信用可靠，不担心商品未送达或者损坏带来的经济损失							
我预期社区网络团购购买的农产品配送时间符合我的要求							
质量可靠							
我在社区网络团购所购买农产品与平台线上描述一致							
我在社区网络团购所购买的农产品质量让我满意							
我在社区团购所购买的农产品新鲜度让我满意							
平台易用							
平台设计分类简洁，搜索高效，简单易操作							
平台产品介绍详细、全面、配图完整							
支付安全，购物过程的隐私性和安全性较好							
配送完善							
总体而言，社区网络团购农产品物流配送让我满意							

续表

内容	非常不同意(1)	不同意(2)	略微不同意(3)	无所谓(4)	略微同意(5)	同意(6)	非常同意(7)
社区网络团购团长的服务态度让我满意							
在社区网络团购所购买的农产品能够在承诺的时间内送到							
售后周到							
总体而言，我对社区网络团购售后服务满意							
有良好的售后问题沟通渠道							
售后问题处理及时有效率							
售后问题的解决方案和补救措施让人满意							
满意度							
在社区网络团购中，我总能找到适合的农产品							
社区网络团购会经常投放优惠券活动，让我满意							
社区网络团购所提供的农产品价格，我感到满意							
社区网络团购让我觉得很方便							
忠诚度							
我将继续在社区网络团购购买农产品							
如果购买农产品，社区网络团购是我的首选							
我会推荐他人使用社区网络团购购买农产品							

（三）生产者市场调研

除了常见的消费者市场外，还有组织市场。组织市场由生产者市场、中间商市场、政府市场组成，如表 2-9 所示。生产者市场在组织市场中占有重要的地位，下面简要介绍生产者市场的相关内容。

表 2-9　　　　　　　　　　　　　　组织市场类型

类型	含义	应用范围
生产者市场（产业市场）	为满足工业、农业、服务业买主需求而提供产品和服务的市场	主要交易基本生产设备、原材料、零配件、半成品、消耗品等
中间商市场（转卖者市场）	由以营利为目的、从事转卖或租赁业务的所有个体和组织构成的市场	由批发商和零售商组成，通过批发和零售将产品大量卖给最终消费者
政府市场	政府和非营利性机构为了提供公共服务而购买公用消费品的市场	政府采购建设工程物资、货物、专业服务、培训等

1. 生产者市场的特点

（1）购买者数量较少但购买规模较大。在消费者市场上，购买者是个人和家庭，购买者数量很大，但购买规模较小。生产者市场上的购买者，绝大多数是企事业单位，购买目的是满足其一定规模生产经营活动的需要，因而购买者的数量虽少，但购买规模很大。

（2）购买者的地理位置相对集中。由于国家的产业政策、自然资源、地理环境、交通运输、社会分工与协作、销售市场的位置等因素对生产力空间布局的影响，容易导致其在生产分布上的集中。

（3）生产者市场的需求是派生需求。派生需求又称为引申需求，即生产者市场的需求是由消费者市场需求派生和引申出来的。例如，消费者对椰奶的需求，派生出椰奶生产厂对椰奶生产资料的需求。派生需求要求生产者市场的企业不仅要了解直接服务对象的需求情况，而且要了解消费者市场的需求动向。同时，企业还可通过刺激最终消费者对最终产品的需求来促进自己产品的销售。

（4）生产者市场的需求波动性较大。生产者市场内部的各种需求之间具有很强的连带性和相关性，而且消费品市场需求的结构性变化会引起生产者市场需求的一系列连锁反应。受经济规律的影响，消费品市场需求的少量增加与减少，会导致生产者市场需求较大幅度的增加和减少；生产者市场的需求更容易受各种环境因素（尤其是宏观环境因素）的影响，从而产生较大的波动。

（5）生产者市场的需求一般都缺乏弹性。生产资料购买者对价格不敏感，生产者市场的需求在短期内缺乏弹性。首先是因为生产者不能在短期内明显改变其生产工艺。例如，生产茶油的企业不能因为茶油籽的价格上涨而减少用量。其次是因为生产者市场需求的派生性，只要最终消费品的需求量不变（或基本不变），派生的生产资料价格变动不会对其销量产生大的影响。最后是因为一种食品通常是由若干种配料组成的，如果某种配料的价值很低，这种配料的成本在整个食品的成本中所占比重很小，即使其价格变动，对食品的价格也不会有太大影响，因此这种配料的需求缺乏弹性。

2. 影响购买决策过程的因素

生产者市场购买的类型可分为三种：直接重购、修正重购和重新购买。

（1）直接重购。直接重购是指企业采购部门为了满足生产活动的需要，按惯例进行订货的购买行为。采购部门根据过去和供应商打交道的经验，从供应商名单中选择供货企业，并连续订购采购过的同产品。这是最简单的采购，生产者购买行为是惯例化的。

（2）修正重购。修正重购是指企业的采购人员为了更好地完成采购任务，适当改变采购产品的规格、价格和供应商的购买行为。这类购买情况较复杂，参与购买决策过程的人数较多。企业营销必须做好市场调查和预测工作，努力开发新的品种规格，提高生产效率，降低成本，满足修正重购的需要，设法保护自己的既得市场。

（3）重新购买。重新购买是指企业为了增加新的生产项目或更新设备而第一次采购某一产品或服务的购买行为。新购买产品的成本越高、风险越大，决策参与者的数目就越多，需收集的信息也就越多，完成决策所需时间也就越长。这种采购类型对企业营销来说是一种最大的挑战，同时也是最好的机会。全新采购的生产者对供应商尚无明确选择，是企业营销应该大力争取的市场。

影响生产者购买行为的主要有环境因素、组织因素、人际因素和个人因素等。

（1）环境因素。如果经济前景不佳、市场需求不振，企业就不会增加投资，甚至减少投资，减少原材料采购量和库存量。

（2）组织因素。企业本身的因素，如企业的目标、政策、组织结构、系统等。

（3）人际因素。企业的采购中心通常包括使用者、影响者、购买者、决定者和信息控制者，这五种成员都参与购买决策过程。这些参与者在企业中的地位、职权、说服力以及相互之间的关系都会影响产业购买者的购买决策和购买行为。

（4）个人因素。个人因素包括各个参与者的年龄、受教育程度、个性等。这些个人因素会影响对要采购的产业用品和供应商的感觉、看法，从而影响购买决策和购买行为。

✐ [讨论]

某木质地板生产厂家在同行业中处于比较领先的地位，其主要客户有业之峰、龙发、星艺、交换空间这样规模比较大的装修公司。在产业市场上，针对这些大客户有什么办法可以成功推销产品？（提示企业的利益包括组织利益和个人利益，在采购过程中要首先保证组织利益）

---

3. 生产者市场调研的主要内容

生产者市场调研以生产企业为主要对象，购买数量以批量购买为主。生产者市场调研通常是将生产者市场同消费者市场联系起来进行考察，重点说明生产者市场的生产消费需要，生产者市场的供应和产品的寿命周期等。

生产者市场调研的内容主要有四个方面：一是产品经营状况的调研；二是市场需要潜力的调研；三是产品性能、式样、造型、色彩、重量等技术质量的调研；四是新产品需求的调研。

生产资料供应调研的内容主要有：一是生产资料可供量同生产能力的调研；二是主要原材料和辅助原材料的调研；三是制成品和零配件的调研。

（四）竞争者调查与分析

1. 竞争者调查的内容

对于一个企业来说，广义的竞争者是来自多方面的。企业与自己的顾客、供应商之间，都存在着某种意义上的竞争关系。狭义地讲，竞争者是那些与本企业提供的产品或服务相类似、并且所服务的目标顾客也相似的其他企业，本教材所述及的竞争者是狭义方面的。竞争者的情况对于企业营销活动至关重要，一般调查下列内容。

（1）宏观竞争状况的调查。现阶段的竞争格局，是自由竞争还是垄断，是多头垄断还是群雄逐鹿，本企业在行业中的地位，选定竞争目标和竞争策略，是目标集中、差异化，还是低成本领先。

（2）主要竞争对手的调查。调查竞争对手的产品状况、技术状况、价格状况、盈利状况等。在调查中，可以设置一些能够量化的指标，确定指标权重，然后根据各指标比较结果描绘出该企业相对于竞争对手的优势和劣势，从而选择正确的市场策略。

（3）潜在竞争对手和替代品的调查。通过对潜在竞争对手的数量、规模、发展变动方向等方面的调查，对替代品的现状和发展趋势的调查，明确本企业当前所面临的威胁和挑战，从而在营销战略、产品开发、行业介入等方面避重就轻，做出正确的决策。

竞争对手优劣势分析的内容

（1）产品。竞争对手产品在市场上的地位；产品的适销性；以及产品系列的宽度与深度。

（2）销售渠道。竞争对手销售渠道的广度与深度；销售渠道的效率与实力；销售渠道的服务能力。

（3）市场营销。竞争对手市场营销组合的水平；市场调研与新产品开发的能力；销售队伍的培训与技能。

（4）生产与经营。竞争对手的生产规模与生产成本水平；设施与设备的技术先进性与灵活性；专利与专有技术；生产能力的扩展；质量控制与成本控制；区位优势；员工状况；原材料的来源与成本；纵向整合程度。

（5）研发能力。竞争对手内部在产品、工艺、基础研究、仿制等方面所具有的研究与开发能力；研究与开发人员的创造性、可靠性、简化能力等方面的素质与技能。

（6）资金实力。竞争企业的资金结构；筹资能力；现金流量；财务比率；财务管理能力。

（7）组织。竞争对手组织成员价值观的一致性与目标的明确性；组织结构与企业策略的一致性；组织结构与信息传递的有效性；组织对环境因素变化的适应性与反应程度；组织成员的素质。

（8）管理能力。竞争对手管理层的领导素质与激励能力；协调能力；管理者的专业知识；管理决策的灵活性、适应性、前瞻性。

2. 竞争对手分析模型

波特的竞争对手分析模型主要考虑了五个方面，如图2-10所示。

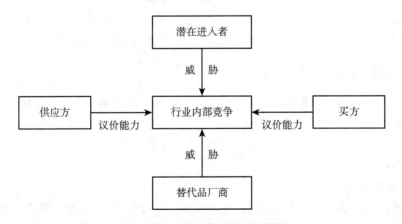

图2-10　波特竞争对手分析模型

（1）供应方的议价能力。供应方主要通过提高供应的材料价格与降低质量，来影响行业中现有企业的盈利能力与产品竞争力。当供应方所提供的材料价值占企业产品总成本的较大比例、对企业产品生产过程非常重要，或者严重影响企业产品的质量时，供应方对于企业的潜在讨价还价力量就会大大增强。

（2）买方的议价能力。买方主要通过压价与要求提供较高的产品或服务质量，以此来影响行业中现有企业的盈利能力。买方购买量巨大、卖方行业由大量规模较小的企业所组成时，会增强买方的议价能力。

（3）潜在进入者的威胁。潜在进入者在给行业带来新的生产能力、新资源的同时，也希望在已被现有企业瓜分完毕的市场中赢得一席之地。这就有可能与现有企业发生原材料与市场份额的竞争，最终导致行业中现有企业的盈利水平降低，严重时还有可能危及这些企业的生存。潜在进入者威胁的严重程度取决于两个方面：进入该领域的障碍大小与预期现有企业对于进入者的反应情况。

（4）替代品厂商的威胁。替代品的竞争会以各种形式影响行业中现有企业的竞争战略。首先，现有企业产品售价以及获利潜力的提高，将因替代品的存在而受到限制；其次，由于替代品厂商的侵入，使得现有企业必须提高产品质量或降低售价，否则其销量与利润增长的目标就有可能受挫；最后，源自替代品厂商的威胁强度，受产品买主转换成本高低的影响。替代品价格越低、质量越好、用户转换成本越低，其所能产生的威胁就越强。替代品厂商的威胁强度，可以通过替代品销售增长率、替代品厂商生产能力与盈利扩张情况等指标来表示。

（5）同行业竞争者的竞争。同行业中的企业冲突与对抗构成了现有企业之间的竞争。竞争常常表现在价格、广告、产品介绍、售后服务等方面。

一般来说，出现下述情况时意味着行业中现有企业之间竞争的加剧：一是行业进入障碍较低，势均力敌的竞争对手较多，竞争参与者范围广泛；二是市场趋于成熟，产品需求增长缓慢；三是竞争者企图采用降价等手段促销；四是竞争者提供几乎相同的产品或服务，用户转换成本很低；五是一个战略行动如果取得成功，其收入相当可观；六是行业外部实力强大的公司在接收了行业中实力薄弱企业后，发起进攻性行动，结果使得刚被接收的企业成为市场的主要竞争者；七是退出竞争比继续参与竞争的代价更高。

以上五种竞争力量均会对企业营销造成很大的影响，市场调研需要很好地调研出具体情况，分析每种竞争力量对企业的影响，采取相应的手段来增强企业的竞争实力。

（五）市场调查类文案的写作

市场调查所涉及的内容极其广泛，凡是直接或间接地影响市场营销的情报资料（如商品情况、消费者情况、销售情况、市场竞争情况、满意度等），都在收集和研究范围之内。市场调查类文案是围绕市场调查过程所写作的各种文书，主要包括市场调查计划书、市场调查问卷、市场调查报告等。

1. 市场调查计划书

市场调查涉及内容广泛，需要投入一定数量的人、财、物、时间，调查前必须做好充分的准备工作，预先做好调查活动的总体设计和规划。

常用的市场调查计划书一般包括调查目的与内容、调研范围及对象、调查方法、调研日程及调研预算等，具体由以下部分构成。

（1）标题。标题一般采用"调查对象＋调查内容＋调查计划书"的方式，如"××电子产品消费情况调查计划书"。

（2）目录。若计划书篇幅较长，应在正文前用目录的形式列出报告所分的主要章节并注明页码。

（3）目的。说明提出该调查计划的背景，要调查的问题以及调查结果可能带来的社会效益或经济效益。

（4）内容。说明调查的主要内容，明确所需获取的信息，列出主要的调查问题。

（5）对象。本次调查的范围以及所要调查的总体。

（6）方法。常用的调查方法有询问法、观察法、实验法等，应说明本次采用哪种或哪几种调查方法。

（7）日程安排。主要包括调查活动中各阶段的进程，整个调查工作完成的期限。

（8）人员安排与组织。主要包括调查的组织领导、调查机构的设置、人员的选择和培训、调查的质量控制等。

（9）经费预算。经费预算既要全面细致，又要实事求是。符合实际的预算将有利于调研方案的审批和调研工作的顺利进行。

 知识链接

市场调查经费的构成

市场调查经费通常包括以下内容。

（1）总体方案策划费或设计费。

（2）抽样方案设计费（或实验方案设计）。

（3）调查问卷设计费（包括测试费）。

（4）调查问卷印刷费。

（5）调查实施费（包括选拔、培训调查员，试调查，交通费，调查员劳务费，管理督导人员劳务费，礼品或谢金费，复查费等）。

（6）数据录入费（包括编码、录入、查错等）。

（7）数据统计分析费（包括上机、统计、制表、作图、购买必需品等）。

（8）调研报告撰写费。

（9）资料费、复印费、通信联络等办公费用。

（10）专家咨询费。

（11）鉴定费、新闻发布会及出版印刷费用等。

【市场调查计划书范例】

华东地区高档手机市场调查计划书

为配合××手机进入华东市场，评估手机营销环境，制定相应的广告策略及营销策略，预先进行华东地区手机市场调查大有必要。本次市场调查围绕消费者、市场、竞争者展开。

一、调查目的

（一）调研的根本目的

为××手机进入华东市场进行广告运作策划提供客观依据，同时为××手机的销售提供客观依据。

（二）调研的直接目的

（1）了解华东地区手机市场状况。

（2）了解华东地区消费者的人口统计学资料，测算手机市场容量及潜力。

（3）了解华东地区消费者对手机产品消费的观点、习惯。

（4）了解华东地区已购高档手机的消费者情况。

（5）了解竞争对手广告策略、销售策略等。

二、市场调查内容

（一）消费者

（1）消费者统计资料：年龄、性别、收入、文化程度、家庭构成等。

（2）消费者对手机的消费形态：主要用途方式、购买花费、月话费额等。

（3）消费者对手机的购买形态：购买过的手机类型、购买地点、选购标准、付款方式等。

（4）消费者对理想的手机产品的描述。

（5）消费者对手机类产品广告的反应。

（二）市场

（1）华东地区手机产品种类、品牌、销售状况。

（2）华东地区消费者需求及购买力状况。

（3）华东地区市场潜力测评。

（4）华东地区手机销售渠道。

（三）竞争者

（1）华东市场上现有高档手机的品牌、产区、价格。

（2）华东市场上现有手机销售状况。

（3）各品牌、各类型手机的主要购买者描述。

（4）竞争对手的广告策略及销售策略。

三、调查对象及抽样

高档手机作为高档次、高价位的产品，购者多为收入较高者。因此，在确定调查对象时，应适当针对目标消费者，点面结合，有所侧重。

（一）调查对象组成及抽样

（1）消费者：300 户，其中家庭月收入 5 000 元以上占 50%。

（2）经销商：20 家，其中大型综合商场 6 家。

（3）中型综合商场 4 家。

（4）电子产品专卖店 4 家。

（5）手机专卖店 4 家。

（6）小型综合商场 2 家。

（二）消费者样本要求

（1）家庭成员中无人在电子产品生产单位或经销单位工作。

（2）家庭成员中无人在市场调查公司工作。

（3）家庭成员中无人在广告公司工作。

（4）家庭成员中无人在最近半年中接受过类似产品的市场调查测试。

四、市场调查方法

（一）以访谈为主

户访、售点访问。

（二）访员要求

（1）仪表端正、大方。

（2）举止谈吐得体，态度亲切、热情，具有把握谈话气氛的能力。

（3）经过专门的市场调查培训，专业素质较好。

（4）具有市场调查访谈经验。

（5）具有认真负责、积极的工作精神及职业热情。

五、市场调查程序及安排

第一阶段：初步市场调查 2 天。

第二阶段：计划阶段。制订计划 2 天，审定计划 2 天，确认修正计划 1 天。

第三阶段：问卷阶段。问卷设计 2 天，问卷调整、确认 2 天，问卷印制 1 天。

第四阶段：实施阶段。访员培训 2 天，实施执行 10 天。

第五阶段：研究分析。数据输入处理 2 天，数据研究、分析 2 天。

第六阶段：报告阶段。报告书写 7 天，报告打印 1 天。

六、人员安排与组织

本次调查需要的人员有调研督导、调查人员、复核员三种，人员的具体配置如下。

调研督导：1 名。

辅助督导：1 名，负责协助进行访谈、收发和检查问卷、发放礼品。

调查人员：20 名（其中 15 名对消费者进行问卷调查、5 名对市场进行深度调查）。

复核员：2 名。问卷的复核比例为全部问卷的 30%，全部采用复核方式，复核时间为问卷回收的 2 小时以内。

七、经费预算（略）

2. 市场调查报告

市场调查报告是市场调查人员运用科学的方法，在对市场商品供应与需求信息、市场营销活动、消费信息等进行收集、记录、整理、研究分析的基础上所写出的书面文字材料，是市场调查研究成果的集中体现。一份好的市场调查报告，不但能为企业的决策提供客观依据，而且能对企业的市场经营活动起到有效的导向作用。

市场调查报告没有固定的格式，研究人员可依据不同的调查目的、调查内容以及主要用途来决定市场调查报告的具体格式。市场调查报告一般包括以下几部分。

（1）标题。市场调查报告的标题一般都应把被调查对象、调查内容明确而具体地表达出来。标题的基本要求为简单明了、高度概括、题文相符。

（2）目录。若报告篇幅较长，则应在正文前用目录的形式列出报告的主要章节并注明页码。一般来说，目录的篇幅不宜超过一页。

（3）引言。简要交代调查目的、原因、对象，概要介绍调查研究的方法、调查内容（含调查时间、地点、范围、调查要点及所要解答的问题等）。也可在引言中先写调查的结论或直接提出问题等，这种写法能增强读者阅读报告的兴趣。

（4）主体。主体是表现调查报告主题的重要部分，直接决定调查报告的质量高低。要写好这部分内容，就要善于运用材料来表现调查的主题。这就要求撰写者能在写作过程中运用科学的分析研究方法将收集来的各种材料有机地组织、结合起来，体现出提出问题、分析问题、引出结论的全部过程。除此以外，文案写作中还应当有可供决策者进行独立思考的全部调查结果和必要的信息，以及对这些情况和内容的分析、评论。

（5）结论和建议。通过对主体相关内容的总结，得出结论，并在此基础上提出解决问题的有效措施、方案与建议。结论和建议与主体部分的论述应紧密对应，不可提出无证据的结论，也不要进行没有结论性意见的论证。

（6）附件。附件是一些与正文有关但未在正文中展开描述而必须附加说明的内容。它是对正文报告的补充或更详尽的说明，一般是有关调查的数据汇总、统计图表、有关材料出处、参考文献和相关报告等。

（7）落款。注明报告单位或报告人和报告时间。

 知识链接

椰奶香酥市场专项深度调研报告目录示例

第一章　椰奶香酥行业概况

　　第一节　行业介绍

　　第二节　产品发展历程

　　第三节　当前产业政策

　　第四节　椰奶香酥所处产业生命周期

　　第五节　椰奶香酥行业市场竞争程度

第二章　椰奶香酥产品生产调查

　　第一节　国内产量统计

　　第二节　地域产出结构

　　第三节　企业市场集中度

　　第四节　产品生产成本

　　第五节　近期椰奶香酥项目投资建设情况

第三章　椰奶香酥产品消费调查

　　第一节　产品消费量调查

　　第二节　椰奶香酥产品价格调查

　　第三节　消费群体调查

　　第四节　消费区域市场调查

　　第五节　品牌满意度调查

三、技能训练

(一) 案例分析

案例 2-13

　　按照美国的标准，巴西在早餐谷物类食品和其他早餐食品方面蕴藏着巨大的商机。巴西有约 1.65 亿人口。年龄分布似乎也青睐早餐麦片消费，因为 20 岁以下的人口占总人口的 48%。另外，巴西的人均收入也足够使人们在早餐时享用食用起来十分方便的谷物食品。在评估这个市场时，凯洛格 (Kellogg) 公司还注意到一个引人注目的有利因素，几乎没有任何直接的竞争。令人沮丧的是，缺乏竞争是源于巴西人不习惯美国式的早餐。因此，凯洛格公司面临的最主要的营销任务是如何改变巴西人的早餐习惯。凯洛格决定在巴西十分流行的一个电视连续剧里刊登广告。广告画面是一个小男孩津津有味地吃着从包装袋里倒出来的麦片。在显示产品味道极佳的同时，该广告将产品定位于一种小吃而不是早餐的一部分。这一广告片由于反应冷淡，很快被撤了下来。

　　对巴西的文化分析显示，巴西人家庭观念极强，而且大男子主义观念根深蒂固。所以，随后设计的广告节目，画面集中显示父亲将麦片倒入碗中并加上牛奶的家庭早餐场面。较之第一个广告片，这一广告节目更为成功，麦片销售增加了，凯洛格占有了 99.5% 的市场份额。然而，就销售总量而言仍不尽如人意，人均早餐麦片食用量还不到 1 盎司。

　　资料来源：利昂·希夫曼，乔·维森布利特. 消费者行为学 [M]. 12 版. 北京：中国人民大学出版社，2021：179.

　　问题：结合案例分析早餐谷物类食品在巴西营销不成功的原因。

案例 2 - 14

　　北京汇源饮料食品集团有限公司（以下简称"汇源"）是国内果汁行业的龙头企业，其销售收入和市场占有率在同行业中均为第一。山西省万荣县是国家贫困县，当地出产的苹果价格 0.30 元/千克，却由于运输成本过高运不出去。因此，万荣县领导热切希望汇源能在当地建立一家加工浓缩果汁的工厂。汇源经过调查了解到，在当地建厂的好处有：一是在税收和用地等方面能享受到优惠政策；二是当地盛产苹果，原料便宜，有利于控制成本；三是帮助果农解决困难能有效提升企业的社会形象。不足有：一是需要投入新的生产线，汇源在全国一共有 20 多个工厂，在万荣县的周边，陕西咸阳、山西和河南都有自己的工厂；二是万荣县周边经济欠发达，消费者没有消费果汁的习惯，把浓缩果汁运往其他消费地，运输成本会增加；三是地理位置较远，工厂的建设成本和管理成本都会增加。

　　资料来源：冯革才，闫文玉. 与汇源再结良缘——万荣县全力打造最具活力的农产品加工特色园区 [J]. 农产品加工，2013，330（10）：14-15.

　　问题：公司上一年度年收入为 20 亿元，在万荣建厂需要 2 亿元。如果你是决策者，你会选择：A. 投资建厂；B. 不投资建厂。请做出选择，并详细说明你的分析结论和选择的理由。

（二）任务实施

实训项目：林产品经营企业的营销环境调研。

1. 实训目标

通过市场调研，分析林产品经营企业的营销环境，为下一步选择目标市场做准备。

2. 实训内容与要求

4~5 名学生组成一个小组，完成如下内容。

（1）制订调研计划。调研计划的主要内容至少包括调研目的、调研范围、调研内容、调研参与人员、调研方式、调研日程安排。

（2）编写调查问卷。编写三份调查问卷：一份用于消费者市场调研，一份用于生产者市场调研，一份用于竞争者市场调研。

（3）进行市场调研。

（4）撰写调研报告。市场调研报告的格式一般由标题、目录、概述、正文、结论与建议、附件等组成。主要内容应包括：说明调查目的及所要解决的问题；介绍市场背景资料；分析的方法；调研数据及其分析；提出论点；论证所提观点的基本理由；提出解决问题可供选择的建议、方案和步骤；预测可能遇到的风险、对策。

3. 实训成果与检验

任务结束后，各小组进行成果汇报。教师与所有小组共同为各小组的调研情况打分，汇报包括以下内容。

（1）调研计划。

（2）调查问卷展示。

（3）调研结果。

以上问题均以小组为单位进行，汇报结束后，各小组设计出的调查问卷交老师保存。

四、知识拓展

市场预测

1. 市场预测的内容

市场调研是对历史数据的收集，但企业更关心的是对市场未来变化和发展的把握。因此，在市场调研的基础上，需要做出市场预测。

市场预测是指企业在通过市场调查获得一定资料的基础上，根据企业的实际需要以及相关的现实环境因素，运用已有的知识、经验和科学方法，对企业和市场未来发展变化的趋势做出分析与判断，为企业营销活动等提供可靠依据的一种活动。可以说，市场预测是在模拟市场规律。

市场预测的内容非常广泛，从宏观市场预测方面看，主要是对国民收入和人口增长的预测、居民购买力的预测、对市场需求量及其发展变化趋势的预测等；从微观市场预测方面看，主要是根据市场供求变化对企业营销活动具有较大影响的因素进行预测。预测的主要内容有以下几个方面，如表 2-10 所示。

表 2-10　　　　　　　　　　　　　市场预测的内容

预测内容	含义	实施内容
市场需求预测	通过对过去和现在的商品销售状况和影响市场商品需求诸因素的分析和判断，预测未来市场商品需求量及需求结构的发展变化趋势	需求总量的预测 需求影响因素的预测 需求变化特征的预测
商品供给预测	主要是生产预测，着重分析影响市场供应的各种因素，测算各类产品的生产能力、产量、产品结构以及产品升级换代的潜力，考察商品供给与商品需求的适应程度	市场总的生产能力预测 主要竞争对手的供给情况预测 市场中各种产品的特点变化预测
市场占有率预测	预测企业市场占有率的发展趋势及其影响因素，充分估计竞争对手的变化，并对各种影响企业市场占有率的因素加以分析	本企业产品市场地位的预测 竞争对手市场占有率情况的预测对潜在竞争对手的预测
新产品开发预测	对新科学技术与产品发展的预测、产品的生命周期的预测、资源（人力与物质）开发预测等	现有产品生命周期的预测 新产品发展前景的预测 产品资源变动趋势的预测
产品价格变动趋势预测	预测产品价格涨落及其发展趋势	产品成本构成因素变化趋势的预测 供求关系对价格影响的预测

2. 市场预测的程序

市场预测要遵循一定的程序，一般分为以下几个步骤。

（1）确定预测目标。首先要确定预测目标，明确目标之后，才能根据预测的目标去选择预测的方法，决定收集资料的范围与内容，做到有的放矢。

（2）选择预测方法。预测方法很多，每种方法都各有其优点和缺点，有各自的适用场合。必须根据预测的目标，根据企业的人力、财力以及企业可以获得的资料，尽早确定预测方法。定性预测不需要建立模型，定量预测必须建立模型。针对同一问题，定量预测可以建立的模型有多个，可以结合使用，但要尽可能简单易行。

（3）收集市场资料。广泛收集影响预测结果的一切资料，注意辨别资料的真实性和可靠性，剔除含有偶然性因素的不正常状况，是定量预测模型建立的基础条件。

（4）进行预测。此阶段就是按照选定的预测方法，利用已经获得的资料进行预测，计算预测结果。

（5）预测结果评价。市场预测只是一种估计和推测，必然与市场的实际情况存在偏差。所以，还要通过对预测数字与实际数字的差距分析比较以及对预测模型进行理论分析，对预测结果的准确和可靠程度给出评价。预测值要与过去同期实际值、时间序列资料的变化相比较。

（6）编写预测报告。市场预测报告是市场预测结果的反映，预测报告与调研报告格式相似，尽可能用统计图表来展示预测结果。

3. 市场预测的方法

（1）定性预测法。定性预测法也称直观判断法，是市场预测中经常使用的方法。定性预测法主要依靠预测人员所掌握的信息、经验和综合判断能力，预测市场未来的状况和发展趋势。这类预测方法简单易行，特别适用于那些难以获取全面的资料进行统计分析的问题。定性预测法包括顾客意向调查法、销售人员意见综合法、德尔菲法、市场测试法等。

（2）定量预测法。定量预测法是根据已掌握的比较完备的历史统计数据，运用一定的数学方法进行加工整理，借以揭示有关变量之间的规律性联系，用于预测和推测未来发展变化情况的一类预测方法。定量预测基本上可分为时序预测法、因果分析法两类。

五、课后习题

1. 单选题

（1）第一手资料收集的方法不包括（　　　）。

A. 实验法　　　　　　B. 观察法　　　　　　C. 询问法　　　　　　D. 文案调查法

（2）消费者信息来源渠道不包括（　　　）。

A. 商业信息　　　　　B. 公众信息　　　　　C. 经验信息　　　　　D. 过程信息

（3）事先将问题的各种可能答案列出，由被调查者根据自己的意愿选择回答（　　　）。

A. 封闭式问题　　　B. 直接式问题　　　C. 关联式问题　　　D. 间接式问题

（4）生产者市场购买的类型不包括（　　　）。

A. 直接重购　　　　B. 修正重购　　　　C. 重新购买　　　　D. 网上购买

（5）当消费者选购价格昂贵、购买次数较少、需谨慎挑选的产品时所表现出来的高介入的购买行为属于（　　　）。

A. 习惯型购买行为　　　　　　　　　　B. 广泛选择型购买行为

C. 化解失调感型购买行为　　　　　　　D. 复杂型购买行为

2. 判断题

（1）在抽样调查中，通常以样本做出估计值对总体的某个特征进行估计，当二者不一致时，就会产生误差。   （   ）

（2）复杂型购买行为购买的多是价格低廉的产品。   （   ）

（3）直接重购是指企业的采购人员为了更好地完成采购任务，适当改变采购产品的规格、价格和供应商的购买行为。   （   ）

（4）对产品性能、式样、造型、色彩、重量等技术质量的调研属于竞争者调研的内容。   （   ）

（5）市场趋于成熟，产品需求增长缓慢，意味着市场竞争加剧。   （   ）

3. 简答题

（1）市场调研的类型。

（2）市场调研中样本和个体的差异。

（3）化解失调感型购买行为。

（4）生产者市场的特征。

任务三　选择林产品的目标市场

一、任务导入

4~5 人一组，学完相关知识后完成如下任务。

（1）通过市场状况分析，选择"公司"经营的林产品的目标市场。在选择目标市场时需回答如下问题：有哪些细分市场？每个细分市场有哪些特征？"公司"为什么选择某个或某几个细分市场？

（2）将目标市场选择策略制作成 PPT，并向班级同学汇报。

二、相关知识

（一）市场细分

1. 市场细分的概念

市场细分的概念是美国市场学家温德尔·史密斯（Wendell R. Smith）于 20 世纪 50 年代中期提出的，是指企业按照某种标准将市场上的顾客划分成若干个顾客群，每一个顾客群构成一个子市场，不同子市场之间，需求存在着明显的差别。市场细分是选择目标市场的基础工作。市场营销在企业的活动包括细分一个市场并把它作为公司的目标市场，设计正确的产品、服务、价格、促销和分销系统"组合"，从而满足细分市场内顾客的需要和欲望。

细分市场不是根据产品品种、产品系列来进行的，而是从消费者的角度进行划分的。由于受许多因素影响，不同的消费者通常有不同的欲望和需求，因而有不同的购买习惯行为。正因如此，企业营销人员可以按照这些因素把整个市场划分成若干不同的细分市场。

每一个细分市场都是由具有相同需求倾向的消费者构成的群体，一个消费者群便是一个细分市场。市场细分的结果就是区分出具有不同欲望和需求的消费者群。

 **知识链接**

消费者市场细分中的两种极端方式

（1）完全市场细分。所谓完全细分，就是市场中的每一位消费者都单独构成一独立的子市场，企业根据每位消费者的不同需求为其生产不同的产品。理论上说，只有一些小规模的、消费者数量极少的市场才能进行完全细分，这种做法对企业而言是不经济的。尽管如此，完全细分在某些行业，如飞机制造业等行业还是大有市场，而且近几年开始流行的"订制营销"就是企业对市场进行完全细分的结果。

（2）无市场细分。无市场细分是指市场中的每一位消费者的需求都是完全相同的，或者是企业有意忽略消费者彼此之间需求的差异性，而不对市场进行细分。

2. 市场细分的作用

（1）市场细分有利于企业发掘和开拓新的市场机会，开拓新市场。消费者的需求是多样化的、不能穷尽，总会存在尚未满足的需求，这种尚未满足的需求就是市场机会。只要企业对每个细分市场都进行分析，掌握不同市场顾客的需求，从中发现各细分市场购买者的满足程度，就可以寻找到有利的市场营销时机。

（2）市场细分有利于企业制定和调整适用的营销策略。通过市场细分，企业可以正确选择目标市场，采取相应的营销组合，制定正确的产品策略、价格策略、分销策略和促销策略，实现企业的营销目标。

（3）市场细分有利于企业将各种资源合理利用到目标市场。通过市场细分，企业可以选择最适合自己经营的细分市场，集中营销资源，发挥营销优势和特色，取得局部市场上的相对优势，从而在竞争激烈的市场中得以生存和发展。

3. 消费者市场细分的标准

市场细分的依据是顾客需求的差异性，所以凡是使顾客需求产生差异的因素都可以作为市场细分的标准。消费品市场的细分标准可以概括为地理标准、人口标准、心理标准和行为标准四大类，每一大类又包括一系列的细分变量。

（1）地理标准。地理标准是将消费者所在的地理环境因素作为市场细分的标准。地理环境因素比其他因素更稳定，是市场细分的主要标准之一。一般来说，处在不同地理环境下的消费者，对于同一类产品往往会有不同的需要与偏好，对企业产品、价格、分销、促销等营销手段也会产生不同的反应。

地理标准一般包括地理位置、城镇规模、地形和气候等细分变量，如表2-11所示。

表2-11　　　　　　　　　　　　　地理标准的主要细分变量

地理位置变量	行政区域	北京、上海、广州、深圳、武汉、成都、西安等
	经济区域	东北、华北、西北、华东和华南；西欧、北美、中亚等
城镇规模变量	地区属性	城市、乡村；国内、国外等
	城市规模	超大城市、特大城市、大城市、小城市等
地形和气候变量	地形	平原、丘陵、山地、高原等
	气候	热带、亚热带、温带、寒带等

（2）人口标准。由于人口统计因素比其他因素更容易测量，且人口是构成市场最主要的因素，因而人口统计因素一直是细分消费者市场的重要依据。人口标准是指把人口统计变量（如年龄、性别、职业、民族、教育水平）、家庭生命周期等因素作为市场细分的标准，如表 2-12 所示。

表 2-12　　　　　　　　　　　人口标准的主要细分变量

人口统计变量	年龄	婴幼儿、少儿、青少年、青年、中年、老年
	性别	男性、女性
	职业	单位或组织负责人、专业技术人员、办事人员等
	民族	汉族；壮族、维吾尔族，蒙古族等少数民族
	教育水平	初等教育、中等教育、高等教育
家庭生命周期	家庭收入	低收入、中产阶级、富人
	家庭生命周期	单身、新婚、满巢、空巢、鳏寡等

（3）心理标准。心理标准是把消费者的心理特征作为市场细分的标准。按照地理和人口等标准划分处于同一群体中的消费者对同类产品的需求，仍会显示出差异性，这可能是消费者的心理因素在发挥作用。

心理因素包括个性、购买动机、价值观念、生活格调、追求的利益等变量。比如，追求不同生活格调的消费者对商品的爱好和需求有很大差异。越来越多的企业，尤其是服装、化妆品、家具、餐饮等行业的企业越来越重视按照人们的生活格调来细分市场。

性格特点、价值观、购买动机、购买态度等心理因素会对消费者的需求产生很大的影响，往往会表现出不同的消费心理特征。因此，可以把消费者按生活格调、性格特点、购买动机、购买态度等因素细分成不同的群体。心理标准的主要细分变量，如表 2-13 所示。

表 2-13　　　　　　　　　　　心理标准的主要细分变量

性格变量	个性	外向与内向、乐观与悲观、自信、顺从、保守、激进、热情等
	购买动机	求实、求全、求廉、求新、求美、求名、求奇等
	购买态度	不知道、不购买；知道、不信任、不购买；知道、信任、没交集、不购买；知道、信任、交集、不首选、不购买；知道、信任、交集、首选、行为不购买；买过、不再购买；买过、再购买、不首选；多次购买
生活方式变量	社会阶层	社会富裕阶层、社会中产阶级、社会底层等
	生活方式	传统型、新潮型、节俭型、奢侈型等

　知识链接

八种购买态度产生的原因分析

第一，不知道、不购买。原因在于"信息到达率不足"，怎么样让信息到达率从 10% 提升到 90%，怎么让信息到达客户那里有多种方式。可能是拜访和宣传力度不够、走访的客

户不多、组织的活动不足等，这些都需要企业做好工作，选择比较快速和比较全面的方式，使产品和服务让客户知道。

第二，知道、不信任、不购买。原因在于没有给客户充分购买的理由，在于对产品的功能介绍不充分，迎合客户的心理需求不够。对于一些产品，不仅在宣传文案上符合业内的专业，也需要通过各种严格的测试和认证，以及专业论文的支撑，才能让客户认可和信任。

第三，知道、信任、没交集、不购买。原因在于提供的产品或服务没有共性，或者说不是客户主流需要的，这个时候需要我们找出产品和服务过程某个环节上的问题，分清责任，把共性补上。

第四，知道、信任、交集、不首选、不购买。原因在于提供的产品或服务跟首选有很大差异，有可能是价格的原因，也有可能是品牌的原因，还有可能是政策的原因。

第五，知道、信任、交集、首选、行为不购买。原因可能在于客户有替代方案，目前购买的时机还不成熟。那么我们需要跟替代方案做对比，讲出我们的优势，讲出替代方案的劣势。另外，产品到了首选却不产生购买行为，原因可能在客户身上。

第六，买过、不再购买。原因可能在于产品或服务在生产、研发、质量方面出现问题，针对问题分析，需要其他部门或职能协调，提升产品或服务的质量。

第七，买过、再购买、不首选。买过再购买，但不是首选，说明客户关注产品的性价比。这个时候促销可以成为一种策略，如捆绑销售、买赠、降价等。

第八，多次购买。多次购买的客户，我们更应该做好产品或服务，实现产品的更新换代和服务的不断升级，不断满足和迎合客户需求。

（4）行为标准。行为标准是把消费者的购买行为因素作为市场细分的标准。消费者的购买行为受到购买时机、购买数量、购买频率、利益追求、对品牌的忠诚度等诸多因素的影响，如表 2 - 14 所示。

表 2 - 14　　　　　　　　　　行为标准的主要细分变量

消费过程变量	购买时机	节假日、周末、大促等
	购买阶段	引起需求、收集信息、评价方案、决定购买、购后行为等
	购买数量	大量用户、中量用户和少量用户等
	购买频率	经常购买、一般购买、不常购买（潜在购买者）等
	使用状况	从未用过、以前用过、初次使用、经常使用等
	追求利益	质量、服务、经济等
消费者态度变量	品牌忠诚度	无品牌忠诚者、习惯购买者、满意购买者、情感购买者、忠诚购买者
	对产品态度	热情、积极、关心、漠然、否定、敌视等

 知识链接

产业市场细分的标准

产业市场又称为生产资料市场。消费品市场的细分标准有很多都适用于产业市场的细

分，如地理环境、气候条件、交通运输、追求利益、使用率、对品牌的忠诚度等。但由于产业市场自身的特点，企业还应采用一些其他标准来进行细分，最常用的有用户的要求、用户经营的规模、用户的地理位置等因素。

1. 按用户的要求细分

产品用户的要求是产业市场细分最常用的标准。企业应针对不同用户的需求，提供不同的产品，设计不同的市场营销组合策略，以满足用户的不同要求。

2. 按用户经营的规模细分

用户经营规模也是细分生产资料市场的重要标准。用户经营规模决定其购买能力的大小。大客户数量虽少，但其生产规模、购买数量大；小客户数量多，分散面广，购买数量有限。许多时候，和一个大客户的交易量相当于与许多小客户的交易量之和，失去一个大客户，往往会给企业造成严重的后果。因此，企业应按照用户经营规模建立相应的联系机制和确定恰当的接待制度。

3. 按用户的地理位置细分

每个国家或地区大都在一定程度上受自然资源、气候条件和历史传统等因素影响。处在不同地理环境下的消费者对于同一产品往往会有不同的需要和偏好，他们对企业的产品价格、销售渠道、广告宣传等营销措施的反映也常常存在差别。例如，防暑降温、御寒保暖之类的消费品常按不同气候带细分市场；家用电器、纺织品之类的消费品常按城乡细分市场；而按人口密度来细分市场，对于基本生活必需品、日用消费品的生产厂家则显得意义重大。

---

4. 市场细分的要求

（1）可区分性。细分市场必须是可以清晰区分的，具体表现为可以用人口统计学、情感价值数据、行为方式数据进行描述。比如，木质家具市场可根据产品风格、木材等级高低等变量加以区分。如果细分过于模糊，企业对于细分市场的特征、客户特性和数量都一无所知的话，这样的细分就失去了意义，因为企业根本不知道如何制定有效的推广策略来对目标市场进行营销。

（2）可衡量性。可衡量性是指细分市场的标准及细分后的市场应该可以识别和衡量。细分以后的市场规模、市场购买力应该能够进行准确的量化评估。这是企业决定是否进入某一市场的重要参考依据。

（3）可进入性。可进入性是指企业有能力进入所选定的市场，能有效地进行促销和分销。企业需要具备以下三个条件：一是企业是否具有进入细分市场的条件，如存在贸易壁垒；二是企业能够通过一定的广告媒体把产品的信息传递到该市场众多的消费者中去；三是产品能通过一定的销售渠道进入该市场。

（4）可盈利性。可盈利性是指细分出来的市场要有足够的市场容量，使企业能够获取目标利润。市场容量不仅要考虑现实的购买力，还要考虑潜在的购买力。

（5）相对稳定性。相对稳定性是指在一段相对稳定的时期内，企业能够实施市场营销方案，进入细分后的市场，从而获取利润。如果市场变化太快，企业还没有来得及实施其营销方案，目标市场已改变，这样的市场细分就没有意义。

5. 市场细分的步骤

美国市场学家麦卡锡提出细分市场的一整套程序，包括七个步骤，称为"细分程序七步法"。

（1）确定产品市场范围。确定产品市场范围是市场细分的基础。产品市场范围应由顾客的需求来确定，而不是由产品本身特性来确定。例如，进口车厘子价格昂贵，若只考虑产品特征，应该认为这些进口车厘子的销售对象是高收入顾客，但从市场需求角度出发，低收入者也可能是潜在顾客。因为有些低收入者在孕期或者处于满足小孩想要尝鲜的愿望也会购买。

（2）列举潜在顾客的基本需求。确定了产品市场范围后，可以从地理、人口、心理等方面列举出影响产品市场需求和消费者购买行为的各种因素，为市场细分提供依据。

（3）分析可能存在的细分市场。企业通过各类消费者的典型特征，分析他们的不同需求，找出消费者需求类型的地区分布、人口特征、购买行为等方面的情况，进行初步的市场细分。对于列举出来的基本需求，不同顾客的侧重点可能会存在差异。

（4）对初步细分的市场进行筛选。企业应抽掉那些特点不突出的一般性消费需求因素，合并一些特点类似的消费需求因素，重点分析目标消费群的特点，对初步细分的市场进行筛选。对不能作为细分市场的，应该剔除。

（5）为各细分市场定名。企业应根据各个细分市场消费者的主要特征，用形象化的方法为各个可能存在的细分市场确定名称。某家具公司将购买其木质桌椅的购买者分为家庭购买者、企业购买者、餐饮公司购买者等，并据此采用不同的营销策略。

（6）分析市场营销机会。分析总的市场和每个子市场的竞争状况，估计总市场和每一个子市场的营业收入和费用，以估计潜在利润量，作为最后选定目标市场和制定营销策略的依据。在调查基础上，估计每一细分市场的顾客数量、购买频率、平均每次的购买数量等，并对细分市场上产品竞争状况及发展趋势做出预测。

（7）确定细分市场，设计市场营销组合策略。通过分析，企业可能发现若干个有利可图的细分市场，此时根据企业的营销目标和资源优势，确定一个或几个可进入的目标市场，并有针对性地分别制定市场营销组合策略，以保证企业有效地进入已选择的目标市场。

（二）目标市场策略

1. 目标市场的概念

目标市场（target market）是企业为了满足现实或潜在的消费需求而开拓的特定市场，这种特定市场是在市场细分后确定企业机会的基础上而形成的。即目标市场是企业在细分出来的若干子市场中，根据本企业的资源状况、技术水平、竞争状况、市场容量等因素，选择出对自己最有利的、决定要进入的一个或几个子市场。

目标市场作为市场营销活动中的一个重要概念，企业要选择目标市场的原因主要包含三个方面：一是企业的一切经营活动从消费者的需求出发，只有满足消费者需求，企业才能生存和发展。但是，企业在满足消费者需求的时候不可能完全满足，因为消费者的需求呈现多样化的特点，一个企业满足不了所有消费者的需求，企业可以做到的是满足部分消费者的需求。二是市场中划分的所有细分市场并非对于企业都是合适，企业必须根据自己的资源状况、技术水平、竞争状况、市场容量等选择进入具有相对优势的市场，即目标市场。三是划分的子市场之间可能存在矛盾，各个子市场的目标也并非完全一致，企业需要结合自身的经济效益进行取舍，选择有利于自己发展的目标市场。

 知识链接

市场细分与目标市场的关系

真正的市场细分不是为了细分而细分，而是为了更好地满足消费者需求，确定目标市场。市场细分和目标市场选择既有联系，又有区别。市场细分显示了企业所面临的市场机会，是选择目标市场的前提和基础；目标市场选择则是企业通过评价各种市场机会，决定为多少个细分市场服务的过程，是市场细分的目的和必然要求。

2. 目标市场评估

在评估各种不同的细分市场时，企业必须考虑以下三个因素。

（1）细分市场的规模与发展。企业在评估细分市场时，首先要考虑的是细分市场的规模和前景，太小的市场规模和发展前景对于企业来说不值得投资，太大的市场规模可能又没有足够的资源进入，因此，适当的规模大小作为细分市场是企业必须考虑的要素。

企业进入某一市场是期望能够有利可图，如果市场规模狭小或者趋于萎缩状态，企业进入后难以获得发展，此时，应审慎考虑，不宜轻易进入。当然，企业也不宜以市场吸引力作为唯一取舍，特别是应力求避免"多数谬误"，即与竞争企业遵循同一思维逻辑，将规模最大、吸引力最大的市场作为目标市场。大家共同争夺同一个顾客群的结果是，造成过度竞争和社会资源的无端浪费，同时使消费者的一些本应得到满足的需求遭受冷落和忽视。现在国内很多企业动辄将城市尤其是大中城市作为其首选市场，而对小城镇和农村市场不屑一顾，很可能就步入误区，如果转换一下思维角度，一些目前经营尚不理想的企业说不定会出现"柳暗花明"的局面。

（2）细分市场结构的吸引力。吸引力主要是指长期获利的大小。一个细分市场可能具有理想的规模与潜力，但从营利性的观点看，还不一定就具有吸引力。迈克尔·波特认为，一个市场是否具有长期的内在吸引力主要取决于五种力量，即同行业竞争者、潜在的新加入竞争者、替代产品、顾客和供应商。

（3）企业的目标和资源与细分市场特征的契合度。企业必须考虑对细分市场的投资与企业的目标和资源是否相一致。某些细分市场虽然有较大的吸引力，但不符合企业长远目标，因此不得不放弃。即使这个细分市场特征符合企业的目标，也必须考虑本企业是否拥有在该细分市场获胜的资源。

3. 选择目标市场

通过对不同细分市场进行评估，企业会发现一个或几个值得进入的细分市场。企业在确定其目标市场覆盖时，有五种模式可供选择，如图2-11所示。

（1）市场集中化。市场集中化模式是指企业只选取一个细分市场，仅生产一类产品，供应某一类市场，进行集中营销。如"褚橙"只卖橙子，不发展其他业务。企业选择市场集中化模式一般基于企业资金和竞争对手两个方面的考虑，企业资金不足导致只能选择一个细分市场发展，而竞争对手的多少影响着企业向其他细分市场发展的可能性。

（2）产品专业化。产品专业化模式是指企业集中生产一种产品，并向不同顾客销售这种产品。例如，可口可乐公司面向全世界市场统一销售可口可乐。

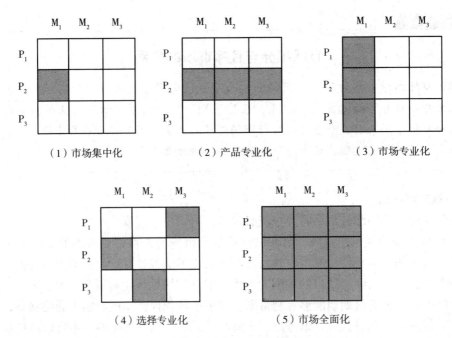

（1）市场集中化　　　　（2）产品专业化　　　　（3）市场专业化

（4）选择专业化　　　　（5）市场全面化

图 2-11　目标市场模式（P=产品，M=市场）

产品专业化模式的优点在于企业专注于某一种或一类产品的生产，有利于充分发挥其优势，在该领域树立形象。但是，产品专业化模式也具有一定局限性，如果细分领域遭遇新技术或新产品的冲击，会使产品销量迅速下降。

（3）市场专业化。市场专业化模式指为某个特定的顾客群提供多样化的产品、服务或解决方案。例如，某企业向儿童市场提供玩具、文具等一系列儿童产品。

市场专业化经营的产品类型众多，能有效地分散经营风险。但市场专业化也存在风险，因为集中于某特定顾客群体，当这类顾客的需求下降时，企业也会遇到收益下降的风险。如仅针对儿童市场的企业，随着出生率的下降可能遭遇销售数量下降的后果。

（4）选择专业化。选择专业化模式是指企业选取若干个具有良好的盈利潜力和结构吸引力，且符合企业目标和资源的细分市场作为目标市场，其中每个细分市场与其他细分市场之间较少联系。例如，我国幅员辽阔，南北方居民的饮食差距较大，作为方便面龙头企业之一的康师傅根据南北方居民的饮食习惯不同推出系列不同产品。

选择专业化模式的优点是可以有效地分散经营风险，即使某个细分市场盈利情况不佳，仍可在其他细分市场取得盈利。但是采用选择专业化模式的农林产品企业应具有较雄厚的资源和较强的营销实力。

（5）市场全面化。市场全面化模式是指农林产品企业生产多种产品去满足各种顾客群体的需要。一般来说，实力雄厚的大型农林产品企业选择这种模式，可以获得良好效果。

4. 目标市场营销策略

在选定目标市场模式后，企业可以借助三种营销策略进入目标市场。

（1）无差异性市场营销策略。无差异营销策略是指企业将产品的整个市场视为一个目标市场，用单一的营销策略开拓市场，即用一种产品和一套营销方案吸引尽可能多的购买者的营销策略。使用该策略的企业不需要进行市场细分，也无须关注市场间的需求差异性，如图 2 - 12 所示。

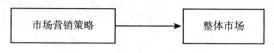

图 2 - 12　无差异市场营销策略

选择无差异性市场营销策略的企业立足于两种经营思想：一种思想是从传统的产品观念出发，强调需求的共同性。因此，企业为整体市场生产标准化产品，并实行无差异性市场营销策略。另一种思想是企业经过市场调查以后，认为某些产品的消费者需求大致相同或较少差异（如食盐），因此可以采用大致相同的市场营销战略。从这个意义上讲，它更符合现代市场营销观念。

无差异性市场营销策略的最大优点是成本低。大批量生产可以减少生产成本，不进行市场细分可以减少企业在市场调研、产品开发、制定各种营销组合方案等方面的营销投入，无差异的广告宣传和其他促销活动也可以节省促销费用。

（2）差异性市场营销策略。差异性市场营销策略又叫差异性市场营销，是指面对已经细分的市场，企业选择两个或者两个以上的子市场作为市场目标，分别对每个子市场提供有针对性的产品和服务以及相应的销售措施。企业根据子市场的特点，分别制定产品策略、价格策略、渠道策略以及促销策略并予以实施。如图 2 - 13 所示。

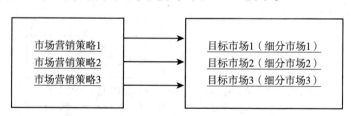

图 2 - 13　差异性市场营销策略

差异化营销的核心思想是"细分市场，针对目标消费群进行定位，导入品牌，树立形象"。是在市场细分的基础上，针对目标市场的个性化需求，通过品牌定位与传播，赋予品牌独特的价值，树立鲜明的形象，建立品牌的差异化和个性化核心竞争优势。差异化营销的关键是积极寻找市场空白点，选择目标市场，挖掘消费者尚未满足的个性化需求，开发产品的新功能，赋予品牌新的价值。差异化营销的依据，是市场消费需求的多样化特性。不同的消费者具有不同的爱好、不同的个性、不同的价值取向、不同的收入水平和不同的消费理念等，从而决定了他们对产品品牌有不同的需求侧重，这就是为什么需要进行差异化营销的原因。

差异性营销策略的最大优点是市场适应性强，能够有针对性地满足不同顾客群体的消费需求，扩大市场范围，提高产品的竞争能力，增强市场经营抗风险能力。差异性营销策略的缺点主要有：一是企业在市场调研、促销和渠道管理等方面的营销成本比较大；二是可能使企业的资源配置不能有效集中，难以形成拳头产品和集中优势。

案例 2-15

水产品市场的差异性策略

水产市场上产品多，要找准自己的产品与大众化产品的差异，进行定位。差异就是优势，就是卖点。"人无我有，人有我多，人多我优，人优我廉"，要么"规格更大"；要么"口感更好"；要么"质量更好"。对于司空见惯的品种，可以养至超大规格，如5千克以上的超大规格鲟鱼，售价和销量就相当可观。又如仿野生环境养殖的甲鱼比一般家养的甲鱼价格高出一半以上。或者，在不同的国家或地区推出品种不同、档次不同的水产品。你喜欢无肌间刺的鱼品，我可以卖罗非鱼、鲴鱼等；你喜欢鲜活的水产品，我就卖给你活蹦乱跳的鱼品。同时，在不同的国家或地区对同种类的产品存在差异性，我就采取多品种结合，像虾类营销，可以售价廉物美的南美白对虾，还可以销售规格更大的草虾、口感更好的基围虾、质量更好的罗氏沼虾。

资料来源：王文彬. 浅谈水产品市场营销技巧 [J]. 渔业致富指南，2009（15）：12-13.

（3）集中性市场营销策略。集中性市场营销策略又称为密集性市场营销策略，还称聚焦营销，是指企业不是面向整体市场，也不是把力量分散使用于若干个细分市场，而只选择一个或少数几个细分市场作为目标市场。集中性市场营销策略的优点是适应了企业资源有限这一特点，可以集中力量迅速进入和占领某一特定细分市场。生产和营销的集中性，使企业经营成本降低，但该策略风险较大。如果目标市场突然变化，如价格猛跌或突然出现强有力的竞争者，企业就可能陷入困境。如图 2-14 所示。

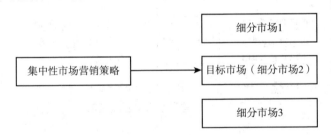

图 2-14 集中性市场营销策略

5. 选择目标市场策略考虑的因素

三种目标市场策略各有优劣，企业需要根据企业的资源、市场特点、产品特点、市场竞争等情况，全面衡量与比较、选择适合企业的目标市场策略。选择目标市场策略时主要应考虑以下几个因素。

（1）企业能力。倘若企业资金、技术等方面实力雄厚，市场营销管理能力较强，即可选择差异性营销策略或无差异性营销策略；如果企业能力有限，则适合选择集中性营销策略。

（2）产品特征。水、电、石油等同质性产品竞争主要表现在价格和提供的服务条件上，该类产品适于采用无差异策略；对服装、家用电器、食品、化妆品等异质性需求产品，可根据企业资源力量，采用差异性营销策略或集中性营销策略。

（3）市场特征。如果顾客的需求、偏好较为接近，对市场营销刺激的反应差异不大，可采用无差异性营销策略；否则，应采用差异性或集中性营销策略。

（4）产品寿命周期阶段。产品处于导入期阶段，可采用无差异性营销策略，以扩大市场规模，提高市场占有率；产品处于成长或成熟阶段，市场竞争加剧，同类产品增加，采用差异性策略效果更好；产品进入衰退期时，企业则应采用集中性市场策略，缩短战线。

（5）市场竞争状况。企业的市场策略要与竞争对手有所区别。如果竞争对手采用无差异性营销策略，企业选择差异性或集中性营销策略有利于开拓市场，提高产品竞争能力；如果竞争者已采用差异性策略，则不应以无差异策略与其竞争，可以选择对等的或更深层次的细分或集中性营销策略。

（三）市场定位

1. 市场定位的概念

市场定位是指企业根据竞争者现有产品在市场上所处的位置，针对顾客对该类产品某些特征或属性的重视程度，为此企业产品塑造与众不同的，给人印象鲜明的形象，并将这种形象生动地传递给顾客，从而使该产品在市场上确定适当的位置。

各个企业经营的产品不同，面对的顾客也不同，所处的竞争环境也不同，因而市场定位所依据的原则也不同。总的来讲，市场定位所依据的原则有以下四点。

（1）根据具体的产品特点定位。构成产品内在特色的许多因素都可以作为市场定位所依据的原则。如所含成分、材料、质量、价格等。"七喜"汽水的定位是"非可乐"，强调它是不含咖啡因的饮料，与可乐类饮料不同。"泰宁诺"止痛药的定位是"非阿司匹林的止痛药"，显示药物成分与以往的止痛药有本质的差异。

（2）根据特定的使用场合及用途定位。为老产品找到一种新用途，是为该产品创造新的市场定位的好方法。小苏打曾一度被广泛地用作家庭的刷牙剂、除臭剂和烘焙配料，已有不少的新产品代替了小苏打的上述一些功能。

（3）根据顾客得到的利益定位。产品提供给顾客的利益是顾客最能切实体验到的，也可以用作定位的依据。1975 年，美国米勒（Miller）推出了一种低热量的"Lite"牌啤酒，将其定位为喝了不会发胖的啤酒，迎合了那些经常饮用啤酒而又担心发胖的人的需要。

（4）根据使用者类型定位。企业常常试图将其产品指向某一类特定的使用者，以便根据这些顾客的看法塑造恰当的形象。美国米勒啤酒公司曾将其原来唯一的品牌"高生"啤酒定位于"啤酒中的香槟"，吸引了许多不常饮用啤酒的高收入妇女。后来发现，占 30% 的狂饮者大约消费了啤酒销量的 80%，于是，该公司在广告中展示石油工人钻井成功后狂欢的镜头，还有年轻人在沙滩上冲刺后开怀畅饮的镜头，塑造了一个"精力充沛的形象"。在广告中提出"有空就喝米勒"，从而成功占领啤酒狂饮者市场达 10 年之久。

事实上，许多企业进行市场定位的依据的原则往往不止一个，而是多个原则同时使用。因为要体现企业及其产品的形象，市场定位必须是多维度的、多侧面的。

2. 市场定位的方法

目标市场定位，简称市场定位，是指企业对目标消费者或目标消费者市场的选择，一般的市场定位方法主要分为以下几种方式。

（1）区域定位。区域定位是指企业在进行营销策略时，应当为产品确立要进入的市场区域，即确定该产品是进入国际市场、全国市场，还是在某市场、某地等。只有找准了自己的市场，才会使企业的营销计划获取成功。

（2）阶层定位。每个社会都包含有许多社会阶层，不同的阶层有不同的消费特点和消费需求，企业的产品究竟面向什么阶层，是企业在选择目标市场时应考虑的问题。根据不同的标准，可以对社会上的人进行不同的阶层划分，如按知识分，就有高知阶层、中知阶层和低知阶层。进行阶层定位，就是要牢牢把握住某一阶层的需求特点，从营销的各个层面上满足他们的需求。

（3）职业定位。职业定位是指企业在制定营销策略时要考虑将产品或劳务销售给什么职业的人。将饲料销售给农民及养殖户，将文具销售给学生，这是非常明显的，而真正能产生营销效益的往往是那些不明显的、不易被察觉的定位。在进行市场定位时要有一双善于发现的眼睛，及时发现竞争者的视觉盲点，这样可以在定位领域内获得巨大的收获。

（4）个性定位。个性定位是考虑把企业的产品如何销售给那些具有特殊个性的人。这时，选择一部分具有相同个性的人作为自己的定位目标，针对他们的爱好实施营销策略，可以取得最佳的营销效果。

（5）年龄定位。在制定营销策略时，企业还要考虑销售对象的年龄问题。不同年龄段的人，有自己不同的需求特点，只有充分考虑到这些特点，满足不同消费者要求，才能够赢得消费者。如对于婴儿用品，营销策略应针对母亲而制定，因为婴儿用品多是由母亲来实施购买的。

 知识链接

市场定位的误区

第一，定位不足。企业市场定位特色不明显，定位宣传给人印象模糊，未能在消费者心目中树立鲜明的产品特色形象。

第二，定位混乱。企业的市场定位不稳定，如品牌特征太多，或者品牌的定位改变过于频繁，导致消费者产生混乱不清的印象。

第三，定位狭窄。本来可以适应更多消费者的产品，企业着重宣传的却是适宜其中一部分消费者，将企业产品的定位狭窄化，导致企业市场狭小，占有率不高。

第四，定位过度。有些企业为了使消费者建立对自己品牌的偏好，夸大宣传，过度许诺，导致产品定位过度。

由此可见，定位并不是管理者主观的意愿所能决定的，而是通过研究具体的市场环境，并结合企业自身优势与市场需求来确定的。

从理论上讲，应该先进行市场定位，然后进行产品定位。产品定位是对目标市场的选择与企业产品结合的过程，也即是将市场定位企业化、产品化的工作。

产品定位一般可分为基本定位、特色定位和竞争定位三种。

（1）基本定位。基本定位是企业把产品定位为高档产品、中档产品或低档产品，这是任何一种产品都必须有的定位，主要通过产品在市场中的价格来体现。高档产品价格高，中

档产品价格适中，低档产品价格低。一般来说，产品质量档次与价格的高低是基本保持一致的，但也有质量档次与价格发生错位的现象，如某产品质量上乘，但定价偏低。

（2）特色定位。特色定位主要是基于产品的差异化，即在同档次的产品中具有某种独特优势，体现与众不同的风格。特色定位主要包括以下几种具体做法。

第一，特性定位。将产品的特性作为市场定位的依据，以在竞争市场上确立一个恰当的位置。

第二，成分定位。通过突出产品所具有的成分体现差异。如蔬菜突出有机，衣服突出全羊毛，鞋子突出全真皮等。

第三，用途定位。用途定位就是强调产品独特的使用价值。田七牙膏在产品用途上推陈出新，中国传统文化以本草、植物等传统中药文化定位，田七不断在产品中融入中药健康观念，田七品牌迅速在牙膏市场中立足，并不断发展其中重要文化定位的战略。

第四，使用者定位。产品使用者定位就是把产品或服务与其使用者联系起来，如海澜之家的定位为"男人的衣柜"。

第五，生产者定位。强调产品生产厂家某方面的优势，以此来进行定位。比如，强调国有大型企业、外资500强企业生产的产品，使顾客产生信任感。

第六，情感定位。强调产品的某种感情色彩，迎合目标市场的品位需求进行定位。如红豆集团以其富有人情味、质量上乘、款式多样的"红豆"衬衣，在市场竞争中脱颖而出。红豆的崛起与其拥有一个令人倍感亲切的商标名称有关。唐代诗人王维有诗云："红豆生南国，春来发几枝，愿君多采撷，此物最相思。"正是由于"红豆"二字能勾起人们的相思之情，以红豆命名的产品一经问世，便受到不同层次的消费者青睐：老年人把红豆衬衫看作吉祥物，年轻的情侣用它相互馈赠，海外华人看到它倍感亲切。

案例 2 – 16

"盒马鲜生"的定位

"盒马鲜生"在消费观念、消费场景、零售模式等方面都有很大的创新。盒马鲜生的布局模型颠覆了传统线下门店的布局逻辑，将互联网基因深深地植入线下实体门店，构建了全渠道新型门店模型，将单纯的线下实体门店转型为线上线下无缝链接的"顾客体验中心＋物流配送中心＋商品销售中心＋顾客服务中心"。首先，盒马鲜生精准地定位目标消费者与需求场景，盒马鲜生的目标消费者是新生代"80后""90后"消费群体，是未来消费潜力。其次，新生代"80后""90后"的消费能力与消费意愿均超越了上一代。最后，盒马鲜生是基于消费场景定位的，围绕吃这个场景来构建商品品类。盒马鲜生做了大量的半成品和成品以及大量加热就可以吃的商品，让吃这个品类的结构更加完善、丰富。

盒马鲜生还重构消费价值观，他把所有的商品都做成小包装，顾客需要什么就买什么，盒马鲜生会快速送到顾客家里，让顾客每天吃的商品都是新鲜的。顾客可以随时随地便利购买，全天候便利消费。盒马鲜生围绕吃的场景定位，提供所有吃的产品，同时还利用互联网技术扩大盒马鲜生的线上品类。盒马鲜生不断推出各种各样的活动让消费者参与。

资料来源：王永顺. 盒马鲜生新零售营销策略研究［D］. 青岛：青岛科技大学，2019.

［想一想］

盒马采用的市场定位方法有哪些？

（3）竞争定位。与竞争对手相比而进行定位，比较常用的竞争定位有以下两种。

第一，避强定位。避强定位是企业避免与强有力的竞争对手发生直接竞争，而将自己的产品定位于另一市场的区域内，使自己的产品在某些特征或属性方面与强势对手有明显的区别。这种方式可使自己迅速在市场上站稳脚跟，并在消费者心中树立起一定的形象。由于这种做法风险较小，成功率较高，常为多数企业所采用。

案例 2 - 17

伊利的避强策略

1997 年夏天，北京街头几乎所有的冷饮网点都被国外"和路雪"和"雀巢"覆盖，而在如此激烈的冰激凌市场竞争中，"伊利"却一枝独秀作为国有品牌取得了极佳的战绩。

大多数经销商说"和路雪""雀巢"的定位与普通人的收入水平有相当的距离，2 元以上的产品人们问的多买的少，而 6～8 元的产品更是很少有人问津。相比之下，两年前还名不见经传的"伊利"却以"低价优质"这一市场定位赢得了众多消费者的青睐。工薪消费者选择冰激凌除了需要好吃口感外，价格是更主要的决定因素。伊利之所以能迅速地在北京打开销路，正是得益于"低廉的价格，较高的品质"这一避强定位策略。因为伊利有能源方面（煤）、电费、人员工资等方面的优势。并且牛奶供应充足还新鲜，口感方面伊利产品有较强的奶香味，具有较高的品质。

资料来源：王颖. 伊利集团的 SWOT 分析［J］. 商场现代化，2008（7）：119 - 120.

［想一想］

伊利采用"低价优质"的避强定位策略有什么利弊？

第二，迎头定位。迎头定位是企业根据自身的实力，为占据较佳的市场位置，不惜与市场上占支配地位、实力最强或较强的竞争对手发生正面竞争，从而使自己的产品进入与对手相同的市场位置。由于竞争对手强大，这一竞争过程往往相当引人注目，企业及其产品能较快地被消费者了解，达到树立市场形象的目的。这种方式可能引发激烈的市场竞争，具有较大的风险。因此企业必须知己知彼，了解市场容量，正确判定凭自己的资源和能力可以达到的目的。例如，康师傅和统一两个方便食品巨头企业进行的竞争策略为迎头定位策略。

3. 目标市场定位策略

（1）"先入为主式"定位。率先在市场上推出独有品牌，鲜明突出该品牌"第一说法、第一事件、第一位置"形象。

（2）"填空补缺式"定位。生产经营企业在整个市场上寻找还没有被占领或者未完全占领的，但为许多消费者所重视的市场位置进行定位，即填补市场上的空白。这种定位方式市场风险较小，成功率较高，常常为多数企业所采用。

（3）"针锋相对式"定位。将本企业生产经营的产品定位在与竞争对手相似或者相近的位置上，同竞争对手争夺相同的一个细分市场。采用这种定位策略的企业，必须具有以下条件：一是能比竞争对手生产出更好的产品；二是细分市场有足够的容量，能够吸纳两个以上竞争者的产品；三是比竞争对手拥有更多的资源和更强的实力。

（4）"另辟蹊径式"定位。当生产经营企业意识到自己无力与实力强大的竞争对手进行对抗而获得绝对优势地位时，可根据自己的条件取得相对优势，即突出宣传自己与众不同的特色，在某些有价值的产品特性上取得领先优势的地位。

4. 市场定位的步骤

市场定位工作一般通过以下几个步骤来实现。

（1）调查影响市场定位的因素。正确的市场定位必须建立在市场调研的基础上，应先了解有关影响市场定位的各种因素。

第一，竞争对手的定位状况。用竞争对手的产品特色、在顾客心目中的形象来衡量竞争者在市场中的竞争优势。

第二，目标顾客对产品的评价标准。了解购买者购买产品的最大愿望和偏好，以及他们对产品优劣的评价标准。一般顾客主要关心产品功能、质量、价格、款式、服务、节电、低噪声等。

第三，本企业的潜在竞争优势。与主要竞争对手相比，企业在产品开发、服务质量、销售渠道、品牌知名度等方面所具有的优势。

（2）选择竞争优势和产品定位。企业在产品、价格、促销、服务等方面与竞争对手进行比较，了解自身的长处和短处，准确判断企业的竞争优势，选择合适的定位策略，进行正确的市场定位。

（3）沟通及传达选好的定位。一旦选好定位，就需要采取有力的措施将理想定位传达给目标顾客，并且采用的营销组合要能完全支持其定位策略。在经常变化的营销环境里，企业必须通过一致的表现与沟通来维持此定位，同时必须经常加以监测，适应消费者需求和竞争者策略的改变。

5. 差别化策略

市场定位作为一种竞争策略，显示了一种产品或一家企业与类似的产品或企业之间的竞争关系。在某种程度上讲，市场定位就是与目标市场上竞争对手差别化的过程。下面介绍四种主要差别化策略。

（1）产品差别化策略。产品差别化策略是指以产品的质量与产品款式等方面实现差别，以从中求取活动在竞争上的优势策略。

（2）服务差别化策略。服务差别化策略是指企业为了满足不同消费者的需求和欲望，通过提供不同的服务，从而实现在同行业中竞争优势的一种策略。

（3）人员差别化策略。人员差别化策略是指通过聘用和培训比竞争者更为优秀的人员以获取竞争优势的策略。

（4）形象差异化策略。形象差异化策略是指在产品的核心部分与竞争者类同的情况下塑造不同的产品形象的策略。

三、技能训练

(一) 案例分析

案例 2-18

　　六个核桃的成功在于抓住了植物蛋白饮料这一细分市场，并在品牌传播和市场推广方面具备灵活的做法。六个核桃产品定位非常清晰而且准确，在健脑益智饮品这个细分产品领域占据了先机。植物蛋白饮料属于大饮料概念里的一个重要的分支。在植物蛋白饮料这个领域，市场上已经有了椰树椰汁、露露杏仁露、银鹭花生奶等品牌。椰树椰汁的诉求是"白白嫩嫩"，露露杏仁露的品牌诉求是"更滋润"，银鹭花生奶的品牌诉求是"白里透红"。它们无一例外都集中在美容养颜的功效诉求，集体偏向食补养颜。但凡成功的产品，必定有自己独特的产品定位。六个核桃瞄准了健脑益智饮料这个市场空白点，定位为健脑益智饮料，抢占了先机，为后续的成功奠定了坚实的基础。任何独特的产品定位，要想取得成功，有一个前提，就是这个细分市场要足够大，否则剑走偏锋却反而容易误入歧途。六个核桃定位在健脑益智饮料这个细分产品领域，一是具备了巨大的潜在消费市场，发展前景看好；二是核桃天然所具有的健脑益智功能为六个核桃饮料提供了最好的、天然的物理证明，无须太多的市场教育和动员。具有了成功的、精准的产品定位，这是成功的第一步，好的产品，要成功到达终端消费者，一是要到达消费者心里，即所谓的品牌建设和传播；二是要到达消费者的手里，即所谓的渠道和终端建设。

　　品牌传播的助推器。在品牌建设和传播方面，品牌识别很重要。为了建立个性鲜明的品牌识别，养元智慧启用"六个核桃"作为产品名。

　　六个核桃的命名可谓是险中取胜、平中出奇的典范，直观、明白，让人过目难忘，也让人半信半疑。但是，争议性同时意味着话题性和关注度，数字的真假尚在其次，敢于将营养含量体现在名称之中，至少体现了河北养元对于产品营养价值的信心。在消费者心目中，六个核桃不知不觉完成了一次概念替换，一举成了核桃饮料的代言人。

　　在产品定价方面，作为原料核桃比杏仁贵，作为能健脑的饮料，在逻辑上应该比其他植物蛋白饮料要贵。所以，"六个核桃"的定价比一般的蛋白饮料高。"六个核桃"整箱零售价要高于市场领导品牌5元以上。这样的高价不仅是产品品质和功效的保障，同时还是品牌档次联想的直接营销武器。当然，它也给渠道留足了运作空间。

　　在品牌传播方面，六个核桃的广告语为"经常用脑，多喝六个核桃"。在媒介载体上，养元采取"央视+战略市场卫视"交叉覆盖策略，同时，在都市报上刊发软文，以弥补电视受众留下的空白。

　　在品牌推广时机和时间节点上，养元初期的广告是打给经销商看的，只有品牌商敢打广告，经销商才敢打款给厂家；后期的广告才是打给消费者看的，引导顾客进行消费。

　　资料来源：王超. 从3亿到200亿产品需求不是被创造的 [EB/OL]. http://www.byeducation. com/h-nd-419.html.

[试分析]

(1) 六个核桃的市场细分依据和产品定位分别是什么？

(2) 从六个核桃的成功中你得到了哪些启示？

案例 2-19

宜家"不同寻常"的定位

第一，锁定工薪阶层的平价价格定位。

1998 年宜家以高档时尚的形象进入中国市场，然而随着中国家居市场的逐渐开放和发展，消费者在悄悄地发生着变化，那些既想要高格调又付不起高价格的年轻人也经常光顾宜家。这时，宜家没有坚持原有的高端定位，而是锁定那些家庭月平均收入 3 350 元以上的工薪阶层，重新定位自己的目标顾客，并针对其消费能力对在中国销售的 1 000 种商品进行降价销售，最大降幅达到 65%。

同时，为了降低成本，宜家不断加大在华采购力度。据宜家透露，宜家 2001 年在中国的采购量占其全球采购份额的 14%，2002 年达到 15%，2003 年上升至 18%，2004 年超过 20%，宜家现在在中国共有 370 多家供应商，中国已成为宜家最重要的原料和半成品供应国。

现在，宜家在哈尔滨、青岛、厦门、蛇口、武汉、成都和上海设立了 7 个采购中心，进行全球集中采购。同时增加中国设计人员的数量，把在欧洲生产的产品拿到中国本地来生产。

第二，独特风格的卖场渠道定位。

宜家独立在世界各地开设卖场，专卖宜家自行设计生产的产品，直接面向消费者，控制产品的终端销售渠道。宜家在全球共有 180 多家连锁商店，分布在 40 多个国家。

宜家的卖场展示富于技巧。在宜家的展示区中有分隔开来的展示单元，分别展示了在不同功能区中如何搭配不同家具的独特效果。每个宜家商场均有一批专业装修人员，他们负责经常对展示区进行调整。调整的基本要求是符合普通百姓家居生活的状况。如背墙的高度为 2.9 米，这是普通住房的层高，过高过低都会给顾客造成错觉，做出错误的购买决定，背墙的颜色也必须是中性的，符合日常生活的习惯。不会使用些特殊颜色来烘托家具的表现效果，让顾客有错误的感觉，这种展示方法生动活泼、充分展现每种产品的现场效果。另外，卖场的这种布置是居室布局整体展示而不是单件展示，所以很容易产生"连带购买"的效果。

宜家卖场成了一种生活方式的象征。宜家是一个家具卖场的品牌，也是家具的品牌。通过一系列运作，宜家的卖场在人们眼中已不单单是一个购买家居用品的场所，它代表了一种生活方式，在人们心中，用宜家已经像吃麦当劳、喝星巴克咖啡一样，成为一种生活方式的象征。

第三，贴心的服务定位。

体验式、自主式购物。与普通家居市场不同，宜家能让消费者在体验中深刻了解到一件产品的利弊。基础服务设计完善。卖场中有餐厅，咖啡厅，小吃站，还有自助充电站。让你在宜家拥有美好的购物时间。周到的售后服务。包括退换、送货、安装等提供完善的售后服务，让你放心购物，无后顾之忧。

第四，高端、实用、多元化的设计理念定位。

人道主义的设计思想、功能主义的设计方法、传统工艺与现代技术的结合、宁静自然的北欧现代生活方式，这些都是宜家设计的源泉。"风格即生活"的理念无处不在。宜家家具目前受到全世界各地的欢迎与重视，最主要的原因是它满足了现代的生活方式对家具所提出的要求。家具的外观并非严格地追随时尚，而是不带任何已有的观念或偏见，完全是为了满足我们这个时代多变的需求。

宜家家具实用、结构严谨、谦逊朴实，考虑周到且优雅别致，可以自然地融入周围环境当中，从历史悠久的手工木制家具到工业化生产的极其现代的金属和塑料家具，各具特色，应有尽有。家具种类形式的多样化表达反映了致力于给予人们个性自由的社会中人的内在细微差异，这样避免了严重违背个性化生活方式的一致性所带来的束缚。宜家家具表现出对形式和装饰的节制，对传统价值的尊重，对天然材料的偏爱，对形式和功能的统一，对手工品质的推崇。

同时，宜家的设计理念推崇"同样价格的产品谁的设计成本更低"，因而设计师在设计中竞争焦点常常集中在是否少用一个螺钉或能否更经济地利用一根铁棍上，这样不仅能有降低成本的好处，而且往往会产生杰出的创意。

在政治法律、社会文化、人口等因素给宜家带来机会，在中国经济和技术条件逐渐发展完善的情况给作为跨国企业的宜家带来威胁的情况下，宜家改变了原有的高端定位，将自己的目标顾客转向工薪阶层，并对多种商品进行降价销售，并采取了一系列的措施：加大了在中国的采购量；以独特的方式向消费者进行商品的展示，并且展示的形式符合日常生活的要求；向消费者提供饮食等服务；提供周到的售后服务；提供多种风格的家具产品，满足了不同消费者的需求。

多种举措使得宜家成了一个"不同寻常"的品牌。

资料来源：吴雪梅. 运用成本领先战略提升企业核心能力——以宜家为例 [J]. 价格理论与实践，2007（3）：75－76.

[试分析]
（1）宜家家居市场定位发生改变的原因及其采取的策略？
（2）从宜家"不同寻常"的定位中，你得到了哪些启示？

（二）任务实施

实训项目：选择林产品经营的目标市场。

1. 实训目标

通过本任务实施，能够对各细分市场的分析后为林产品选择合适的目标市场，培养将理论运用于实践的能力。

2. 实训内容与要求

通过市场状况分析，选择"公司"经营的林产品的目标市场。在选择目标市场时需回答如下问题：有哪些细分市场？每个细分市场有哪些特征？"公司"为什么选择某个或某几个细分市场？将目标市场选择策略制作成PPT，并向班级同学汇报。

3. 实训成果与检验

任务结束后，各小组进行成果汇报。教师与所有小组共同为各小组的目标市场策略打分。汇报结束后，各小组将调研报告和制作的PPT提交老师保存。

四、知识拓展

反市场细分

20 世纪 70 年代以来，由于世界能源危机和整个世界市场不景气，营销管理者看到过分地细分市场会导致企业总成本上升过快从而减少总利润。因此，出现了一种"反市场细分"理论，主张从成本和收益的角度出发适度细分市场。该理论的提出使市场细分理论有了新的内涵，得到了进一步发展。

反市场细分策略就是在满足大多数消费者的共同需求基础上，将过分狭小的市场合并起来，以便能以规模营销优势达到用较低的成本去满足较大市场的消费需求。

1. 反市场细分的原因

反市场细分策略符合规模经济效益的要求。市场细分过细会导致某一个目标市场的市场潜力太小，造成市场需求的多样性、产品的复杂性，差异性产品的增多，导致小批量、多品种生产，这不符合规模经济的要求，有可能增加生产成本和推销费用，浪费企业的资源，使企业的生产能力得不到充分的发挥。相反，反市场细分策略将若干个产品相关性大、市场容量小的细分市场组合成一个大的目标市场，充分发挥企业现有的资源优势，达到增加产量、降低成本的目的。

2. 反市场细分策略的形式

（1）缩小产品线。市场细分化程度越大，产品线就会越多。缩减产品线的方法适合于拥有众多产品线的企业，如有些企业过于讲求产品差异化，使生产和营销成本增加；减少产品线，能够保证一两个主要产品线的规模生产，保证企业龙头产品的市场增长率和相对市场占有率的增加，确保企业利润的主要来源。同时，使企业仍能以不同品质、不同特色的产品来吸引不同的目标顾客，所以只要放弃那些较小的或者是无利可图的产品线，既可以达到减少细分市场的目的，还能为企业带来更好的经济效益，这样并不会影响企业的市场占有率。

（2）合并细分市场。将几个较小的细分市场合并起来，形成较大的细分市场。企业在进行市场细分之后，应该对各个子市场进行分析和比较，找出各个子市场需求形态的异同，并将其中可能存在着相关性的某些子市场合并为较大的子市场，形成所谓的"准细分市场"。这样，企业便能以价格较低的大众化产品来吸引消费者，在竞争中占据优势地位。

五、课后习题

1. 单选题

（1）按照美国市场学家温德尔·史密斯（Wendell R. Smith）的论述，选择目标市场的基础工作是（　　）。

A. 人口细分　　　　B. 市场细分　　　　C. 群体细分　　　　D. 行为细分

（2）不同区域、年龄、教育程度的顾客需求千差万别，因此可以判断市场细分的依据是顾客需求的（　　）。

A. 同质性　　　　B. 相似性　　　　C. 精准性　　　　D. 差异性

（3）心理因素会对消费者的需求产生很大的影响，往往会表现出不同的消费心理特征，以下不属于消费者心理因素的是（　　　）。

A. 经济状况　　　　B. 价值观　　　　C. 购买动机　　　　D. 性格特点

（4）市场细分的七个步骤是由美国哪个市场学家提出来的？（　　　）

A. 温德尔·史密斯　　B. 迈克波顿　　C. 麦卡锡　　　D. 麦肯锡

（5）市场定位的方法不包括（　　　）。

A. 基本定位　　　　B. 产品定位　　　　C. 特色定位　　　　D. 竞争定位

2. 判断题

（1）细分市场是根据产品品种、产品系列来进行的。　　　　　　　　　　　（　　）

（2）确定细分市场之后，此时根据企业的营销目标和资源优势，只能确定一个可进入的目标市场。　　　　　　　　　　　　　　　　　　　　　　　　　　　　（　　）

（3）消费者的需求是多样化的，一个企业不可能满足所有消费者的所有需求，而只能满足市场中一部分消费者的需求。　　　　　　　　　　　　　　　　　　　　（　　）

（4）对于企业来讲，细分市场的规模是越大越好。　　　　　　　　　　　（　　）

（5）定位是主要针对顾客的心理采取行动，通过企业设计并塑造产品特色或个性，使本企业与其他企业严格区分开来。　　　　　　　　　　　　　　　　　　　　（　　）

3. 简答题

（1）什么是市场细分？市场细分的要求有哪些？

（2）什么是目标市场？在进行目标市场评估时，企业需要考虑哪些因素？

（3）目标市场营销策略有哪几种？各有什么特点？企业应如何选择？

（4）什么是产品市场定位？产品市场定位有哪几种方法？

（5）简述市场定位的步骤。

项目
三

制定林产品的市场营销策略

【学习目标】

❖知识目标
1. 理解产品的概念和分类
2. 掌握产品的生命周期理论及品牌策略制定的途径和方法
3. 理解产品定价的程序和目标、产品定价的影响因素
4. 掌握产品定价的方法和策略、产品价格调整策略
5. 掌握分销渠道的策略及设计方法、分销渠道的管理策略
6. 熟悉促销及促销组合的含义
7. 掌握广告促销方案的制订

❖技能目标
1. 能够制定产品组合策略
2. 能够根据相关数据判断企业产品所处生命周期以及制定对应的营销策略
3. 能够结合相关知识制定包装策略
4. 能够选择合适的定价方法对新产品制定合理的价格
5. 能够根据竞争对手及市场情况及时调整价格
6. 能够根据实际情况对分销渠道进行合理设计及选择合适的分销渠道类型
7. 能够应用促销及促销组合的相关理论，合理制订林产品企业的促销组合策略

❖素质目标
1. 培养市场营销价值观念
2. 通过产品整体概念、分销渠道的学习培养质量及服务意识
3. 通过新产品开发、包装策略、促销策略的学习培养创新精神
4. 通过价格制定策略的学习培养成本及节约意识
5. 通过生命周期理论、公共关系理论的学习培养危机意识

【内容架构】

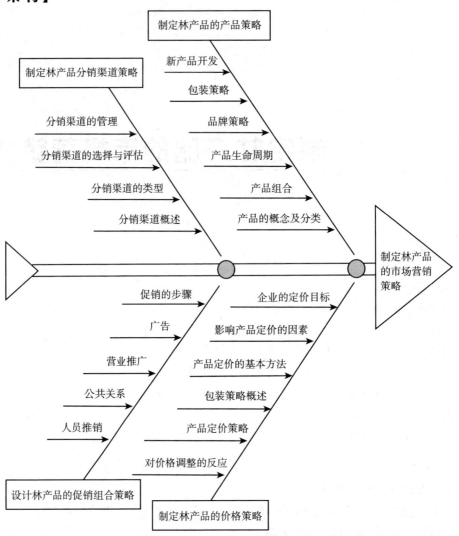

【引入案例】

　　"褚橙"从产品自身来讲，拥有超越市场上同类品种的品质，体现了差异化定位。其一，"褚橙"的种植环境。"褚橙"生长于云南哀牢山。这里气候适宜，用水则是直接引自山泉，没有环境污染的问题。良好的自然条件为"褚橙"的品质打下了第一步。其二，"褚橙"的栽种培养。在种植过程中，褚时健和他的团队经常请专家到田地里研究橙子生长的情况，确定了最佳的土壤水量。为保证既能控制质量又不浪费土地，严格要求每亩地的种植棵树和每棵果树上的结果量。其三，"褚橙"的品相标准。橙子成熟后，还会依据果子的直径大小、外形美观、色泽口感等相当严格的产品标准进行分拣。其四，"褚橙"的高质口感。"褚橙"整体酸甜比高达21：1，甜而不腻。而这些正是目前市场上其他冰糖橙都不具备的，体现了差异化定位，更是为顾客创造了差异化价值。

　　"褚橙"很好吃，但是很贵。"褚橙"不是褚时健聘用的工人种出来的，而是合作的农民种出来的。这是"褚橙"故事不可或缺的两个关键点，并且二者互为因果，缺一不可。正是它们让褚时健成了一个可持续的价值链管理者。

"一斤橙子一斤肉！"这是人们对"褚橙"每市斤 10 多元零售价的直觉反应。卖得贵，还供不应求，这意味着还有提价空间。"褚橙"最早是从湖南引进的，现在湖南的橙农每年都在"褚橙"定价之后才确定价格，并且尽量错开"褚橙"的上市时间。毫无疑问，"褚橙"掌握了定价权。

资料来源：王强."褚橙"定价权［J］. 21 世纪商业评论，2013（3）：30.

［思考］

（1）如何理解"褚橙"的产品整体概念？

（2）通过资料查找，了解"褚橙"的定价权来源于哪些方面？

（3）"褚橙"进行了哪些营销策略？

任务一　制定林产品的产品策略

一、任务导入

选定目标市场后，"公司"需要完成以下任务。

（1）通过调查本地一家企业，调查内容包括：该企业有哪些产品种类？产品线的现状怎样？各产品品类的市场销量怎样？竞争对手有哪些？各产品处于哪个生命周期阶段？通过整理调查资料，形成调研报告，给企业提出建议：哪些产品应该逐渐降低产量，哪些产品应该立即淘汰以及新产品的开发方向。

（2）结合市场分析，针对已经选择的林产品目标市场和确定的产品定位，制定产品策略，对产品的包装和品牌进行初步设计，形成文案，制作成 PPT，并向班级同学汇报。

二、相关知识

（一）产品的概念与分类

产品是企业市场营销组合理论四因素中的首要因素，对于产品整体概念的了解与掌握，明确消费者购买产品的实质需要，可以拓宽企业视野，使生产的产品真正地满足顾客需求。由此出发设计和开发新产品，创造出特色产品。

产品决策直接影响和决定营销组合其他因素的决策。明确产品在生命周期中的阶段，根据产品的销售、利润以及发展前景进行产品组合的调整，淘汰一批，改进一批，开发一批，确保实现企业的营销目标。

现在企业的竞争很大程度上是品牌的竞争，"褚橙"一直以品牌谋竞争，传递优质"褚橙"价值；并以品质求发展，打造优良"褚橙"品种，以包装创意，展现独特"褚橙"文化。从品牌、品质以及包装多角度入手，使"褚橙"这一品牌符合目标市场顾客的审美，吸引消费者购买。

1. 产品的整体概念

产品的狭义概念是由一组可辨识的东西组成的，每项产品都有大家可了解、可区别的名称，如汽车、手机、计算机等。

产品的广义概念中包含了服务，菲利普·科特勒把服务定义为一方能够向另一方提供的基本上是无形的任何活动或利益，并且不导致任何所有权的转移。服务的生产可能与某种有形产品联系在一起，也可能无关联。产品的广义概念是指企业提供给市场的能满足人们某种欲望和需求的任何事物、服务、场所、组织、思想、主意等。此外，由于这一概念着眼于满足购买者某个或某些基本方面的整体需要，因而也称为产品的整体概念。

4P营销理论指出，在产品方面，核心问题是对于产品功能过于单一问题的解决，提高企业产品个性化程度，满足消费者需求，具有多功能性优势的产品在市场中更具竞争优势，所以产品的功能多样化是最重要的因素

2. 产品整体概念的层次

产品整体概念包含核心产品、形式产品和附加产品三个层次，如图3-1所示。

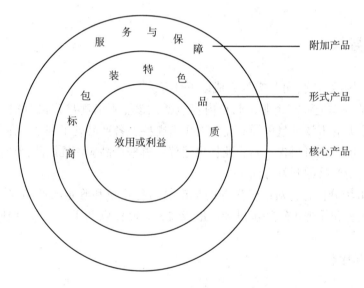

图3-1   产品整体概念的层次

▶ **知识链接**

1994年，菲利普·科特勒在《市场营销管理——分析、规划、执行和控制》专著的修订版中，将产品概念的内涵由三层次结构说扩展为五层次结构说，包括核心利益（core benefit）、一般产品（generic product）、期望产品（expected product）、扩大产品（augmented product）和潜在产品（potential product），即核心产品（基本功能）、一般产品（产品的基本形式）、期望产品（期望的产品属性和条件）、附件产品（附加利益和服务）和潜在产品（产品的未来发展）。产品的五层次结构理论从全新的角度分析产品，十分清晰地体现出以顾客为中心的现代营销观念。

（1）核心产品。核心产品也称实质产品，是消费者真正购买的基本服务或利益，从根本上说每一种产品实质上都是为解决问题而提供的服务。在产品整体概念中是最基本、最主要的部分。消费者购买某种产品，并不是为了占有或获得产品本身，而是为了获得能满足其某种需要的效用或利益。企业应着眼于顾客购买产品时所追求的效用或利益，以便更完美地满足顾客需要。

［想一想］

消费者购买照相机与空调分别获取的产品核心是什么？

（2）形式产品。形式产品是核心产品借以实现的形式或目标市场对需求的特定满足形式，即产品实体的具体形态，通常表现为品质、外观特色、式样、商标和包装等。形式产品的概念不仅适用于有形产品，对于服务也同样适用。随着人们生活水平的提高和精神生活的丰富，人们对产品的形式也不断提出新的要求。

案例 3 – 1

"小罐茶"的包装哲学

传统的茶叶包装，以纸袋、塑料袋及各种铁盒为主，开启后不妥善保存容易回潮影响茶叶口感。"小罐茶"的设计人员将饮料常用的铝罐包装应用到茶叶上，通过一罐一泡的设计，不仅让中国茶的颜值变得更漂亮，更符合现代人的审美，而且使用也更方便。一罐一泡，手不沾茶，还能代表一种待客的礼仪，传递对客人的尊敬。很多消费者对于"小罐茶"在产品和体验上的创新都是非常认可的。

资料来源：郭伟. 品牌形象的设计方法论探讨——以"小罐茶"为例［J］. 陶瓷科学与艺术，2022
（4）：18 – 19.

在市场上，款式新颖、色泽宜人、包装精良的产品，往往更能够引起顾客的购买兴趣。

［想一想］

学校和医院都提供服务，二者的产品形式是什么？

（3）附加产品。附加产品是指顾客购买有形产品时所获得的全部附加服务和利益，包括信贷、免费送货、质量保证、安装、售后服务等。

美国学者西奥多·莱维特（Theodore Levitt）曾经指出："新的竞争不是发生在各个公司的工厂生产什么产品，而是发生在其产品能提供何种附加利益，如包装、服务、广告、顾客咨询、融资、送货、仓储及具有其他价值的形式，顾客买的不仅是产品本身，还包括产品相应的额外服务。"

案例 3 - 2

农夫山泉：不仅是"美"那么简单

提起农夫山泉，消费者脑海中首先闪现的是那句出色的广告语"农夫山泉有点甜"这句广告语。在农夫山泉一则有趣的电视广告中提道：一个乡村学校里，当老师往黑板上写字时，调皮的学生忍不住喝农夫山泉，推拉瓶盖发出的砰砰声让老师很生气，老师让学生上课不要发出这样的声音。下课后老师却一边喝着农夫山泉，一边称赞道："农夫山泉有点甜。"于是"农夫山泉有点甜"的广告语广为流传，农夫山泉也借"有点甜"的优势，由名不见经传发展到现在饮水市场三分其天下，声势直逼传统霸主乐百氏和娃哈哈。

不仅在广告语上农夫山泉有其自己的特色，2018 年 3 月，农夫山泉在水源地长白山拍摄了一支广告片，向消费者呈现了银装素裹、纯净灵动的长白山冬日风貌，被称为"史上最美广告片"。

资料来源：谢妮珈. 农夫山泉的情感化广告、包装与品牌形象策略探析 [J]. 商讯，2021（19）：13 - 15.

[想一想]

农夫山泉的广告为何如此深入人心？

---

3. 产品的分类

从营销管理的角度，根据不同的划分标准对产品做以下分类。

（1）按照产品的耐用程度，可分为非耐用品、耐用品和服务产品。

第一，非耐用品。非耐用品是指在正常情况下使用一次或几次就被消耗掉的有形物品，如洗衣液、香皂、沐浴露等。非耐用品的销售更多商业网点出售，便利消费者和用户随时随地购买；定价普遍较低并大力开展广告活动，引导消费者和用户喜爱和购买本企业产品。

第二，耐用品。耐用品是指在正常情况下能多次使用的有形物品，如电脑、冰箱、洗衣机等。耐用品的销售通常需要人员推销和服务，毛利获取也较多。

第三，服务产品。服务产品不同于前面两种产品，服务产品不具有实体形式，以各种劳务形式表现出来的无形产品，如护肤、美容、旅游、信息咨询、法律服务、金融服务等。一般来说，服务产品除了具有无形性特征外，还具有生产过程和消费过程的同步性、服务质量的差异性和所有权的不可转移性特征。因此，提供此类产品的企业要想扩大销售量，可以进行服务质量控制，提升服务人员的综合素质，特别是文化修养，典型的做法是通过广告促销和公共宣传，建立良好企业形象。

（2）按照产品的用途不同，可分为消费品和产业用品。

第一，消费品。消费品主要是家庭或个人消费的物品。消费品根据消费者的购物习惯，还可细分为便利品、选购品、特殊品和非渴求物品四类，其分类如表 3 - 1 所示。

表 3 - 1		消费品的分类	
消费品类别	含义	分销渠道	举例
便利品	消费者购买前对便利品的品牌、价格、质量和出售地点等都很熟悉，只花最少精力和时间去比较品牌、价格，通常购买频繁，希望在需要时立刻买到	制造商应该建立广泛而快速的分销体系；零售商店一般都分散设置在居民住宅区、街头巷尾、车站、码头、公路边	食品、报纸、牙膏、电池等日用品
选购品	消费者购买前往往花较多的时间和精力了解和比较商品的花色、样式、质量、价格等；选购品挑选性强，因其耐用程度较高，不需经常购买	百货公司和零售商店常集中在邻近地区扎堆开店，便于消费者进行比较	流行时装、家具、耐用家电等
特殊品	特殊品是指在心理上和经济上均相当重要，消费者偏好特定品牌，并且愿意花费精力去搜寻的产品	制造商直接与零售商打交道，互相配合进行广告宣传，制造商还为零售商承担部分广告支出	摄影器材、新款汽车和别墅等
非渴求物品	顾客不知道的物品，或者虽然知道却没有兴趣购买的物品	加强广告、推销工作，使消费者了解产品，产生兴趣，千方百计吸引潜在顾客，扩大销售	刚上市的新产品、人寿保险等

第二，产业用品。产业用品是指那些购买者购买后以社会再生产为目的的产品，包括原材料、零部件、生产设备、供应品和服务等。

当然，还有其他一些产品分类方法。根据产品之间的销售关系，产品可分为独立品、互补品（如汽车和汽油）、替代品（如牛肉和猪肉）三种。按需求量与收入关系，产品可分为高档品（需求量随收入增加而增加的产品，即收入弹性系数为正）和低档品（需求量随收入增加而减少的产品，收入弹性系数为负）。

（二）产品组合

1. 产品组合的相关概念

产品组合是指企业提供给市场的全部产品线和产品项目的组合。产品线即产品大类，是指具有密切关系，能满足同类需要，使用功能相近的一类产品。一个企业可以生产经营一条或几条不同的产品线。产品项目是指企业产品目录上列出的各种不同质量、品种、规格和价格的特定具体产品。企业在其产品目录上列出的每一个产品，都是一个产品项目。

例如，一个企业生产和销售冰箱、洗衣机、空调、彩电、热水器、整体厨房、整体衣柜、计算机、手机，则这个企业有生产线 9 条。如果有 10 个型号的空调，则空调生产线上有 10 个产品项目。

产品组合包括四个因素：产品系列的长度、宽度、产品系列的深度和产品系列的关联性。这四个因素的不同，构成了不同的产品组合。

（1）产品组合的长度。一个企业产品组合中所包含的产品项目的总数。其中，产品项目指列入企业产品线中具有不同规格、型号、式样或价格的最基本产品单位。通常，每一产品线中包括多个产品项目，企业各产品线的产品项目总数就是企业产品组合长度。

（2）产品组合的宽度。产品组合的宽度（广度）是指产品组合中所拥有的产品线的数目。产品组合的宽度表明了一个企业经营的产品种类的多少和经营范围的大小。对于一个家电生产企业来说，可以有电视机生产线、电冰箱生产线。产品组合的宽度说明了企业的经营范围大小、跨行业经营，甚至实行多角化经营程度。增加产品组合的宽度，可以充分发挥企业的特长，使企业的资源得到充分利用，提高经营效益。此外，多角化经营还可以降低风险。

（3）产品组合的深度。产品组合的深度是指产品线中每一产品有多少品种，以产品线数就可以得到产品组合的平均深度。例如，某牙膏企业的产品线有三种，A牙膏产品线是其中一种，而A牙膏产品线下的产品项目有四种，甲牙膏是其中一种产品，而甲牙膏有四种规格和三种配方，甲牙膏的深度是12。

产品组合的长度和深度反映了企业满足各个不同细分子市场的程度。增加产品项目，增加产品的规格、型号、式样、花色，可以迎合不同细分市场消费者的不同需要和爱好，招徕、吸引更多顾客。

（4）产品组合的关联度。产品组合的关联度是指企业产品组合中的各产品项目在最终用途、生产条件、目标市场、销售方式以及其他方面相互联系的程度。较高的产品的关联性能带来企业的规模效益和企业的范围效益，提高企业在某一地区、行业的声誉。

案例 3 - 3

互联网平台下赣南脐橙的产品组合

赣南脐橙，江西省赣州市特产，中国国家地理标志产品。赣南脐橙年产量达百万吨，原产地江西省赣州市已经成为脐橙种植面积世界第一，年产量世界第三、全国最大的脐橙主产区。互联网平台的迅速发展和普及给很多偏远地区的农产品带来了新的销售渠道，拉动了农产品生产效益，但随着农产品互联网市场竞争越发激烈，农产品互联网销售面临着营销升级的问题。对于外部环境的变化，赣南脐橙的营销模式进行了相应转型。

在保证农产品销售获取利润的基础上，赣南农产品进行组合销售打造新的销售种类，获得先一步销售红利，如以赣南脐橙为主，选择组合如安远脐橙、信丰柑橘、赣州甜柚、寻乌蜜橘等类似农产品同步宣传，同时农产品组合销售选择紧跟市场销售热点的形式，实现扩大宣传的力度，大幅度提升营业额，另外，农产品组合销售还能帮助整体销量有一个较大的提升，提高销售效率，帮助尽快与实时市场信息对接。

对于农产品销售的持续发展而言，农产品销售的整体道路上，在互联网平台大环境下，传统的单卖农产品已经逐渐不能满足消费者和市场的需求，延长产业链，提高附加值，开创品牌建设都必须提上日程，组合销售能够成为商户转型迈出的第一步，帮助农产品销售转型"软着陆"，有利于农产品销售市场持续健康发展。

资料来源：黄小庆. 互联网平台下赣南农产品组合销售可行性浅析 [J]. 农家参谋，2018（16）：216.

[想一想]

赣南脐橙案例中的产品组合的长度、宽度、深度和关联度表现在哪些方面？

2. 产品组合策略

产品组合策略是指企业在产品组合的长度、广度、深度和关联度等方面所采用的策略。

产品组合策略一般有以下四大类。

（1）扩大产品组合策略。扩大产品组合策略包括拓展产品组合宽度和加强产品组合深度。前者是增加一条或几条产品线，扩大经营范围，后者是将产品线的品种增多，增加新的产品项目。具体方式如下。

一是在维持原产品品质和价格的前提下，增加同一产品的规格、型号和款式。

二是增加不同品质和不同价格的同一种产品。

三是增加与原产品相类似的产品。

四是增加与原产品毫不相关的产品。

当公司预测现有的一条或几条产品线未来将会出现销售额和利润下降的情况时，即产品即将或已经进入成熟期时，可以通过采取扩大产品组合策略增加新的产品线，拓宽产品组合宽度，当公司决定开发新的特色产品时，可以通过增加产品线的品种。扩大产品组合策略的优点是可以满足不同消费群体的需求，完善产品系列，扩大市场占有率，扩大经营规模，分散市场风险，降低损失程度，另外可以充分利用公司的剩余资源和生产能力，提高公司效益。但是扩大产品组合策略也会给公司带来高成本的负担，从而为公司经营带来风险，这是公司要思考如何规避的。

（2）缩减产品组合策略。缩减产品组合策略是指公司从产品组合中剔除那些获利少的产品线或产品项目，缩减产品组合的宽度或是产品线深度，集中资源经营那些获利多的产品线或产品项目。具体方式如下。

一是取消一些需求疲软或者公司经营能力不足的产品线或产品项目。

二是取消一些关联性小的产品线，同时增加一些关联性大的产品线。

三是取消一些商品线，增加保留下来的产品线的深度。

四是把某些工艺简单、质量要求低的产品下放经营。

使用缩减产品组合策略时要注意外部市场的变化，在市场需求缩减，劳动力成本上升，原材料紧张等情况下，即产品即将或已经进入衰退期时，公司缩减产品组合反而有利于利润总额的上升，因为公司将产品组合中获利很小或是不获利的产品线和产品项目剔除出去，可以使公司集中资源去生产公司擅长、竞争力强、有优势以及获利更多的产品。缩减产品组合策略的优点是集中资源和技术力量改进保留产品的品质，有利于公司向市场的纵深发展，提高产品商标的知名度以及寻求合适的目标市场，另外，可以让生产经营专业化，提高生产效率，降低生产成本，减少资金占用加速资金运转。但是缩减产品组合策略会让公司失去原有市场，增加市场风险。

（3）产品线延伸策略。当公司发展到一定规模和较成熟的阶段，想继续做强做大，攫取更多的市场份额，或是为了阻止、反击竞争对手时，往往会采用产品延伸策略，利用消费者对现有品牌的认知度和认可度，推出副品牌或新产品，以期通过较短的时间、较低的风险来快速盈利，迅速占领市场。具体方式如下。

一是向下延伸策略，即生成高档市场的产品线向下延伸，生成一些中低档次的产品，通过品牌提高市场占有率。

二是向上延伸策略，是把原来定位于低档次产品市场的公司，在原有的产品线增加高档产品项目，使公司进入高档产品市场，从而有效提升品牌资产价值和形象。

三是双向延伸策略，原来定位于中档产品市场的公司掌握了市场优势以后，决定向产品线的上下两个方向延伸，从而扩大市场占有率。

（4）产品线现代化策略。有时产品线的深度虽然适当，但是产品还是停留在多年前的水平，那就需要更新产品，实现产品线的现代化。可以采取两种方式更新，一是逐步更新，二是全面更新。产品线的更新是为了鼓励客户转移到更高价值、更高价格的产品购买上，但是必须要把握时机，不能更新太慢也不能太快。更新太慢会让竞争者有时间建立良好声誉，更新太快会破坏现有产品线的销售。

3. 产品组合的调整和优化

市场环境和资源条件变动后，企业应该对产品组合作出相应的调整，适时增加应开发的新产品，淘汰部分衰退产品，以保持产品组合的竞争力。

常用波士顿矩阵和通用电气公司法对产品组合进行分类和评价，以确认应当发展、维持，或者缩减、淘汰的具体业务，由此科学地调整和优化产品组合。

 **知识链接**

通用矩阵分析模型

通用矩阵是美国通用电气公司设计开发的用于投资组合的分析方法，又称为 GE 矩阵，九象限分析评价法，行业吸引力矩阵等。

通用矩阵相对于波士顿矩阵，设置了中间等级，增加了分析考虑因素，主要分析方法是通过加权平均法对行业吸引力（包括市场增长率、市场容量、市场价格、利润率、竞争强度等因素）和公司实力（包括生产能力、技术能力、管理能力、产品差别化、竞争能力等因素）按加权平均的总分划分为大（强）、中、小（弱），从而形成 9 种组合方格以及 3 个区域，为公司经营管理者提供了更加细致的分析管理方法。

但是通用矩阵分析模型由于指标较多而导致计算烦琐，而且两个分析因素具有较强的主观判断性，因此多用于公司资源配置分析（图 3-2 展示了通用矩阵常见的市场策略）。

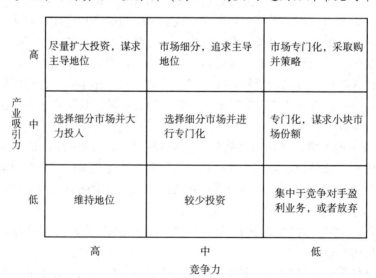

图 3-2　通用矩阵

（三）产品生命周期

1. 产品生命周期概述

产品生命周期，也称商品生命周期，产品从准备进入市场开始到被淘汰退出市场为止的全部运动过程，是由需求与技术的生产周期决定的。

产品生命周期本质上是指产品的市场寿命，而不是产品本身的使用寿命。在市场流通过程中，由于消费者的需求变化以及影响市场的其他因素所造成的商品由盛转衰的周期。主要是由消费者的消费方式、消费水平、消费结构和消费心理的变化决定的。因此，对于产品生命周期的理解还需要明确以下几点：一是产品的生命是有限的；二是产品销售经过不同阶段，每个阶段有不同的销售要求；三是在产品生命周期的不同阶段，利润有升有降；四是在产品生命周期的不同阶段，产品需要不同的营销策略组合。

根据产品生命周期的特点，一般分为导入（进入）期、成长期、成熟期（饱和期）、衰退（衰落）期四个阶段（见图 3 - 3）。每个阶段的特点互不相同（见表 3 - 2）。

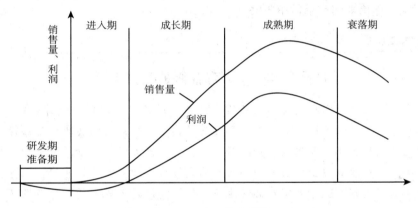

图 3 - 3　产品生命周期

表 3 - 2　　　　　　　　　　　　产品生命周期不同阶段的特点

阶段	含义	利润	特点
进入期	把产品引入市场，销售缓慢成长的时期	利润较少，甚至亏损，市场风险最大，竞争者较少	一是销售量小，相应地增加了单位产品成本 二是理想的营销渠道和高效率的分配模式尚未建立 三是价格决策难以确立，高价格可能会限制购买，低价格可能难以收回成本，广告费用和其他营销费用开支较大 四是产品技术和性能还不够完善
成长期	销售和利润快速增长的时期	市场及利润增长较快，大批竞争者涌入，市场竞争加剧	一是销售量增长很快，单位生产成本迅速下降 二是企业的促销费用水平基本稳定或略有提高，但占销售额的比率下降 三是产品已定型，技术工艺比较成熟 四是建立了比较理想的营销渠道 五是市场价格趋于下降

续表

阶段	含义	利润	特点
成熟期	市场成长趋势减缓或饱和的时期，产品已被大多数潜在购买者所接受	利润在达到顶点后逐渐走下坡路，竞争加剧，一些缺乏竞争力的企业被淘汰，新加入的竞争者较少	一是成长成熟期：各销售渠道呈饱和状态，增长率缓慢上升，少数后续的购买者继续进入市场 二是稳定成熟期：由于市场饱和，消费平稳，产品销量稳定，增长率停滞或下降 三是衰退成熟期：销售水平呈显著下降，原有用户的兴趣已开始转向其他产品或替代品
衰落期	产品销售量显著下降，是退出市场前的那段时期	利润大幅度滑落	一是产品销售量由缓慢下降变为迅速下降，消费者的兴趣已完全转移 二是价格已下降到最低水平 三是多数企业无利可图，被迫退出市场 四是留在市场上的企业逐渐减少产品的附加服务，削减促销预算等，以维持最低水平的经营

2. 各产品生命周期的市场营销策略

产品种类、形式和品牌的生命周期

产品种类是指具有相同功能及用途的所有产品，产品形式是指同一种类中，辅助功能、用途或实体销售有差别的不同产品；而产品品牌是指企业生产与销售的特定品牌产品。一般产品种类的生命周期要比产品形式、产品品牌长，有些产品种类生命周期中的成熟期可能无限延续。产品形式一般表现出比较典型的生命周期过程，即从导入期开始，经过成长期、成熟期，最后走向衰退期。至于品牌产品的生命周期，一般是不规则的，受市场环境及企业市场营销决策、品牌知名度等影响。品牌知名度高的，其生命周期就长，反之亦然。

资料来源：中国就业培训技术指导中心．营销师职业资格教程［M］．北京：中央广播电视大学出版社，2006：142 - 143.

［想一想］

机械手表、电子手表、石英手表与上海牌机械手表，哪个产品的生命周期更长一些？为什么？

（1）进入期的市场营销策略。根据表3-2中所列特点，进入期一般有四种可供选择的策略。

第一，快速掠取策略。该策略以高价格、高促销费用推出新产品。实行高价格是为了在每一单位销售额中获取最大的利润，高促销费用是为了引起目标市场的注意，加快市场渗透。成功实施这一策略，可以赚取较大的利润，尽快收回新产品的开发成本。实施该策略的市场条件：市场上有较大的需求潜力；目标顾客具有求新心理，急于购买新产品，并愿意为此付出高价；企业面临潜在竞争者威胁，需要及早树立品牌。

第二，缓慢掠取策略。该策略以高价格、低促销费用推出新产品，高价格和低促销水平结合也可以使企业获得更多利润。实施该策略的市场条件：市场规模相对较小，竞争威胁不大；市场上大多数用户对该产品较少有疑虑；适当的高价能为市场所接受。

第三，快速渗透策略。该策略以低价格、高促销费用推出新产品，目的在于先发制人，以最快的速度打入市场。该策略可以给企业带来最快的市场渗透率和最高的市场占有率。实施该策略的市场条件：产品市场容量很大；潜在消费者对产品不了解，且对价格十分敏感；潜在竞争比较激烈；产品的规模经济效应明显。

第四，缓慢渗透策略。该策略企业以低价格、低促销费用推出新品。低价是为了促使市场迅速地接受新产品，低促销费用则可以实现更多的利润。企业坚信该市场需求价格弹性较高，而促销弹性较小时可采用此策略。

（2）成长期的市场营销策略。产品进入成长期以后，竞争加剧，企业为了维持市场增长率，延长获取最大利润的时间，在加强产品竞争能力的同时，也相应地加大营销成本。因此，在成长阶段，面临着"高市场占有率"或"高利润率"的选择。一般来说，实施市场扩张策略会减少眼前利润，但加强了企业的市场地位和竞争力，有利于维持和扩大企业的市场占有率，从长期利润观点看，更有利于企业的发展。

第一，改善产品品质。根据用户需求和其他市场信息，不断改善产品品质，努力增加产品的款式和型号，增加产品的新用途，以提高竞争能力，吸引更多的顾客。

第二，寻找新的细分市场。通过市场细分，寻找到新的尚未满足的细分市场，根据其需要进入该市场，以争取更多顾客。

第三，改变营销策略。把广告重点从介绍产品转移到介绍产品的新功能上，在巩固原有渠道的基础上，增加新的销售渠道，在适当的时机选择降价策略。

第四，树立品牌形象。加强促销，重心从建立产品知名度转移到树立产品形象，主要目标是建立品牌偏好，争取新的顾客。

（3）成熟期的市场营销策略。产品进入成熟期以后，价格水平相对稳定，利润达到最高峰，产品开始出现过剩。企业在稳住现有市场的同时，应尽力寻求新增长点，延长成熟期，或使产品生命周期出现再循环。

第一，市场开拓策略（市场改良策略或市场多元化策略）。企业开拓新市场和在原有的市场上寻找新的顾客，以扩大市场份额。

外延型市场开拓。在现有市场外，通过地域上的外延寻找新的细分市场。一个产品在某一地区已进入成熟阶段，在另一地区可能刚进入导入期或成长期，企业可以在保持现有地域上的成熟产品的销量和市场占有率的基础上，通过外延扩张到刚进入导入期或成长期的地区。

内涵型市场开拓。在现有市场寻找新的顾客。处于成熟期的产品在现有市场内通过内涵细分扩展顾客范围，有着现实的可能性。

第二，产品改良策略。以产品自身的改良来满足顾客的不同需要，吸引新的使用者，使原有顾客增加购买和使用的频率，从而使销量回升。

设计改良。改善原有产品的设计，以提高处于成熟期产品的竞争能力，是产品改良的首要环节。在保证质量的前提下，使消费者发现他们想到的，企业想到了；他们没想到的，企业也想到了。即便只是一个很小的改进，也会使消费者更喜欢这个产品，从而使企业在竞争中领先。

质量创新。质量创新是设计改良的直接结果，也是工艺改进和原材料改进的结果。通过质量创新来强化产品独特的功能，既可更好地满足顾客的特定需要，为顾客带来更多的利益，又可摆脱竞争者的模仿。

发展新用途。对产品本身设计、质量、功能特性基本上不做改变，而只是发掘现有产品的新用途。

第三，营销组合改良策略。企业通过改变定价、销售渠道及促销方式，与顾客建立新的联系，为顾客提供更完善的服务，从而在竞争中取得主动。

（4）衰落期的市场营销策略。

第一，集中策略。把资源集中使用在最有利的细分市场、最有效的销售渠道和最畅销的品种款式上。即缩短战线，在最有利的市场赢得尽可能多的利润。

第二，维持策略。保持原有的细分市场和营销组合策略，把销售维持在一个低水平。待到适当时机，便停止经营，退出市场。

第三，榨取策略。大大降低销售费用，如将广告费用削减为零、大幅度精减推销人员等。虽然销售量有可能迅速下降，但是可以增加当前利润。

任何产品的市场生命周期都有结束之时，企业为了提高自身的竞争能力，应该未雨绸缪、高瞻远瞩，不断开发新产品，并及时将新产品投放市场。如果企业决定停止经营衰退期的产品，应在立即停产还是逐步停产问题上慎重，并应处理好善后事宜，使企业有秩序地转向新产品的经营。

案例 3-4

农夫山泉的不同产品生命周期广告策略

（1）进入期广告策略。农夫山泉的市场导入期，便实施了产异化战略，依靠其淳朴自然和养生堂的健康形象打天下。进入期的广告目标是尽快提高农夫山泉的知名度，使农夫山泉尽快进入市场打开销路扩大销售是最重要的目标。

（2）成长期广告策略。成长期的广告目标是紧紧围绕如何进一步提高市场占有率而建立的，应该予以重视的是，能否对农夫山泉进行准确的定位，往往会影响该饮用水产品整个市场生命，该时期最重要的战略决策就是检查前期的消费者反馈，调整并确定广告策略。"这水，有我小时候喝过的味道"以一个中年人对幼年的回忆的情景交融来衬托产品的文化内涵，以历史的纵深感勾起人们浓重的情感认同，也符合都市人返璞归真的心理需求；用"农夫山泉有点甜"来说明水的甘甜清冽，采取口感定位就"一点甜"，便占据了消费者巨大的心理空间。十足地有当年七喜推出"非可乐"的味道，一下子就区别于乐百氏经典的"27层过滤"品质定位，以及娃哈哈"我的眼里只有你"所营造的浪漫气息。

（3）成熟期广告策略。农夫山泉逐步进入成熟阶段后，养生堂公司开始寻求新的产品定位。一方面，农夫山泉运动瓶盖的独特设计容易让消费者产生与运动相关的联想，值得将之作为一大卖点来推广。饮料企业与运动的联姻由来已久，可口可乐和百事可乐便是借助竞技体育这一载体向中国饮料市场渗透的。于是，农夫山泉便开始贯彻其与体育事业相结合的策略。由于农夫山泉已经拥有比较稳定的消费者群体，而且消费者的消费习惯已经基本上趋于稳定，所以广告的最重要目的是强调农夫山泉饮用水的区别与利益，提醒消费者持续购买，维持品牌忠诚度，使之购买率上升。

资料来源：汪小琴，金秀玲.农夫山泉品牌营销策略［J］.现代商业，2016（1）：32 - 33.

[想一想]

（1）从目前市场的占有率和企业的竞争分析，农夫山泉的产品生命周期处于哪一阶段？

（2）农夫山泉在各个生命周期中采取了什么样的市场营销策略？

（四）品牌策略概述

1. 品牌的含义

广义的"品牌"是具有经济价值的无形资产，用抽象化的、特有的、能识别的心智概念来表现其差异性，从而在人们意识当中占据一定位置的综合反映。

狭义的"品牌"是一种拥有对内对外两面性的"标准"或"规则"，是通过对理念、行为、视觉、听觉四方面进行标准化、规则化，使之具备特有性、价值性、长期性、认知性的一种识别系统总称。

品牌与商标

品牌包含商标，其价值反映企业产品的实力，是企业的无形资产。我国习惯上对一切品牌不论注册与否，统称商标。这样，就有"注册商标"与"非注册商标"之别。非注册商标是未办理注册手续的商标，不受法律保护。在我国，品牌与商标这两个概念常通用。

品牌与商标的区别：品牌侧重于名称，与企业联系在一起，往往品牌与厂名统一；商标侧重于标志，与具体商品联系在一起。品牌由来已久，商标在近代才出现。

市场营销专家菲利普·科特勒博士认为品牌是一个名称、名词、符号或设计，或者是它们的组合，其目的是识别某个销售者或某群销售者的产品或劳务，并使之同竞争对手的产品和劳务区别开来。品牌实际是企业产品的牌子，用以区别产品或服务的名称、标记、符号、图案和颜色等要素或其组合，主要包括品牌名称、品牌标志和商标。

2. 品牌的作用

品牌的作用对于不同的市场主体会产生不同的作用，具体如下。

（1）品牌对消费者的作用。对消费者而言，品牌有助于消费者识别产品的来源或产品制造厂家，从而有利于消费者权益的保护，有助于消费者避免购买风险，降低消费者的购买成本，从而更有利于消费者选购商品；有利于消费者形成品牌偏好。

（2）品牌对制造商的作用。对制造商而言，品牌有助于树立产品和企业形象，保护产品的某些独特特征不被竞争者模仿，有助于产品的销售和占领市场；有助于吸引忠诚顾客；

有助于稳定产品的价格，减少价格弹性，增强对动态市场的适应性，减少未来的经营风险；有助于市场细分，进而进行市场定位；有助于新产品开发，节约新产品投入市场的成本。

 **知识拓展**

2021 年全球十大品牌的价值

2021 年凯度 BrandZ 最具价值全球品牌排行榜对外发布，2021 年上榜的前 100 价值品牌，总价值较一年前增长了 42%，前三名品牌分别是亚马逊、苹果以及谷歌（见表 3-3）。

表 3-3　　　　　　　　　　2021 年全球最具价值品牌前十强

排名	品牌	品牌价值（亿美元）	价值变化同比（%）
1	亚马逊	6 838.52	64
2	苹果	6 119.97	74
3	谷歌	4 579.98	42
4	微软	4 102.71	26
5	腾讯	2 409.31	60
6	Facebook	2 267.44	54
7	阿里巴巴	1 969.12	29
8	Visa	1 912.85	2
9	麦当劳	1 549.21	20
10	万事达卡	1 128.76	4

资料来源：凯度咨询．凯度 2021 年 BrandZ 全球最具价值品牌 100 强榜单［EB/OL］．https：//www.sgpjbg.com/info/24300.html.

3. 品牌策略

（1）品牌化策略。品牌化策略是指企业是否使用品牌，这是品牌策略的第一决策。

第一，无品牌策略。在实践中，有的企业为了节约包装、广告等费用，降低产品价格，吸引低收入购买者和对价格敏感型的消费者，提高市场竞争力，对企业的产品不使用品牌。

一般认为，在下列几种情况可以考虑不使用品牌：大多数未经过加工的原料产品；生产简单，无一定技术标准、选择性不大的产品；一次性或临时性产品；不同生产者具有均匀质量的产品；消费者在购买时不会过多地注意品牌的产品等。

第二，使用品牌策略。企业的产品使用品牌。如今品牌的商业作用为企业所特别看重，品牌化迅猛发展，已经很少有产品不使用品牌了。像水果、大米等过去从不使用品牌的商品，现在也被冠以品牌出售。其缺点是增加企业的成本和费用。

（2）品牌归属策略。

第一，采用制造商品牌。在制造商具有良好的市场声誉、拥有较大市场份额的条件下，应多使用制造商品牌。

第二，使用中间商品牌。经销商的品牌日益增多，西方国家许多享有盛誉的百货公司、超级市场等都使用自己的品牌，如沃尔玛经销 90% 的商品都用自己的品牌。同时，强有力的批发商中也有许多使用自己的品牌，增强对价格、供货时间等方面的控制能力。

第三，同时采用制造商品牌和中间商品牌。多数大型零售商和部分批发商既购入受欢迎的制造商品牌产品，又保有自有品牌产品。

（3）品牌名称策略。

第一，统一品牌。企业的所有产品都使用统一的品牌。对于那些享有高声誉的著名企业，全部产品采用统一品牌名称策略，可以充分利用其名牌效应，而且成本也低，使企业所有产品畅销。同时，企业宣传介绍新产品的费用开支也相对较低，有利于新产品进入市场，统一品牌更容易建立品牌优势。比如，美国通用电气公司的所有产品都用 "GE" 作为品牌名称。这种品牌策略的缺点在于一个不良产品可能会损害相同品牌的其他所有产品的声誉。

第二，个别品牌。企业的不同产品使用不同的品牌。每种产品寻求不同的市场定位，有利于增加销售额和对抗竞争对手，还可以分散风险，使企业的整个声誉不致因某种产品表现不佳而受到影响。

第三，分类品牌。企业经营的各大类产品分别使用不同的品牌。在企业的各大类产品的消费用途差异很大，且品牌名称又带有一定的字面含义时，使用统一品牌策略就会带来在广告促销等方面的不便。

第四，企业名称加个别品牌。企业不同类别的产品分别采取不同的品牌名称，且在品牌名称之前都加上企业的名称。企业多把此种策略用于新产品的开发。在新产品的品牌名称上加上企业名称，可以使新产品享受企业的声誉，而采用不同的品牌名称，又可使各种新产品显示出同的特色。

（4）品牌延伸策略。品牌延伸策略是指将现有成功的品牌用于新产品的策略。品牌延伸并非只借用表面上的品牌名称，而是对整个品牌资产的策略性使用。品牌延伸使新产品迅速被消费者认识和接受，大大降低了促销费用，同时也降低了新产品的市场风险。

（五）包装策略概述

包装包括为产品提供容器或外部包装和对产品进行包装两方面的内容。一般来说，商品包装应该包括商标或品牌等要素。此外，包装上还应标有产品的主要成分、生产厂家、生产日期、有效期和使用方法等。

1. 包装的作用

首先是保护功能，它是包装最基本的功能，它使商品不受各种外力的损坏；其次是便利功能，商品包装应便于使用、携带、存放和处理；最后是销售功能，包装是无声的推销员，良好的包装能吸引消费者的注意，激发消费者的购买欲望。

2. 包装的种类

包装的分类方法有很多，营销学中按包装在流通中的作用，将包装分为以下三类。

（1）小包装。一个商品销售单位的包装形式，随同商品一起卖给消费者。小包装起着直接防护、美化、促销作用，如牙膏的软管、啤酒瓶等。

（2）中包装。若干个单体或小包装组成的整体包装，介于小包装与大包装的中间包装。中包装一部分在销售过程中被消耗掉，另一部分跟随商品出售。中包装主要起方便计量作用，同时可以进一步地保护商品，如达能闲趣饼干一箱内有 12 袋。

（3）大包装（运输包装）。产品的最外层包装，起保护商品和方便运输的作用。

案例 3-5

智能化果品包装设计

目前市面上猕猴桃和苹果的销售包装大多采用以下三种方式：一是塑料托盘加保鲜薄膜；二是瓦楞纸箱；三是塑料盒。另存在无包装，由顾客挑拣购买的情况。对市面上有包装的水果，特别是苹果、猕猴桃等的包装观察分析后，发现存在包装结构安全性能的缺失、品牌塑造与推广意识薄弱、销售包装展示功能不突出、包装容量规格少以及礼品包装的包装形式单一等方面的问题。为了规避上述出现的问题，有人对其包装进行了再设计，如基于交互设计理念的智能发光包装设计。突破传统销售包装的形态结构和固化功能，打造具有感染力的品牌视觉形象，优化信息传达方式。为此，充分运用信息智能化包装技术，在增强包装对产品的保护功能的基础上带给消费者交互式体验，并实现包装的产品化。在这一设计目标和理念下，设计出了智能发光型包装、一纸成型包装、热敏技术双层标签贴等多种新型包装结构。

 ［讨论］

请同学们自己动手设计符合现代年轻人的产品包装，如罐装蜂蜜包装设计。

---

3. 包装策略

（1）类似包装策略。企业生产经营的所有产品，在包装外形上都采取相同或相近的图案、色彩等，使消费者通过类似的包装联想起这些商品是同一家企业的产品，具有同样的质量水平。类似包装策略不仅可以节省包装设计成本，树立企业整体形象，扩大企业影响，而且还可以充分利用企业已经拥有的良好声誉，有助于消除消费者对新产品的不信任感，进而带动新产品的销售。

（2）等级包装策略。企业对不同质量等级的产品分别设计和使用不同的包装，使包装质量与产品质量等级相匹配，对高档产品采用精致包装，对低档产品采用简单包装。这种做法适应不同需求层次消费者的购买心理，便于消费者识别、选购商品。

（3）配套包装策略。企业将几种有关联性的产品组合在同一包装内。这种策略能够节约交易时间，便于消费者购买、携带与使用，有利于扩大产品销售。家庭小五金工具产品组合、女士化妆品盒就是典型的配套包装。

（4）再使用包装策略（多用途包装策略）。包装在产品消费完后还能另作他用。这种包装策略符合当前的环保潮流，同时在包装物的再使用过程中，包装上的企业标志还能够继续宣传产品和企业。

（5）附赠品包装策略。附赠品包装策略是指在包装内附有赠品以刺激消费者重复购买的策略。在包装物中的附赠品可以是玩具、图片，也可以是奖券、小包装的商品。该包装策略对儿童和青少年以及低收入者比较有效。这也是一种有效的营业推广手段。

此外，还有多种其他的包装策略，企业可自由组合选用。一般而言，企业应保持包装设计的稳定，但也应该随着市场需求的变化而改变。企业在修正包装策略的同时，还要考虑包装的发展趋势，如新材料的应用、特殊形式的包装以及包装密封方式的发展等。

分类包装策略

企业根据消费者购买目的不同，对同一种产品采用不同的包装。例如，购买商品用作礼品赠送亲友，可精致包装；若购买者自己使用，则可简单包装。

（六）新产品开发

1. 新产品的分类

随着市场竞争的加剧和科学技术的进步，产品生命周期不断缩短。每家企业都必须不断开发新产品来满足市场需求的变化，保证企业不断成长和发展。

市场营销中新产品的范畴很广泛，不仅仅指新发明创造的产品。凡是企业向市场提供的能给顾客带来新的满足、新的利益的产品，都被视为新产品。

对新产品，可以从不同角度、用不同的标准进行分类。一般把新产品分为全新新产品、换代新产品、改进新产品、企业新产品四类，如表3-4所示。

表3-4　　　　　　　　　　　　　　　新产品的分类

分类	含义	特点	举例
全新新产品	新发明和创造，利用新原理、新结构、新技术、新材料制造的产品	从研究到生产，要花费很长的时间、巨大的人力和财力支出，绝大多数企业都很难提供这种全新的产品	如电话、飞机、打字机、计算机等第一次进入市场
换代新产品	在原有产品的基础上，部分采用新技术、新材料制成的性能有显著提高的产品	多数换代新产品是对老产品部分的质变，中小企业由于技术、财力等原因，对产品的更新换代投入也较少	从黑白电视机、彩色电视机到高清电视机
改进新产品	对现有产品在质量、结构、品种、材料等方面作出改进的产品	改进新产品是对老产品的一种量变，满足各种消费者的不同需要	如新款式的服装，从普通牙膏到药物牙膏等
企业新产品	企业对国内外市场上销售产品进行模仿生产的产品	中小企业引进和仿制国外的新产品，能大大缩短和国际先进水平之间的差距，但是应符合专利法等法律、法规的规定	中国企业模拟开发国外企业的沙滩电动车等

案例 3-6

告别千篇一律，独特产品设计：黄瓜智能采摘机器人

由中国农业大学工学院李伟教授主持的国家"863'课题成果'黄瓜采摘机器人关键技术研究"通过教育部的成果鉴定。黄瓜采摘机器人是利用机器人的多传感器融合功能，对采摘对象进行信息获取、成熟度判别，并确定采摘对象的空间位置，实现机器人末端执行器的控制与操作的智能化系统，能够实现在非结构环境下的自主导航运动、区域视野快速搜索、局部视野内果实成熟度特征识别、果实空间定位、末端执行器控制与操作，最终实现黄瓜果实的采摘收获。该成果打破了传统机器人工作在结构化环境的技术屏障，是对传统机器人工作模式的挑战，为农业机器人走出实验室、进入自然环境的农田作业提供了重要的理论与技术支撑。

资料来源：农事革命. 摘黄瓜机器人技术促进农业现代化［EB/OL］. http://www.tjhbkc.com.cn/194584.html.

2. 新产品开发的内容和方式

（1）新产品开发的内容。企业新产品开发的内容是非常广泛的，既包括新产品的结构、功能、品种花色和使用方式的开发，又包括与新产品开发有关的科学研究、工艺设备、原材料及零部件的开发，还包括新产品销售中的商标、广告、销售渠道和技术服务等方面的开发。

企业新产品开发可以概括为以下三方面。

第一，产品整体性能的开发。整体性能开发是新产品开发活动中最重要、最基本的部分，直接决定着产品开发的成败。不断扩大产品整体性能开发的深度和广度，对搞好新产品的开发具有十分重要的意义。

第二，产品技术条件的开发。技术条件的开发是新产品开发的基础性活动，为产品整体性能的开发提供了必要的条件和手段。

第三，产品市场条件的开发。产品市场条件的开发对于实现产品价值，提高产品的效益性、竞争性，具有重要的作用。

（2）新产品开发的方式。企业根据自身的特点和条件可以选择不同的开发方式，已有独立研制、联合研制、技术引进、独立研制与技术引进相结合、仿制五种方式。不同企业或同一企业在开发不同的新产品时，可根据情况量力而行，分别采用不同的研制方式，以取得最好的经济效益。

3. 新产品开发的程序

企业新产品的开发过程，是一个充满矛盾、风险和创新的工作过程，也可以说是一项十分复杂的系统工程。从新产品的构思、筛选、设计、试制、鉴定、试销、评价直到全面上市投产，工作内容和环节相当多，涉及面非常广。

 知识链接

新产品试销

通过试销，可以实地验证新产品进入市场的措施是否见效，可以观察消费者是否愿意购

买投放市场的新产品。一次必要和可行的试销，可以比较可靠地测试或掌握新产品销路的各种数据资料，从而对新产品的经营目标和营销策略作出适当的修正；可以根据不同地区的特点和市场变化趋势，选择最佳的组合模式或销售策略；对新产品正式投产的批量和发展规模作出决策等。

4. 新产品开发的策略

新产品开发贵在创新。企业在开发新产品时，应考虑、分析与其他同类产品的差异性，从而向消费者提供特色明显的新产品，以此增强产品的吸引力和竞争力。

在营销活动中，新产品开发的策略主要有以下几种。

（1）领先开发策略。领先开发策略是指企业具备强烈的占据市场"第一"的意识，利用消费者先入为主的优势，率先推出新产品，最先建立品牌偏好，利用新产品的独特优点，占据市场上的有利地位，从而取得丰厚的利润。

采用领先开发策略的企业必须实力相对雄厚，或者是科研实力，或者是经济实力，抑或是两者兼备。同时，具备对市场需求及其变动趋势的超前准确的调研、预测机制。

（2）模仿开发策略。模仿开发策略就是等其他的企业推出新产品后，立即加以仿制和改进，然后推出自己的产品。这要求企业必须具有快速反应机制，不能失去尾随创新的机会。

这种策略不用投资研究新产品，绕过新产品开发这个环节，模仿市场上畅销的新产品，并加以许多建设性的改进，既避免了市场风险，又可以借助竞争者领先开发新产品的声誉，顺利进入市场，以此分享市场收益，还有可能后来者居上。

 注意

新产品开发中的专利问题

首先，不管是模仿开发还是完全独创地开发新产品，企业应该事先进行周密的专利调查，调查是否已存在与将要研发的这款新产品相关的专利。如果已有这样的专利，则需要了解专利的类型、专利权的保护范围、是否与这款新产品有相同或相近的技术内容。可以根据需要，向专利权人寻求专利技术的许可或者转让。在相关专利无效的条件下，企业可以依法请求国家知识产权局专利复审委员会宣告专利权无效。

其次，盲目模仿极可能引发专利侵权纠纷。一旦侵犯他人的专利权，将会面临承担罚款、没收违法所得等诸多不利后果。因此，企业应当注意避免盲目地模仿国内外同类产品，以免构成专利侵权行为。

再次，企业在研发新产品的过程中，如果确实遇到了无法绕开的专利障碍，可以根据需要，向专利权人专利技术的许可或者转让。在相关专利无效的条件下，企业可以依法请求国家知识产权局专利复审委员会宣告专利权无效。

最后，企业研发新产品实现技术突破后，应申请专利，取得市场的保护。

（3）定制式开发策略。定制式开发策略是以消费者需要为中心，根据顾客个性化需求设计和研制满足每位顾客需要的新产品。

采用定制化开发策略的企业必须建立数据库，以便及时收集、分析顾客的各种需求信息，迅速地设计和生产顾客所需要的个性化新产品。

案例 3-7

定制化林业资源管理系统

林业资源数据管理是林业部门的核心工作之一。目前，县级林业部门一方面需要掌握和上报本县森林资源变化和保护管理情况，监测国家级公益林保护管理成效，完成每年森林资源管理"一张图"更新工作；另一方面需要办理林地征占用审核审批、林木采伐管理、森林督查、森林经营等相关工作。县级林业资源信息管理系统能够有效地为县级林业部门的相关业务提供技术支撑，但同时也遇到了以下难点：系统单机工作，数据共享难；规程、标准和业务变化后，软件系统更新难；业务逻辑变化，系统修改难；现有系统与上级系统融合难。从软件设计层面着手，通过使用 Oracle 大型数据库、WebGIS 和 SOA 架构技术，实现系统可定制化开发，着力解决县级林业资源数据管理中的现实问题，从而实现县级林业资源信息管理系统应用中的用户可定制化。

资料来源：张振中，徐志扬，李浩然. 基于县级可定制化林业资源管理系统的设计与实现 [J]. 华东森林经理，2020，34（3）：58-64.

三、技能训练

（一）案例分析

"褚橙"从种植、培育、采摘、检测、运输、仓储、配送这一系列过程的精细操作，以及在这整个过程中"褚橙"对相关利益者的照顾，都给消费者一种"安全"与"信赖"的感受，这实际上也是一种情感体验。但是在"褚橙"的营销过程中，利用的两种主要情感则是"励志精神"与"幽默"。

"褚橙"创始人褚时健经历了跌宕起伏的传奇人生，在经历了事业和家庭的双重打击后，75 岁的他并没就此放弃。首先是许多中年企业家对褚时健的励志故事表示非常敬仰，后来"褚橙"的网络经销商本来生活网邀请许多"80 后"名人分享他们的励志故事，将"励志"这一情感深深刻入消费者心里。时下消费者中流行这样一句话，"我们吃的不是橙子，吃的是励志精神"。

"褚橙"的包装、宣传语以及一些宣传活动，都非常幽默。本来生活网为一些名人量身定制了"幽默问候箱"，同时针对不同情境设置了标语不同的幽默包装，幽默而不失温馨，还起到了精准营销的效果。

［试分析］

（1）通过查找相关资料，分析"褚橙"所在的生命周期阶及其运用的营销策略？

（2）通过查找相关资料，分析"褚橙"运用的品牌策略具体有哪些？

（3）通过查找相关资料，分析"褚橙"运用在包装策略方面的表现？

（二）任务实施

实训项目：制定林产品经营企业的产品策略。

1. 实训目标

深入理解产品策略在企业中的运用体现，具备初步制定产品策略的能力。

2. 实训内容与要求

（1）市场调研。4~5名学生一组，调查一家当地企业。在调查访问之前，每组需明确调查方向，制订调查与访问计划，计划列出调查与访问的具体问题。具体问题可参考下列提示。

一是企业简介。

二是企业生产经营的产品类型和品项数。

三是企业各产品的销量。

四是企业竞争对手的销量

五是产品近5年销售增长率。

六是产品的包装理念

七是产品的品牌知名度及品牌定位。

八是新产品开发计划。

（2）制定"公司"的产品策略。产品策略至少包括：产品整体构成介绍、产品生命周期、包装策略、品牌策略。

3. 实训成果与检验

（1）调查访问结束后，各小组进行资料整理，形成调研报告。

（2）制定产品策略，并形成PPT，小组派代表上台讲解，教师与所有小组共同对各小组的表现进行评估打分，汇报包括如下几方面。

一是产品整体构成介绍。

二是产品生命周期分析、包装策略、品牌策略，书面论述500字左右。

三是制作PPT演示讲解，时间为3分钟左右。

以上问题均以小组为单位进行，每个同学把自己调查访问所得的重要信息如照片、文字材料、影音资料等制作成宣传册展出，之后交老师保存。

四、知识拓展

导致企业新产品开发失败的主要原因有哪些？

成功地开发和上市新产品是实现企业创新绩效，走上可持续发展之路的关键。但是，新产品开发的成功率普遍偏低。据研究，科技型企业平均每7个新产品创意只有1个取得商业化的成功；比较差的企业每10个新产品创意才有1个能取得商业化的成功；而创新管理能力强的企业每4个新产品创意能有1个取得商业化的成功。导致企业新产品开发失败的主要原因有以下几个方面。

（1）新产品没有特色。很多企业上市的新产品与竞争对手的产品雷同，缺乏竞争优势，甚至在一些功能指标上还达不到主要竞争对手的水平。深圳一家安防企业的总经理很形象地用"四拼"总结了该行业的竞争情况：首先是拼产品，其次是拼价格，再次是拼付款条件，最后是拼命。企业开发出的产品没有特色，根本原因有三：一是企业领导者认为模仿能走捷径，能够快速上市新产品，以便在市场上分得一杯羹；二是企业的创新流程中没有明确规定立项的新产品项目必须具有独特的顾客价值定位，很多没有特色的项目通过了评审，进入了开发和上市阶段；三是缺乏有效的市场研究方法和人员，不知道应该在哪些方面进行差异化才能获得客户的认可。

（2）对顾客需求缺乏洞察。很多企业的新产品开发是研发部门的工程师"闭门造车"的结果，开发的输入很少或者根本没有来自对客户需求的研究。企业缺乏对顾客需求洞察的主要原因如下：一是认为客户也不知道自己要什么，问了也白问；二是认为市场调查太费时费力，新产品上市时机更重要；三是认为竞争对手已经替我们做过市场调查了，我们只要模仿竞争对手的产品进行开发就可以了；四是没有掌握有效的市场研究方法；五是没有专人负责市场研究工作；六是没有在开发和上市的过程中持续了解顾客需求并作为设计开发的输入；七是将销售人员和售后服务人员作为主要的顾客需求信息来源；八是老板代表顾客，老板说做什么我们就做什么。作为开发输入的顾客需求信息不正确、不完整，技术再先进，开发过程做得再好也无济于事。

（3）产品定义不清晰。很多企业的新产品开发是"骑驴看账本，走着瞧"，边开发边修改需求，不愿意在产品定义方面多做工作，本来目的是想加快开发进度，缩短新产品上市周期。究其原因，主要有如下几方面：一是公司领导希望新产品快速上市，督促开发团队边干边想；二是市场需求主要是由老板、销售人员或市场人员传递给研发人员的，在传递的过程中信息严重失真；三是缺乏有效的产品定义方法。

（4）立项分析不严谨。作为一个投资行为，在大规模的资金投入前，必须进行严谨的项目可行性分析，以降低项目风险，提升公司的投资回报率。为了赶进度，不愿意在项目开发的前期多投入一些资源和时间进行项目可行性研究的结果很可能是赢得了局部进度，输掉了整个项目。

（5）决策评审不科学。由于没有科学的评审准则和评审方法，很多没有前景的项目进入了开发流程。此外，很多企业的决策评审只在立项分析时做一次，在开发和上市过程中不再进行多次评审，很多没有前景的项目直到上市后才发现是不值得投资的项目。这样不但影响了公司的投资回报，而且将公司宝贵的研发人力资源浪费在没有前景的项目上，提高了公司的机会成本。

（6）同时上马的项目太多。同时上马很多新项目。其结果是不但开发团队疲于奔命，公司整体投资回报也很不理想。一些企业新产品项目不分类型和性质，"眉毛胡子一把抓"，只要有项目就做，将公司优秀的开发人员投入去做一些能取得短期效果的小项目，忽视了具有战略重要性的项目的开发。

（7）开发组织模式不当。新产品项目由销售部提出，研发部负责开发，测试部负责测试，工程部负责生产，再由销售部负责销售，形成了一个"闭环"，但是没有一个人对整个开发项目负责。结果是销售部老是抱怨其他部门跟不上客户的需求，能够按时完成的开发项目不到10%。

（8）公司团队的能力、技巧与知识欠缺。除了以上导致新产品开发失败的原因外，公司团队本身的能力，技巧与知识欠缺也会导致新产品项目的失败。公司团队能力、技巧和知识的欠缺主要体现在以下方面：一是公司领导团队领导能力欠缺。比如一些公司的领导缺乏战略规划能力、项目决策能力和创新氛围营造能力。二是公司职能团队管理能力欠缺。比如职能部门负责人缺乏专业人才培养能力、部门之间工作沟通协调能力。公司缺乏产品经理和项目经理等对新产品项目最终结果负责的人。三是公司专业团队专业能力欠缺。市场部门缺乏掌握顾客需求研究方法的人，研发部门缺乏系统工程师和核心技术骨干等。可见，创新型企业不但需要专业的技术人才，也需要领导人才、管理人才和市场等其他相关专业人才。没有合适的人才，企业的新产品开发只会是无源之水，无土之木。

综上所述，导致新产品开发失败的原因是多方面的。要取得新产品开发的成功，需要企业领导者对照自身实际，找出影响创新成败的关键因素，学习和掌握相应的创新方法，不断提升创新管理能力。

五、课后练习

1. 单选题

（1）品质、外观特色、式样、商标和包装等属于（　　）。

A. 形式产品　　　　B. 潜在产品　　　　C. 延伸产品　　　　D. 期望产品

（2）（　　）的销售通常需要人员推销和服务，毛利获取也较多。

A. 耐用品　　　　B. 非耐用品　　　　C. 有形的耐用品　　　　D. 无形的服务产品

（3）销售和利润快速增长的时期属于产品生命周期（　　）阶段。

A. 进入期　　　　B. 成长期　　　　C. 成熟期　　　　D. 衰落期

（4）企业具备强烈的占据市场"第一"的意识，利用消费者先入为主的优势，率先推出新产品，最先建立品牌偏好，利用新产品的独特优点，占据市场上的有利地位，从而取得丰厚的利润，该企业使用的是哪一种新产品开发的策略？（　　）

A. 定制式开发策略　　　　　　　　B. 模仿开发策略

C. 领先开发策略　　　　　　　　D. 等级包装策略

（5）企业生产经营的所有产品，在包装外形上都采取相同或相近的图案、色彩等，使消费者通过类似的包装联想起这些商品是同一家企业的产品，具有同样的质量水平，该企业使用的什么包装策略？（　　）

A. 等级包装策略　　B. 类似包装策略　　C. 配套包装策略　　D. 附赠品包装策略

（6）产品组合的宽度是指产品组合所拥有的（　　）的数目。

A. 产品项目　　　　B. 产品线　　　　C. 产品种类　　　　D. 产品品牌

（7）产品组合的长度是指（　　）的总数。

A. 产品项目　　　　B. 产品品牌　　　　C. 产品规格　　　　D. 产品品种

（8）产品生命周期由（　　）的生命周期决定。

A. 企业与市场　　B. 需求与技术　　C. 质量和价格　　D. 促销与服务

2. 多选题

（1）产品可以根据其耐用性和是否有形进行分类，大致可以分为（　　）三类。

A. 高档消费品　　B. 低档消费品　　C. 耐用品　　　　D. 非耐用品

E. 劳务

（2）产品组合包括的变数是（　　）。

A. 适应度　　　　　B. 长度　　　　　C. 相关性　　　　　D. 宽度　　　　　E. 深度

（3）对于产品生命周期处于衰退阶段的产品，可供选择的营销策略是（　　）。

A. 集中策略　　　B. 扩张策略　　　C. 维持策略　　　D. 竞争策略　　　E. 榨取策略

3. 判断题

（1）即便内在质量符合标准的产品，倘若没有完善的服务，实际上是不合格的产品。

（　　）

（2）产品整体概念的内涵和外延都是以追求优质产品为标准的。　　　　（　　）

（3）高层领导人员，如果没有产品整体概念，就不可能有现代市场营销观念。（　　）

（4）产品品牌的生命周期比产品种类的生命周期长。　　　　　　　　　（　　）

（5）新产品处于导入期，竞争形式并不严峻，而企业承担的市场风险却最大。（　　）

任务二　制定林产品的价格策略

一、任务导入

选定目标市场后，"公司"需要完成以下任务。

（1）调查本地一家林产品企业的产品价格，调查内容包括该企业的市场定位，目标市场，竞争对手，价格构成、定价策略、价格调整策略。

（2）结合所调查企业的价格策略，制定"公司"产品的定价策略，形成文案，制作成PPT，并向班级同学汇报。

二、相关知识

（一）产品定价的程序和目标

1. 产品定价的程序

产品价格是否合理，会极大地影响企业的竞争力、销售收入和利润，也影响着企业的生存及发展。定价决策是根据企业经营战略的要求确定定价目标，并按照一定的定价程序和方法制定价格，最后确定定价策略和调整价格的决策过程。

定价程序通常可分为以下几个步骤：首先，明确企业的定价目标；其次，分析影响产品价格的基本因素；最后，在特定的定价目标指导下，根据对成本、供求等一系列基本因素的研究，运用价格决策理论，确定定价方法。同时还必须对灵活多样的各种定价策略和技巧进行研究，将其充分地运用到相应的定价方法中，最终为产品确定合理的价格。定价程序的步骤，如图3-4所示。

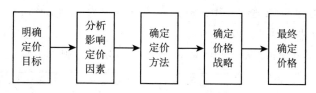

图 3 - 4　定价程序

定价方案制订以后，还应拟订具体的实施计划并组织实施。同时，通过有效的监督，了解定价是否符合市场的实际情况，发现问题要及时反馈，并及时地作出价格调整的决策，最终保证企业定价目标的实现。

2. 产品定价的目标

当今市场经济日益成熟，只有对其生产的产品制定适当的价格才能扩大销售，提高市场占有率，增加盈利。因此，在定价之前，首先要考虑定价目标，并把定价目标作为确定价格策略和定价方法的依据。

企业的定价目标可分为以下五类。

（1）利润导向的定价目标。根据对利润期望程度的差异，利润导向的定价目标又可分为获取适当利润定价（也称目标利润定价）和追求最大利润定价。

第一，适当利润定价。适当利润定价就是企业对某一产品或服务的定价能保证其达到既定目标利润额或目标利润率。采用适当利润定价目标，必须注意两个事项：一是要确定合理的利润率；二是要采用这种定价目标，企业必须具备两个条件，即企业的产品是畅销产品，并且不担心竞争对手的竞争手段。

第二，最大利润定价。最大利润定价就是企业期望通过制定较高的价格，迅速获取最大利润。采用这种定价目标的企业，其产品多处于有利地位。淘宝许多网红服装店上新的服装往往价格都高于已经上架很久的产品，特别是许多返场的服装价格远低于上新期间的价格。

（2）扩大销售的定价目标。扩大销售的定价目标主要着眼于产品销售量的扩大，在新产品刚进入市场阶段，迅速扩大销售才能形成规模效应，降低产品成本。此时，企业不宜将利润目标定得太高，而应制定市场能够接受的价格，迅速打开市场。

此外，在产品的成熟期或衰退期，为了迅速出清存货，进行产品结构调整，有时也会以较低价格来吸引消费者，提高销售量。

（3）提高市场占有率的定价目标。市场占有率是反映企业市场地位的重要指标，影响企业的市场地位和盈利能力。与同类企业或产品比较，市场占有率高，表明在竞争过程中企业拥有一定优势，即使在单位利润水平不高的情况下，企业仍具有较强的盈利能力。因此，许多企业常以维持或扩大其市场占有率为定价目标。

▶知识链接

市场占有率与利润的一般关系

市场占有率与利润的相关性很强。市场占有率与利润一般存在以下关系：一是当市场占有率为10%以下时，投资收益率大约为8%；二是当市场占有率为10%（含）～20%时，投资收益率大约为14%；三是当市场占有率为20%（含）～30%时，投资收益率大约为22%；

四是当市场占有率为 30%（含）~40% 时，投资收益率大约为 24%；五是当市场占有率为40% 及以上时，投资收益率大约为 29%。

资料来源：蒲冰. 市场营销实务 [M]. 成都：四川大学出版社，2016：135.

（4）改善企业形象的定价目标。价格是消费者判断企业形象与其产品的一个重要影响因素。高档商品制定高价，有助于树立产品高端形象，吸引特定目标市场的顾客。平价产品适当运用低价或折扣价，则能帮助企业树立平价企业形象。激烈的价格竞争从短期看可能会给消费者带来一定好处，但是它破坏了市场的正常供求，长此以往终究不利于消费者。在此情况下，如果有企业为稳定市场价格做出努力并取得成效，就会在社会上树立良好的形象。

案例 3 - 8

盒马鲜生：不一样的定价策略

盒马鲜生于 2016 年 1 月正式对外开业，它是生鲜配送新零售超市，也是重构线下超市的一种新零售业态。它既有超市到店购买生活用品、零食等作用，也有餐饮店可以堂食与外带的性质，还是可以购买蔬果海鲜的生鲜市场。此外，消费者不但可到店购买，也可以在盒马 App 点单购买后等待外卖。

盒马鲜生积极运用技术来为零售赋能，运用大数据、移动互联、智能物联网等先进技术与设备，从供应源到储存再到配送，形成了自己的一套完整数字化的物流体系。盒马鲜生的特点之一是配送快速，通过"店仓一体化"的模式，可以实现用户下单 10 分钟内完成货物的分流和包装，20 分钟内实现 3 公里以内的配送。

目前，盒马鲜生线上人均消费水平约 70 元，线下约 120 元，与同类型企业如7 - FRESH 和苏鲜生相比较低。在定价方面，盒马鲜生针对不同类别的商品采用了高性价比策略和高溢价策略。

由于盒马鲜生自建基地，其海鲜低于其他内陆超市及海鲜店；其蔬果基地直产蔬果，故常见蔬果比传统市场便宜约 10%。在堂食方面，由于盒马鲜生采用了超市的直采原料，省去了产品采购的中转费用，故餐厅堂食价格略低于一般餐厅，为许多选择堂食的消费者称道。

此外，盒马鲜生也提供精品蔬果。由于精品蔬果品质较高，且部分经过了预加工处理，故价格比普通市场略高，和超市精品蔬果价格相近。

资料来源：滕紫宸. 基于 SICAS 模型的盒马鲜生新零售营销策略研究 [J]. 经济研究导刊，2021（36）：50 - 52、60.

[想一想]

盒马鲜生的定价策略有什么特别之处？

（5）应对竞争的定价目标。应对竞争的定价目标主要基于企业竞争需要而确定。运用这种定价目标的企业对竞争对手的行为都十分关注，特别是竞争对手的价格策略。在市场竞争日趋激烈的形势下，企业在定价前都会仔细研究竞争对手的产品和价格情况，然后有意识地通过自己的定价目标去对付竞争对手。

在实际工作中，企业对以上五种定价目标有时会单独使用，有时也会配合使用，主要由企业根据实际情况确定，灵活运用。

（二）影响产品定价的因素

1. 产品成本因素

企业在制定产品价格时，考虑较多的是产品成本。产品成本是产品定价的基础，是企业盈亏临界点。定价大于成本，企业就能获得利润；反之，则会亏本。

定价中考虑的成本主要有单位固定成本（AFC）、固定成本（FC）、单位变动成本（AVC）、变动成本（VC）四种，如图3-5所示。

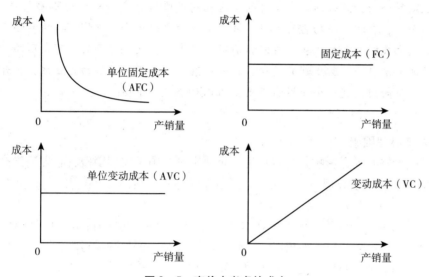

图3-5　定价中考虑的成本

固定成本是指不随产量变化而变化的成本，如固定资产折旧、机器设备租金、管理人员费用等。

变动成本是指随产量变化而变化的成本，如原材料、直接营销费用、生产经营人员的工资等。

单位固定成本是指单位产品分摊固定成本，随着产销量的增加而相应减少。单位变动成本是指单位产品的变动成本，在一定的经济技术条件下是不变的。其计算公式为：

$$总成本 = 固定成本 + 变动成本$$

2. 市场需求因素

市场需求主要包括市场商品供求状况和商品需求特性等。在正常情况下，市场需求会按照和价格相反的方向变动，价格提高，市场需求就会减少；反之，市场需求会增多。

> ▶ 知识链接

价格弹性对价格的影响

价格弹性大的商品，价格稍微调整，即会引起市场需求的变化；而价格弹性小的商品，价格的微小变化不会引起市场需求的强烈反应。一般情况下，便利产品价格弹性较大；特殊产品的价格弹性则较小；选购产品的价格弹性比便利产品小，但比特殊产品大。

3. 市场竞争因素

在市场竞争过程中，企业为产品定价或调价，必然会引起竞争对手的关注。为使产品价格具有竞争力和盈利能力，在产品定价或调价前，对竞争对手产品及其价格进行分析是十分必要的。对竞争者的分析，主要考虑同类市场中主要竞争者的产品特征、价格水平和竞争实力等。

▶ **知识链接**

竞争地位不同企业的竞争定价方法

力量较弱的企业，可采用与竞争者的价格相同或略低于竞争者的价格出售产品的方法；力量较强的企业，在扩大市场占有率时，可采用低于竞争者价格出售产品的方法；资力雄厚并拥有特殊技术或产品品质优良，或能为消费者提供较多服务的企业，可采用高于竞争者价格出售产品的方法；为了防止新的竞争，在一定条件下，实力较强的企业往往一开始就把价格定得很低，从而迫使弱小企业退出市场或阻止对手进入市场。

4. 消费者心理因素

消费者的价格心理会影响其消费行为，企业定价必须考虑到消费者心理因素。

（1）消费者的预期心理。当预测产品有涨价趋势，消费者会争相购买；反之，则会持币待购。

（2）消费者的认知价值。消费者在购买产品时常常把产品的价格与自身的认知价值相比较，当确认价格合理、物有所值时才会作出购买决策，产生购买行为。同时，消费者还存在求新、求奇和求名等心理，这些心理也会影响到其认知价值。

5. 政府的政策和法规

政府的相关政策和法规对企业定价也会产生约束作用。因此，企业在定价前一定要了解政府对商品定价方面的有关政策和法规。比如，在某些特殊时期，政府利用行政手段对某些特殊产品实行最高限价、最低保护价政策。

案例 3 – 9

生鲜产品交货期的双渠道供应链定价

随着电子商务零售模式的迅速发展，市场需求呈现出网络化、多样化、个性化与复杂化的发展趋势，产品更新换代的速度也越来越快。企业之间的竞争不断加剧，终端客户对产品的要求除了低价格、高质量、多功能外，也希望企业能实现快速交货，因而时间成为供应链各级企业新的竞争要素之一。中粮集团通过自身的中粮我买网网络直销渠道与中粮我买网京东自营旗舰店双渠道进行产品销售，由此便产生了双渠道的产品定价与产品交货期策略之间的竞争问题。而消费者对生鲜产品交货期的时长更为敏感，并且生鲜产品交货期的长短，已经成为消费者是否通过在线渠道购买生鲜产品的主要影响因素。

[讨论]

电子商务零售模式下，生鲜产品的定价影响因素有哪些？

（三）产品定价的基本方法和策略

1. 产品定价的基本方法

定价方法是在定价目标指导下，根据对成本、供求等一系列基本因素的研究，运用价格决策理论，对产品价格进行计算的具体方法。

定价方法一般有以成本为导向、以需求为导向和以竞争为导向三种，企业应根据实际情况选择使用。

（1）成本导向定价法。成本导向定价法是以成本为中心，按卖方意图定价的方法。在定价时，首先考虑收回企业在生产经营中投入的全部成本，然后再考虑获得一定的利润。成本导向定价法具体还可细分为以下五种。

第一，成本加成定价法。这是一种最简单的定价方法，就是在单位产品成本的基础上，加上一定比例的预期利润作为产品的售价，售价与成本（包含税金）之间的差额即为利润。其计算公式为：

$$产品单价 = 单位产品总成本 \times (1 + 加成率)$$

其中，单位产品总成本是单位变动成本和单位固定成本之和，加成率为预期利润占产品成本的百分比。

成本加成定价法简便易行，这种方法可以保证企业取得正常的利润，保障企业生产经营的正常进行。这种方法的不足之处在于从卖方利益角度出发进行定价，没有考虑市场需求和竞争因素的影响。在应用这种方法时，应当根据市场需求、竞争状况等变化来调整加成率。

第二，售价加成定价法。这是一种以产品的最后销售价为基数，按销售价的一定百分比来计算利润，最后得出产品的售价。其计算公式为：

$$产品单价 = 单位产品总成本 \div (1 - 加成率)$$

例 3 - 1

某种农产品的单位成本为 100 元，如果要获取售价 10% 的利润，则产品单价为多少？

农产品单价 = 10 ÷ (1 - 10%) ≈ 11.1 （元）

第三，目标利润定价法。该方法又称目标收益定价法或投资收益率定价法。它是在企业投资额的基础上，根据企业投资总额、预期销售量、投资回收期等因素来计算价格的方法。其计算公式为：

$$产品单价 = (总成本 + 目标利润) \div 预计销售量$$

目标利润定价法的优点是可以保证企业既定目标利润的实现，缺点是只从卖方的利益出发，没有考虑竞争因素和市场需求情况。

目标利润定价法一般适用于需求价格弹性较小的产品，适用于市场占有率较高或具有垄断性质的企业。政府通常为保证稳定的收益率，允许大型公用事业单位采用目标利润定价法进行定价。

例 3 - 2

某果园年生产能力为 10 万斤柑橘，估计未来市场可接受 8 万斤，其总成本为 30 万元，企业的目标利润率为 15%。请问单价应为多少元？

目标利润 = 总成本 × 利润率 = 300 000 × 15% = 45 000（元）

单位产品价格 =（总成本 + 目标利润）÷ 预计销售量 =（300 000 + 45 000）÷ 80 000 ≈ 4.3（元）

因此，该企业产品的定价应为 4.3 元。

第四，保本定价法。保本定价法又称盈亏平衡定价法或收支平衡定价法，是指在销量既定的条件下，企业产品的价格必须达到一定的水平才能做到盈亏平衡、收支相抵。

保本定价法是企业在市场不景气或特殊竞争阶段，或在新产品试销阶段所采用的一种特殊定价方法。它是在保本的基础上制定价格，即保本价格。其计算公式为：

保本价格 =（企业固定成本 - 预计产销量）+ 单位变动成本

一般来说，在成本不变的情况下，价格高于保本价格，企业就盈利；而价格低于保本价格，则必然出现亏损。这种方法只说明了企业在多少产量时什么价格是保证不亏损的最低限度，并没有考虑在这种价格水平上这个产量能否销售出去。

例 3 - 3

某果园每年的固定成本为 10 000 元，单位变动成本为 5 元/件，若销量为 5 000 件时，使用保本定价法计算果园产品的价格。

保本价格 =（企业固定成本 ÷ 预计产销量）+ 单位变动成本 =（10 000 ÷ 5 000）+ 5 = 7（元）

第五，变动成本定价法。这是一种以变动成本为基础的定价方法，又称边际贡献定价法。边际成本是指每增加或减少一个单位生产量所引起总成本的变化量。其计算公式为：

边际贡献 = 价格 - 变动成本

利润 = 边际贡献 - 固定成本

单位产品价格 = 单位变动成本 + 单位边际贡献

单位产品价格大于单位变动成本出现的余额，称为单位边际贡献。当利润为零时，边际贡献等于固定成本。

在市场竞争激烈，产品供过于求、订货不足时，为了增强竞争和生存能力，企业采用变动成本定价法是非常灵活有效的。

例 3 - 4

某林产品加工企业甲产品的生产能力为每年 1 000 件，全年固定成本总额为 50 万元，单位变动成本为 1 000 元，单位成本为 1 500 元，每件售价为 2 000 元，已有订货量为 600 件，生产能力有 40% 的闲置。现有一家外商提出订购 400 件，但每件出价只有 1 200 元。试分析外商的订购是否可以接受。

如果按照以往的定价方法，外商的出价低于成本，显然不能接受，但是，如果采用变动成本定价法的思想，这批订货就可完全接受。

如果不接受，企业的利润 = 销售收入 − 变动成本 − 固定成本 = 600 × 2 000 − 600 × 1 000 − 500 000 = 100 000（元）

如果接受的话，企业的利润 = 600 × 2 000 + 1 200 × 400 − 600 × 1 000 − 400 × 1 000 − 500 000 = 180 000（元），即接受订货比不接受多挣 80 000 元。这时只要单位售价大于单位变动成本，新订单的边际贡献即为企业新增利润。

（2）需求导向定价法。这是一种以需求为中心，以顾客对商品价值的认知为依据的定价方法，主要有以下两种。

第一，认知价值定价法。这种方法认为，决定商品价格的关键因素是顾客对商品价值的认知水平，而不是卖方的成本。在定价时，先要估计和测量顾客心目中的认知价值，根据其认知价值制定出商品的初始价格，再预测商品的销售量和目标成本，最后把预测的目标成本与实际成本进行对比，以此来确定价格。认知价值定价法的关键是准确地确定消费者对所提供商品价值的认知程度。目前，主要有以下三种方法判断顾客对商品价值的认知程度，如图 3 −6 所示。

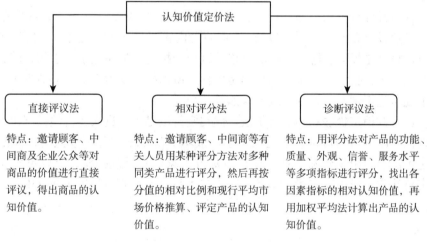

图 3 −6　认知价值定价法

第二，反向定价法。反向定价法是指企业依据消费者能够接受的最终销售价格，逆向推算出产品的批发价和零售价，最终推算出企业产品的出厂价格。这种定价方法不以实际成本为主要依据，而是以市场需求为出发点，力求使价格为消费者所接受。分销渠道中的批发商和零售商多采用这种定价方法。

例 3 −5

消费者对某家具产品可接受价格为 600 元，家具产品零售商的经营毛利为 20%，批发商的批发毛利为 5%，计算该家具产品的出厂价格。

> 零售商可接受价格 = 消费者可接受价格 × (1 - 20%) = 600 × (1 - 20%) = 480（元）
> 批发商可接受价格 = 零售商可接受价格 × (1 - 5%) = 600 × (1 - 5%) = 570（元）
> 因此，该家具产品的出厂价格为570元。

（3）竞争导向定价法。这是一种企业为了应对市场竞争而采取的特殊定价方法，主要有以下三种。

第一，随行就市定价法。根据同行业企业的现行价格水平定价，这是一种比较常见的定价方法。一般是由于产品的成本测算比较困难，竞争对手不确定，以及企业希望得到一种公平的报酬，在不愿打乱市场现有正常秩序的情况下，采用的一种行之有效的方法。

采用这种方法既可以追随市场领先者定价，也可以按照市场的一般价格水平定价。这要根据企业产品特征和产品的市场差异性而定。

第二，垄断定价法。这是指垄断企业为了控制某项产品的生产和销售，在价格上作出的一种反应。垄断定价法分为垄断高价定价法和垄断低价定价法。垄断高价定价法是指几家大的垄断企业，通过垄断协议或默契方式，使商品的价格大大高于商品的实际价值，获得高额垄断利润。垄断低价定价法是指垄断企业在向非垄断企业及其他小企业购买原料或配件时，把原料或配件的价格定得很低。

第三，密封投标定价法。这是指招标者（买方）首先发出招标信息，说明招标内容和具体要求。参加投标的企业（卖方）在规定期间内密封报价和其他有关内容，参与竞争。其中，密封价格就是投标者愿意承担的价格。这个价格主要考虑竞争对手的报价，而不能只看本企业的成本。在投标中，报价的目的是中标，所以报价要力求低于其他竞争者。这种方法主要用于建筑包工、产品设计和政府采购等方面。

此外，还有倾销定价法和拍卖定价法。倾销定价法是为了进入或占领某国市场，打击竞争对手，以低于国内市场价格，甚至低于生产成本的价格向国外市场抛售商品而制定的价格。倾销定价法容易引发贸易争端，往往被对方国家征收反倾销税，所以不建议采用该方法。拍卖定价法常见于出售古董、珍品、高级艺术品或大宗商品的拍卖交易中。

 ［讨论］

　　哪种定价方法适合于花卉产品？

---

2. 产品定价策略

产品定价策略是指企业为实现其产品定价目标，在定价方面采取的谋略和措施。在确定定价的基本方法后，还必须对灵活多样的各种定价策略和技巧进行研究，处理好商品销售中出现的各种价格问题，这样才能保证企业产品定价目标的顺利实现。

（1）新产品定价策略。在激烈的市场竞争中，企业开发的新产品能否及时打开销路、占领市场并获得满意的利润，不仅取决于适宜的产品策略，还取决于价格策略等其他营销策略的协调配合。常用的新产品定价策略有以下三种，如表3 - 5所示。

表3-5 新产品定价策略

新产品定价策略	特点	优点/缺点
撇脂定价策略	一种高价格策略，是指在新产品上市初期，价格定得很高，以便在较短的时间内获得最大利润	优点：新产品初上市，竞争者还没有进入，利用顾客求新心理，以较高价格刺激消费，开拓早期市场；由于价格较高，因而可以在短期内取得较大利润。同时，由于定价较高，在竞争者大量进入市场时，便于主动降价，增强竞争能力也符合顾客对价格由高到低的预期心理 缺点：在新产品尚未建立起声誉时，高价不利于打开市场，有时甚至会无人问津；如果高价投放市场销路旺盛，很容易引来竞争者，加速本行业竞争，容易导致价格下跌，不易长期经营
渗透定价策略	一种低价格策略，即在新产品投入市场时，价格定得较低，以便消费者容易接受，很快打开局面并占领市场	优点：一方面，可以利用低价迅速打开产品销路，占领市场，从大的销量中增加利润；另一方面，低价可以阻止竞争者进入，有利于控制市场。但是这种策略使投资的回收期较长，见效慢、风险大
满意定价策略	这是一种介于撇脂定价策略和渗透定价策略之间的价格策略	优点：这种定价策略因能使生产者和顾客都比较满意而得名。采用这种定价策略的产品价格比撇脂价格低，而比渗透价格要高，因而比前两种策略的风险小，成功的可能性大

知识链接

撇脂定价策略的一般适用情况

第一，拥有专利或专有技术的产品。研制这种新产品难度较大，用高价策略也不怕竞争者迅速进入市场。

第二，高价仍有较大的需求，而且具有需求价格弹性不同的顾客。例如，初上市的单反相机、高清电视机等，先满足部分价格弹性较小的顾客，然后再把产品推向价格弹性较大的顾客。由于这种产品是一次购买，享用多年，因而市场也能接受高价。

第三，生产能力有限或无意扩大产量。尽管低产量会造成高成本，高价格又会减少一些需求，但由于采用高价格，仍然有较多收益。

第四，对新产品未来的需求或成本无法估计，定价低则风险大。因此，先以高价试探市场需求。

渗透定价策略的适用条件

第一，制造新产品的技术已经公开，或者易于仿制，竞争者容易进入该市场。企业利用低价排斥竞争者，占领市场。

第二，企业新开发的产品，在市场上已有同类产品或替代品，但是企业拥有较大的生产能力，并且该产品的规模效益显著，大量生产会降低成本，收益有上升趋势。

第三，供求相对平衡，市场需求对价格比较敏感。低价可以吸引较多的顾客，可以扩大市场份额。

企业采用哪种策略更为合适，应根据市场需求、竞争情况、市场潜力、生产能力和成本等因素综合考虑。各种因素的特性及影响作用，如表 3 - 6 所示。

表 3 - 6　　　　　　　　　　　　产品定价的影响因素及作用

影响因素	渗透定价策略	撇脂定价策略
市场需求水平	低	高
与竞争产品的差异性	不大	较大
价格需求弹性	大	小
生产能力扩大的可能性	大	小
消费者购买力水平	低	高
市场潜力	大	不大
仿制的难易程度	易	难
投资回收期长度	较长	较短

三种新产品定价策略的价格与销量的关系，如图 3 - 7 所示。

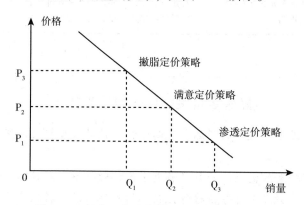

图 3 - 7　新产品定价策略的价格与销量的关系

案例 3 - 10

哈根达斯的撇脂定价策略

　　哈根达斯是风靡全球的冰激凌品牌，1921 年由鲁木—马特斯创建于纽约。哈根达斯采用纯天然材料，不含有任何色素、防腐剂等。纽约杂志里曾赋予哈根达斯"冰激凌中的劳斯莱斯"美名，到现在，全世界的人都知道哈根达斯，已成为高档冰激凌的标志。

　　哈根达斯采用撇脂定价一方面是由于哈根达斯总的运营成本很高，它要不断地宣传它的原料来源的全球化，以及把它的专卖店布置浪漫，给人恋爱感觉；另一方面是为了让消费者表明产品的高品质高追求。此外，哈根达斯暂时没有竞争对手推出同样的产品，其产品具有明显的差别化优势。

　　资料来源：朝夕威威. 哈根达斯冰激凌产品及价格说明［EB/OL］. https：//www.30zx.com/128649.html.

　　（2）心理定价策略。心理定价策略是一种根据消费者心理所使用的定价策略，基于心理学的原理，依据不同类型的消费者在购买商品时的不同心理要求来制定价格，以诱导消费者增加购买，扩大企业的销售量。

常用的心理定价策略有以下六种。

第一，整数定价策略。把商品的价格定成整数，使消费者产生"一分价钱一分货"的感觉，以满足消费者心理需求，提高商品的形象。这种策略主要适用于高档商品或消费者不太了解的商品。

第二，尾数定价策略。尾数定价策略又称非整数定价策略，是指在商品定价时取尾数，而不取整数的定价方法，使消费者购买时在心理上产生较为便宜的感觉。例如，现在许多水果都通过直播间或者电商渠道进行销售，在定价时喜欢定价为 9.9 元、19.9 元、29.9 元等，这种定价会让人感觉商品价格低、便宜，更易于接受。同时，带有尾数的价格会让消费者认为企业定价非常认真、精确，对企业产生一种信任感。

第三，分级定价策略。这是指在定价时，把同类商品分为几个等级，不同等级的商品价格不同。这种定价策略能使消费者产生货真价实、按质论价的感觉，因而容易被消费者接受。采用这种定价策略，等级的划分要适当，级差不能太大或太小，否则起不到应有的分级效果。例如，许多卖脐橙的商家会将脐橙分为大果、中果以及小果，不同果型对应的价格也不一样，这种定价策略属于分级定价策略。

第四，声望定价策略。这是指在定价时，把有声望的商店、企业的商品价格定得比一般商品高。在长期的市场经营中，有些商店、企业的商品在消费者心目中有了威望，产品质量好，服务态度好，不经营伪劣商品、不坑害顾客等。因此，这些经营企业的商品可以制定高价格。例如，豪华轿车、高档手表、时尚皮包等都采用这种定价策略。

第五，招徕定价策略。这是指在多品种经营的企业中，对某些商品定价很低，以吸引顾客，目的是招徕顾客购买低价商品的同时，也购买其他商品，从而带动其他商品的销售。如商品大减价、大拍卖、清仓处理等，由于价格明显低于市场上其他同类商品，因而顾客盈门。这种策略一般是对部分商品降价，从而带动其他商品的销售。

第六，习惯定价策略。有些商品在顾客心目中已经形成了一个习惯价格。这些商品的价格稍有变动，就会引起顾客不满。提价时，顾客容易产生抵触心理，降价会被认为降低了质量。因此，对于这类商品，企业可在商品的内容、包装、容量等方面进行调整，而不采用调价的办法。如日常用的饮料、大众食品等。这一类商品不应轻易改变价格，以免引起顾客不满。

（3）差别定价策略。差别定价策略是根据不同的顾客、产品、地点、时间等制定不同的价格，如表 3 - 7 所示。

表 3 - 7　　　　　　　　　　　　　　差别定价策略

类别	特点	具体形式
顾客不同	对不同的消费者，可以采用不同的价格	对老客户和新客户采用不同价格，对老客户给予一定的优惠
产品形式不同	不同花色品种之间的价格主要依据产品的市场形象和需求状况来定价	国外有的商人把同一种香水装在形象新奇的瓶子里，就将价格提高 1 ~ 2 倍
地点不同	对质量相同、成本费用相等的同一商品按不同的地点制定不同的价格	影剧院、运动场、球场或游乐场等因地点或位置的不同，价格也不同
时间不同	对同一产品和服务，在不同的时间或不同季节制定不同的价格	宾馆、饭店在旅游旺季和淡季的收费标准不同

[讨论]

请列举一些生活中常见的采用差别定价策略的产品。

案例 3-11

居民阶梯电价

2011 年 11 月 30 日，国家发改委宣布上调销售电价和上网电价，其中销售电价全国平均每千瓦时 3 分钱，上网电价对煤电企业是每千瓦时 2 分 6 角，所有发电企业平均起来是 2 分 5 角。同时，国家发改委还推出了居民阶梯电价指导意见，把居民每个月的用电分成三档。

第一档是基本用电，第二档是正常用电，第三档是高质量用电。第一档电量按照覆盖 80% 居民的用电量来确定；第二档电量按照覆盖 95% 的居民家庭用电来确定。第一档电价保持稳定，不做调整；第二档电价提价幅度不低于每度 5 分钱；第三档电价要提高 3 毛钱。和原征求意见稿不同，还增加的一个免费档，对城乡低保户和五保户各个地方根据情况设置 10~15 度免费电量，如表 3-8 所示。

表 3-8　　　　　　　　　　　居民阶梯电价

分档	用电性质	覆盖范围	电价方案
第一档	基本用电	覆盖 80% 居民的用电量	保持稳定，不做调整
第二档	正常用电	覆盖 95% 居民的用电量	提价幅度不低于每度 5 分钱
第三档	高质量用电	—	每度提价 3 毛钱
免费档	—	城乡低保户和五保户	每月提供 10~15 度免费电量

资料来源：中国广播网. 国家发改委上调销售电价和上网电价 [EB/OL]. http：//news. cntv. cn/china/20111130/113090. shtml.

（4）折扣与折让价格策略。企业为了竞争和实现经营战略的需要，经常对价格规定一个浮动范围和幅度，根据销售时间、对象以及销售地点的不同，灵活地修订价格，更好地促进和扩大销售。价格折扣与折让就是企业为了更有效地吸引顾客，扩大销售，在价格方面给予顾客的优惠。

第一，现金折扣。这是指企业为了加速资金周转，减少坏账损失或收账费用，给现金付款或提前付款的顾客在价格方面的一定优惠。例如，某企业规定，提前付款 10 天的顾客，可享受 2% 的价格优惠，提前 20 天付款，可享受 3% 的价格优惠。

第二，数量折扣。这是指企业给大量购买的顾客在价格方面的优惠。购买量越大，折扣越大，以鼓励顾客大量购买。数量折扣又分为累计折扣和非累计折扣两种形式，具体如表 3-9 所示。

表 3 – 9　数量折扣类型

类型	概念	作用	适用产品	适用企业
累计折扣	在一定时期内，购买商品累计达到一定数量所给予的价格折扣	鼓励顾客经常购买，稳定顾客，建立与顾客的长期关系	适宜推销过时、滞销或易腐易坏的商品	批发及零售业务中经常采用
非累计折扣	规定每次购买达到一定数量或一定金额所给予的价格折扣	鼓励顾客大量购买，扩大销售，减少交易次数和时间，节省人力、物力等方面的费用，增加利润	适宜日用品或流通成本较高的商品	零售业务中经常采用

第三，功能折扣。中间商在产品分销过程中所处的环节不同，其所承担的功能、责任和风险也不同，企业据此给予不同的折扣称为功能折扣。对生产性用户的价格折扣也属于一种功能折扣。功能折扣的比例，主要考虑中间商在分销渠道中的地位、对生产企业产品销售的重要性、购买批量、完成的促销功能、承担的风险、服务水平、履行的商业责任，以及产品在分销中所经历的层次和在市场上的最终售价，等等。功能折扣的结果是形成购销差价和批零差价。

功能折扣鼓励中间商大批量订货，扩大销售，争取顾客，并与生产企业建立长期、稳定、良好的合作关系是实行功能折扣的一个主要目标。功能折扣的另一个目的是对中间商经营的有关产品的成本和费用进行补偿，并让中间商有一定的盈利。

第四，季节折扣。生产季节性产品的商家对在销售淡季内购买产品的顾客提供的一种优惠折扣。季节折扣一方面鼓励批发商和零售商及早购买商品，减少库存积压，加速自己周转，提高经济效益，另一方面是厂商的生产做到淡季不淡，实行均衡生产，提高劳动生产效率。如饭店、旅行社和航空公司在他们经营淡季期间向旅游者提供季节折扣，以吸引旅游者购买，提高淡季的销售额。

季节折扣比例的确定，应考虑成本、储存费用、基价和资金利息等因素。季节折扣有利于减轻库存，加速商品流通，迅速收回资金，促进企业均衡生产，充分发挥生产和销售潜力，避免因季节需求变化所带来的市场风险。

第五，回扣和津贴。买方在按价格目录将货款全部付给卖方以后，卖方再按一定比例将货款的一部分返还给买方。津贴是企业为特殊目的，对特殊客户给予的价格补贴或其他补贴的特定形式。如当中间商为企业产品提供了包括刊登地方性广告、设置样品陈列窗等在内的各种促销活动时，生产企业给予中间商一定数额的资助或者补贴。

案例 3 – 12

海尔的价格折扣策略

海尔集团是我国的著名企业，主要生产各类家电产品。该企业在经营过程中经常采用不同的价格折扣，如季节折扣，顾客在冬季购买电风扇、空调等产品时给予一定折扣，又如推广折扣，零售商在当地为海尔产品做宣传，从而扩大了海尔产品的销售，海尔为鼓励和报答零售商的努力而给零售商一定比例的折扣，以弥补零售商支付的宣传费；再如以旧换新折让，一台新洗衣机的售价为 1 480 元，如果顾客交回本厂生产的旧洗衣机，那么厂方规定新洗衣机的售价为 1 320 元，给予顾客 160 元的价格折让。

资料来源：杨予彤. 互联网背景下基于价值链的企业战略成本管理——以海尔集团为例 [J]. 现代商业，2023（7）：116 – 119.

[讨论]

　　冬笋刚上市时是否可以采用价格折扣策略？如果可以，应该用什么价格折扣策略？

　　（5）价格调整策略。调整价格的原因主要有两种：一种是主动调整，市场供求环境发生了变化，企业认为有必要对自己产品的价格进行调整；另一种是被动调整，竞争者的价格发生了变动，企业不得不作出相应的反应，以适应市场竞争的需要。

　　第一，主动调整。企业对价格主动进行调整，有主动调高价格和主动调低价格两种策略。

　　主动调高价格策略。企业调高价格的最主要原因是应对成本上涨，其他原因包括：通货膨胀、货币贬值；企业通过技术革新，改进了产品性能，增加了产品功能；产品供不应求；竞争策略的需要，以产品的高价格来显示高品位。

　　主动调高价格的方式与技巧有以下四种。

　　一是公开真实成本。企业通过公共关系、广告宣传等方式，在消费者认知的范围内，把产品的各项成本上涨情况真实地告诉消费者，以获得消费者的理解，减少消费者的抵触情绪。有的企业趁成本上涨之机，过分夸大成本上涨幅度，从而过高地提高商品价格，这种做法容易引起消费者的反感。

　　二是提高产品质量。为了减少涨价给顾客带来的压力，企业应在产品质量上多下功夫，如改进原产品、设计新产品，在产品性能、规格、样式等方面给顾客更多的选择机会，使消费者认识到，企业提供了更好的产品，索取高价是应该的。

　　三是增加产品分量。即涨价同时，增加产品供应分量，使顾客感到，产品分量增多了，价格自然要上涨。

　　四是附送赠品或优待。涨价时，以不影响企业正常的收益为前提，随产品赠送一点小礼物，提供某些特殊优待，如买一赠一、有奖销售等。这种方式在零售商店最常见。

　　主动调低价格策略。企业调低价格的主要原因包括：在竞争对手降价或者新加入者增多的强大竞争压力下，企业的市场占有率下降，迫使企业以降价方式来维持和扩大市场份额；企业的生产能力过剩，需要降价扩大销售；企业的成本比竞争者低，企业希望通过降价方式来提高市场占有率，从而扩大生产和销售，控制市场；企业产品需求曲线的弹性大，降价可以扩大销量，增加收入；在经济紧缩的形势下，价格总水平下降，企业的产品价格也应降低。

　　主动调低价格的方式与技巧有以下四种。

　　一是承担额外费用支出。在价格不变的情况下，企业承担运费支出，实行送货上门，或免费安装、调试、维修以及为顾客办理保险等。这些费用本应该从价格中扣除，因而实际上降低了产品价格。

　　二是改进产品的性能，提高产品的质量。在价格不变的情况下，实际上等于降低了产品的价格。

　　三是增加或增大各种折扣比例。增加折扣或者在原有的基础上增大各种折扣比例，实际上降低了产品的价格。

　　四是馈赠礼品。在其他条件不变的情况下，给购买商品的顾客馈赠某种礼品，如玩具、工艺品等。

第二，被动调整。被动调整是指在竞争对手率先调价之后，经过对竞争者和企业自身的分析研究后，企业在价格方面所作出的反应。

一是对竞争者的研究。对竞争者的研究主要考虑以下四个方面：首先，竞争者变动价格的目的是什么；其次，竞争者的价格变动是长期的，还是暂时的；再次，其他竞争者对此会作出什么反应；最后，本企业对竞争者的调价作出反应后，竞争者和其他企业又会采取什么措施。

二是对企业自身状况的分析。主要分析以下两个方面：首先，企业的竞争实力，包括产品质量、售后服务、市场份额、财力状况；其次，企业产品的生命周期以及需求的价格弹性。

三是竞争对手调价对本企业的影响。企业在面对竞争者的价格变动时，往往没有很多的时间去进行分析。因此，企业应事先预计可能发生的价格变动并制定相应的应对措施。企业一般对竞争者涨价很少作出反应，更多的是在竞争者降价后作出相应的价格调整。

企业对竞争者降价的应对模型，如图 3 - 8 所示。

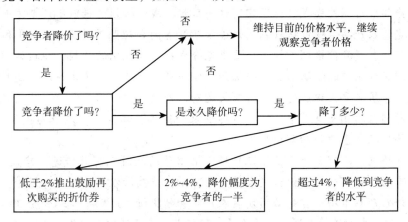

图 3 - 8　企业对竞争者降价的应对模型

（6）对价格调整的反应。

第一，顾客对价格调整的反应。顾客对价格调整的反应是检验调价是否成功的重要标准。分析顾客对调价的反应，既要看顾客的购买量是否增加，又要研究顾客的心理变化。根据国外的经验，预测顾客的反应，可以从分析需求的价格弹性和顾客的感知因素来进行。

一是需求的价格弹性（Ed）。这是指需求量变化的百分比与价格变动的百分比的比值。价格弹性与需求量及销售收入之间，存在一种简单而又非常密切的关系，如表 3 - 10 所示。

表 3 - 10　　　　　　　价格弹性与需求量及销售收入之间的关系

类型	富有弹性（$Ed>1$）	单位弹性（$Ed=1$）	缺乏弹性（$Ed<1$）
价格上升需求量下降	价格上升百分比小于需求量下降百分比，销售收入减少	价格上升百分比等于需求量下降百分比，销售收入不变	价格上升百分比大于需求量下降百分比，销售收入增加
价格下降需求量上升	价格下降百分比小于需求量上升百分比，销售收入增加	价格下降百分比等于需求量上升百分比，销售收入不变	价格下降百分比大于需求量上升百分比，销售收入减少

二是顾客的感知因素。顾客对调高价格的心理感知有：厂家想多获利；商品质量好才提价；商品供不应求。

顾客对降低价格的心理感知有：商品质量有问题，卖不出去了；商品样式过时了，有新的替代品；还会再降价，可持币观望；企业经营不善，维持不下去，以后的售后服务没有着落。

第二，竞争者对价格变动的反应。竞争者对价格变动的反应，也是企业调整价格时需要认真考虑的重要因素。调价前，企业必须了解竞争者目前的财务状况，近年来的生产、销售、顾客的忠实程度和企业目标等情况。不同竞争者对企业调价的理解不同，不同的认知导致竞争者不同的对应行为。

 知识链接

WTO 框架下我国农产品价格调控的调整策略

我国农产品价格调控改革的基本目标应当是建立适应 WTO 和现代市场经济需要的市场体制下的农产品价格调控模式。为了实现这一目标，我们必须进行以下几个方面的调整。

首先，完善农产品市场价格机制，促进农业资源的合理配置建立与 WTO 和现代市场经济体制相适应的农产品价格调控模式，要求充分发挥市场机制的作用，积极运用市场机制在农产品价格形成机制中的组织功能。根据经济学原理，市场机制是由供求机制、价格机制和竞争机制这三个基本要素组成的，三者交叉运动，产生自组织功能，表现为众多市场竞争主体在追求自身利益的相互角逐中，根据市场供求和价格变动情况，调节其投入、产出决策，客观上自动导致社会资源趋向合理配置。

其次，加快农产品市场建设，保证市场价格信号的及时、有效传递。建设适应 WTO 要求的农产品市场，是有效发挥价格调节作用的基础，是搞活农产品流通，促进产销衔接的关键。而建设好农产品市场，首先必须发展农产品营销队伍，鼓励个体私营企业、各种龙头企业和中介组织进入农村流通领域。放手发展一批经营农产品的中介组织、农民经纪人和运销大户，加强对专业流通协会建设的扶持和对农产品中介组织、农民经纪人和运销大户的培训。

最后，调整农产品价格支持方式，建立有效的农产品价格保护机制。尽管在 WTO 框架下，我国在农产品价格支持方面的回旋余地非常有限，但 WTO 允许提供粮食安全储备补贴，可以把保障价格体系的设计与粮食安全储备政策紧密配套来达到对农业和农民有效保护的目的。

资料来源：温涛，王煜宇. WTO 框架下我国农产品价格调控的问题与调整策略［J］. 当代经济管理，2005（3）：53 - 56，92.

三、技能训练

（一）案例分析

瓶装饮用水主要包括四种类型：天然水、饮用纯净水、饮用天然矿物质水以及其他饮料

水。瓶装饮用水以其便于携带、干净健康的特点，自进入市场以来迅速被人们所接受和喜爱。随着人们越来越注重消费的品质，越来越追求健康和环保，瓶装饮用水的优势愈益凸显。相对于碳酸饮料，瓶装饮用水以其最大的特点健康而颇获喜爱。市场需求的增加也吸引了越来越多竞争者的进入。农夫山泉、娃哈哈、康师傅、怡宝等企业，各有各的发展特色，产品多种多样，企业之间为了拔得头筹，争夺更大市场份额而进行着激烈的竞争。

农夫山泉为了获取竞争优势，在产品、价格、渠道以及宣传等方面进行了大量的探索，其中，农夫山泉在价格策略方面主要从以下两个方面进行。

首先，农夫山泉进行准确的市场定位。农夫山泉一开始进入市场时，定位是中高端人群。中高端人群对于天然、健康的追求相比低端人群更为强烈，这类人群更愿意花费较高的价格去购买健康可靠、天然无污染的产品，当他们进行消费时考虑的首要因素是产品的质量而非价格，他们对价格的敏感度不高，更注重对品质的追求。

其次，农夫山泉采取高质高价的策略。农夫山泉采用高质高价的策略，每瓶水相对于市场上其他已经十分知名的产品大概高出 1 元左右的价格。初入市场，农夫山泉并没有采取低价领先战略，与其他产品进行价格战，而是另辟蹊径，用高品质的定位与形象进入大众视野，只做高端产品，后来，农夫山泉采用物美价廉的战略，使得市场份额节节攀升。

资料来源：谢兰璋. 农夫山泉品牌定位点分析与启示 [J]. 经济研究导刊, 2022 (25)：80 - 82.

[请回答]

（1）通过查阅相关资料，分析农夫山泉与恒大冰泉、昆仑山、依云这样的矿泉水相比有何优劣势；农夫山泉应采取何种定价策略来发挥优势，避开劣势。

（2）通过查阅相关资料，分析景田、统一、恒大冰泉、昆仑山以及依云这些瓶装矿泉水品牌所采取的价格策略，并进行相应的分析。

（二）任务实施

实训项目：制定林产品的价格策略。

1. 实训目标

深入理解价格策略在企业中的运用体现，具备初步制定价格策略的能力。

2. 实训内容与要求

（1）市场调研。4～5 名学生一组，调查本地一家企业的产品价格，调查内容包括该企业的市场定位，目标市场，竞争对手，价格构成、定价策略、价格调整策略。

（2）结合所调查企业的价格策略，制定"公司"产品的定价策略，形成文案，制作成 PPT，并向班级同学汇报。

3. 实训成果与检验

（1）调查访问结束后，各小组进行资料整理，形成调研报告。

（2）制定价格策略，并形成 PPT，小组派代表上台讲解，教师与所有小组共同对各小组的表现进行评估打分，汇报内容如下。

（1）产品的价格构成。

（2）采用的定价方法及定价策略，书面论述 300 字左右。

（3）制作 PPT 演示讲解，时间为 3 分钟左右。

以上问题均以小组为单位进行，每个同学把自己调查访问所得的重要信息如照片、文字材料、影音资料等制作成宣传册展出，之后交老师保存。

四、知识拓展

亚马逊卖家的定价技巧

产品的定价是一门非常重要的学问，产品定价过高，会导致无法吸引消费者购买、影响销量，一旦定价过低，则赚到的利润非常低，甚至有可能亏本。那么，什么样的定价才适合自己呢？

一般来说，很多卖家在定价的时候，喜欢用竞争对手的价格来定位自己产品的价格。但是，这种方法并不是最佳的方法，因为每个店铺的盈利目标都不一样，定价政策都不同，如果一味照搬别人价格，只会让自己故步自封。

有经验的卖家有这样的一个定价公式：

产品售价 = 产品成本 + 平台佣金 + 期望利润 + 其他

FBA 产品售价 = 产品成本 + 平台佣金 + FBA 头程费用 + 期望利润 + 其他

亚马逊大部分类目的销售佣金为 15%，其他费用卖家会将推广成本、税务成本、人工成本计入其中。

注意：定价也不是一成不变的，卖家仅仅以此为标准，在旺季，促销，折扣的时候都可以改动价格，但要保证有利润可图。通过公式，可以算出产品大致定价，但还要结合自身情况来定价，因为产品在不同的阶段，定价思路是不一样的。

首先，在新品的上架阶段，新品刚上架的时候，缺少好评，缺少星级评分，也缺少忠实的回头客。为了提高产品的竞争力，不妨将产品价格设低一点。

其次，在产品的成长阶段，产品销量、评论以及星级评分各项指标得到一定的改善之后，销量稳中有涨，但还是缺少忠实的粉丝，这时，可以参考竞争对手，把价格设置稍微比他们低一点。

最后，在产品的成熟阶段，产品销量已经非常稳定，各项指标正常，在市场上已经积累了不少的人气。那么，在这个层次的产品，价格因素已经不是非常重要，可以把重心放在品牌形象与店铺优化上，这时候的价格可以调得比市场价高一些，那些忠实的卖家不会因为你提价而离开。

在定价时还可以参考下面三点技巧。

（1）尾数定价。诸如 15 元、45 元、22 元、50 元、33 元这些定价，效果一般比较差，在产品定价上需要讲究技巧。为什么 49.99 元听起来比 51.68 元便宜得多？利用这个技巧进行定价，将价格定在整数水平以下，使价格保留在较低一级档次上，能够使消费者在心理上产生产品特别便宜的感觉，从而提高你的产品转化率。例如，你可以将你的产品定价为14.99 元、19.95 元、24.99 元、29.95 元……

（2）标注折扣。如果你要将产品价格定为 19.99 元，你可以标注上 24.99 元或 29.99 元的零售价。通过这种方式，能够有效提升销量，因为消费者会有种物超所值的感觉。在大多数互联网购物网站上都可以看到这种定价策略，这与消费者的心理有关。消费者总是倾向于更加便宜的产品，而从 39.99 元开始打折后，售价为 29.99 元的产品，对消费者来说比 30

元的产品要值得多，即使价格差异只有 1 分。

（3）设置最低和最高价格。卖家应该为你的产品设置最低价格，无论如何都不能低于这个固定值。这个值可以通过计算你的收支平衡价格或最低利润目标来设定。卖家还应该为产品设置最高价格，这反映出你真正想赚多少利润，想为你的产品和品牌带来多少价值。价值越高，产品价格就越高。

例如，达到 60%~70% 利润率是非常高的水平，这一般归功于产品价值的增加。

亚马逊是一个由评价驱动的生态系统。消费者在购买产品时，往往选择拥有好评最多的店铺。近年的一个研究发现：①79% 的买家信任线上商品评论的系统如同相信个人的推荐；②85% 的买家会浏览当地企业的线上商品评论；③73% 的买家认为正面商品评论有利于企业的信任度。因此，要想快速提高店铺销量，提高转化率，如何高效获取评论才是当下亚马逊卖家的重中之重。

以上就是亚马逊产品定价的方法，总之，要想让自己的产品在价格上比竞争对手有优势，可以从增加自己的产品性能，让自己的产品领先于竞争对手，也可以从缩减自己的运营开发成本上出发，通过成本的降低来让自己有更多的资金使用在产品的推广上。

资料来源：李雪菲，李铮，张贺等. 亚马逊竞价型云服务定价策略的分析［J］. 小型微型计算机系统，2019，40（6）：1236 - 1241.

五、课后练习

1. 单选题

（1）产品定价程序的首要环节是（　　）。

A. 分析影响产品价格的基本因素　　　　B. 明确定价目标

C. 确定定价方法　　　　　　　　　　　D. 确定价格战略

（2）（　　）是制造商给某些批发商或零售商的一种额外折扣，促使他们愿意执行某种市场营销职能（如推销、存储、服务）。

A. 现金折扣　　　B. 数量折扣　　　C. 功能折扣　　　D. 季节折扣

（3）下列折扣属于贸易折扣的是（　　）。

A. 功能折扣　　　　　　　　　　　　　B. 促销折让

C. 数量折扣　　　　　　　　　　　　　D. 给批发商或零售商的折扣

（4）利用顾客求廉的心理，特意将几种商品的价格定得较低以吸引顾客，是采用的（　　）。

A. 招徕定价　　　B. 撇脂定价　　　C. 价格歧视　　　D. 折扣定价

（5）将某产品价格定为 9.9 元，而不是 10 元，则采用的定价策略属于（　　）。

A. 整数定价　　　B. 尾数定价　　　C. 声望定价　　　D. 习惯定价

2. 多选题

（1）基于认知价值定价法判断顾客对商品价值的认知程度有哪些具体的方法？（　　）

A. 随行就市定价法　　B. 直接评议法　　C. 相对评分法　　D. 诊断评议法

E. 密封投标定价法

（2）心理定价策略包含（　　）具体的方法。

A. 声望定价策略　　　　　　　　　　　B. 分级定价策略

C. 整数定价策略　　　　　　　　D. 尾数定价策略

E. 招徕定价策略

（3）主动调高价格的方式与技巧有（　　　）。

A. 公开真实成本　　　　　　　　B. 提高产品质量

C. 增加产品分量　　　　　　　　D. 附送赠品或优待

E. 承担额外费用支出

3. 问答题

（1）什么样的条件下需求可能缺乏弹性？

（2）企业在选择不同的折扣策略时所考虑的主要因素是什么？

（3）如果企业的价格发生变动。消费者们会有怎样的反应？

任务三　制定林产品分销渠道策略

一、任务导入

4～5 人一组，学完相关知识后完成如下任务。

（1）通过开展走访调查或网络调查请学生们回答以下问题：本地有哪些知名林产品经营企业与知名品牌？他们的分销渠道是什么？他们的分销渠道有过怎样的变化？

（2）针对"公司"选定经营的林产品制定渠道管理策略。

（3）将调查结果制作成 PPT，并向班级同学汇报。

二、相关知识

（一）分销渠道概述

1. 分销渠道的概念

通常情况下，商品（或服务）的流通并非由生产者直接流向最终顾客的，往往都需要经过多个流通环节才可以转卖到最终顾客手中。这若干个环节所构成的路径，就是分销渠道，也可称流通渠道或销售通道。

现代营销学之父菲利普·科特勒把分销渠道定义为："分销渠道是指某种货物或服务从生产者向消费者移动时，取得这些货物或服务的所有权或帮助转移其所有权的所有企业和个人。"

"一条分销渠道起点为生产者，终点为消费者，中间环节包括商人中间商（取得商品所有权）和代理中间商（帮助转移所有权），但不包括供应商和辅助商。"

因此，分销渠道是产品从制造商转移至消费者手中所经过的各中间商连接起来的通道。

2. 分销渠道的构成

分销渠道由生产者、中间商和最终顾客构成，如图 3-9 所示。

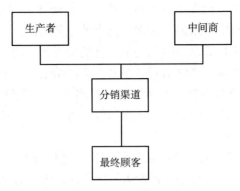

图 3-9　分销渠道的构成

（1）生产者。生产者除了具有将原料或零部件经过一系列的生产工序制成最终产品的职责外，还负责渠道设计管理、协调运作等工作，在建立和维护分销系统方面发挥主要作用。

（2）中间商。中间商是指介于生产者和消费者之间，专门从事商品买卖或促进交易行为发生的组织或个人。

第一，按照对分销商品是否具有所有权，中间商可以分为经销商（或称买卖中间商）和代理商。

一是经销商。经销商是指某一区域拥有销售或服务的单位或个人。经销商具有独立的经营机构，拥有商品的所有权。经销商在规定的区域内转售时，货价涨落等经营风险由经销商自己承担。

经销商可以分为普通经销商和特约经销商。制造商对普通经销商的经销行为没有特别的约定，对特约经销商在销售额、产品价格、不得经销与其相竞争的其他制造商产品等方面有特别约定。

二是代理商。代理商是指企业授权在某一区域有资格销售产品的商家。代理商不拥有产品的所有权，而是代企业转卖产品，并获取厂家支付的佣金。

代理商和经销商的区别主要在于是否需要从企业购买产品，取得产品所有权。经销商从企业购得产品，取得产品所有权后销售。而代理商是代理企业进行销售，本身并不购买企业的产品，也不享有该产品的所有权。代理商是代理厂家进行销售，并通过销售获取佣金。还有一点就是商品销售的风险，经销商需要自行承担产品无法售出的风险，代理商并不承担产品无法售出的风险。一般来讲，一些大企业在选择代理商时也要考虑代理商的（销售）能力，如果能力不够，就会取消代理资格，更换代理商。还有一种特殊的代理商——经纪人，他们只负责参与顾客寻找，偶尔还会代表生产商同顾客进行谈判以促成交易，但不持有任何现货。这种代理商多存在于房地产、证券交易、保险等行业。代理商的利润来源一般是通过抽取一定比例的佣金来实现的。

第二，按照流通过程中的地位和作用不同，中间商可以分为批发商和零售商两大类。

一是批发商。批发商专门从事商品转卖或生产加工商品的各种销售活动。批发商处于商品流通起点和中间阶段，交易对象是生产企业和零售商。一方面，它向制造商收购商品；另一方面，它又按批发价格向零售商批售商品。其经营业务结束后，商品仍处于流通领域中，并不直接服务于最终消费者。批发商是商品流通的"大动脉",是连接制造商和商业零售企业的枢纽,是调节商品供求的蓄水池,是沟通供求的重要桥梁。

二是零售商。零售商是把商品直接销售给最终消费者的中间商,处于商品流通的最终阶段。零售商的基本任务是直接为最终消费者服务,交易结束后,商品脱离流通领域,进入消费阶段。零售商主要分为商店零售、无店铺零售和零售组织三种类型,商店零售有百货商店、专业商店、超市、折扣店、便利店等;无店铺零售有直复营销、直销、自动售货等;零售组织有连锁经营和特许经营。

(3)终端客户。终端客户也就是商品最终买家,他们既是分销渠道的目标,也是商品使用价值的实现者。终端客户对分销渠道起着导向作用,整个分销系统的运作都要根据终端客户的需求来进行。

［想一想］

根据菲利普·科特勒的定义,说说营销渠道与分销渠道的区别。

案例 3 – 13

多渠道多点开花让农产品飞起来(裕康生态农业)

58 岁的栾建利做过教师,种过果树、也经营冷库,一直在做着线下的生意,日子过得很滋润。2015 年初,栾建利偶然机会结识了在广东打拼多年的王志成和姚智鹏两个年轻人并认识微商渠道的广阔,于是 3 个人建立烟台裕康生态农业有限公司,准备将大樱桃、网纹瓜、白黄瓜、海蛎子卖出去。

2016 年 4 月,他们在由山东电视台、山东省林业厅、京东商城、省农科频道等单位联合举办的"樱桃红了之群樱汇微电商樱花节"上一炮而红,樱桃产品大卖。之后京东商城、淘宝、天猫、山东电视台、时尚汇、农友会等大大小小 30 多个平台向他们抛出了橄榄枝,建立起长期的合作关系。

同时,王志成还与广东工商银行谈合作,他们的产品已经在工行"融 e 购"上线,现在信用卡和银行卡非常普及,银行利用客户资源纷纷建立了很多电商平台,而且结合积分兑换等活动,用户不花钱或者少花钱就能兑换商品,销量可观而且没有讨价还价,价格有保障。

微商卖产品的核心是供应链,栾建利、王志成和姚智鹏还以产品为源头建立供应链团队,如白黄瓜电商供应链团队、牡蛎电商供应链团队。通过供应链团队确保源头把控、品质把控。

裕康生态农业如何搭建多渠道销售?主要有以下三个核心。

一是优质渠道:这个渠道必须要有销货的能力,不能快速把农产品推出去的渠道都很难形成引爆。因此,农业老板们必须要与用户基数大、流量大的渠道平台合作。

二是建立完整的供应链团队:渠道不乱与很多因素有关,除了定价策略之外,更核心的就是农产品品质。

> 三是多点开花：单一渠道销售的确会遇到很多问题。这个时代需要多点开花，未来渠道线上、线下结合才是硬道理。
>
> 资料来源：农业行业观察. 4 个真实故事告诉你农产品如何卖？[EB/OL]. https：//www. sohu. com/139700552/379553. shtml.

3. 分销渠道的特点

（1）分销渠道反映某一特定产品和服务价值实现的全过程。其一端连接生产，另一端连接消费，使产品通过交换进入消费领域，满足用户需求。

（2）分销渠道是由一系列相互依存的组织按一定目标结合起来的网络系统。生产者、批发商、零售商、消费者以及一些支持分销的机构，这些组织为实现其共同目标发挥各自营销功能，因共同利益而合作，也会因不同利益和其他原因发生矛盾和冲突，需要协调和管理。

（3）分销渠道的核心业务是购销。产品在渠道中通过一次或多次购销转移所有权或使用权，流向消费者。

（4）分销渠道是一个多功能系统。它不仅要发挥调研、购销、融资、储运等多种职能，提供产品和服务，而且要通过各渠道成员的营销努力，开拓市场，刺激需求，还需要有自我调节与创新功能。

4. 分销渠道的职能

制造商通过分销渠道实现产品销售。这个销售过程消除了产品与消费者之间在时间、地点和方式等方面的缺口。分销渠道发挥的主要职能，如表 3 – 11 所示。

表 3 –11　　　　　　　　　　　　分销渠道的主要职能

作用	具体内容
信息沟通	收集、分析和发布有关消费者、竞争对手等相关的调研信息
订货联系	渠道成员同制造商进行有购买意向的沟通
促销激励	传播有说服力的供应商和产品信息，鼓励消费者购买
分类匹配	供应的货物符合购买者需要，包括制造、装配、包装等活动
谈判协商	达成有关价格及其他条件的最后协议，实现所有权或持有权转移
实体分销	从事商品的运输、储存等
财务融资	获得和使用资金，弥补分销渠道的成本费用
风险承担	承担与渠道工作有关的各种风险

（二）分销渠道的类型

1. 分销渠道的结构

分销渠道的结构是指分销渠道的长度结构、宽度结构以及广度结构三个方面。分销渠道结构的长度、宽度和广度构成了分销渠道设计的三大要素或称为渠道变量。

（1）渠道的长度结构。即层级结构，是指产品销售包含多少中间环节。每一个环节就是一个渠道层级，所以渠道层级越少，长度越短；渠道层级越多，长度越长。

按渠道层级，可以将分销渠道分为零级、一级、二级和三级四个层级。

第一，零级渠道。零级渠道是指商品直接由生产者供应给最终消费者，没有任何中间商介入的分销渠道。这种渠道模式有利于产、需双方沟通信息，可以按需生产，更好地满足目标消费者的需要，降低产品在流通过程中的损耗，使购销双方在营销上都能保持相对的稳定。

零级渠道也可称为直接分销渠道，简称直销。直销是工业品分销的主要渠道，如大型设备、专用工具及专业性较强需要生产商提供专门支撑服务的产品等，多数都采用直销的模式；另外，专业服务和个人服务行业，如法律顾问、健康顾问等，一般也多采用直销模式；消费品市场中也有部分采用直销模式，如安利、玫凯琳和雅芳等品牌，都是通过独立的营销网络完成商品的销售。

第二，一级分销渠道。一级分销渠道即生产商通过一个中间商完成商品流通的分销渠道。在消费品市场，该中间商往往是零售商；在工业品市场，该中间商一般是代理商。

第三，二级分销渠道。二级分销渠道即商品需要经过两个层级的中间商才可以完成由生产商到最终消费者的传递过程的分销渠道。二级分销渠道一般有两种表现形式：一种是"生产商—批发商—零售商—最终消费者"的消费品分销模式，这种模式也称二级经销模式，多被商品生产规模较小的企业所采用；另一种是"生产商—代理商—零售商—最终消费者"的模式，也称二级分销代理模式，这种模式多被商品生产规模较大的企业所采用。

第四，三级分销渠道。三级分销渠道是指商品经代理商、批发商和零售商后才可以完成由生产商到最终消费者的传递过程的分销渠道。在该渠道中，生产商直接面对代理商，由代理商开发市场，并为批发商提供货源，这种模式多被技术性较强的生产企业所采用。

（2）渠道的宽度结构。分销渠道的宽度，是指每一层级渠道中间商数量的多少。一般情况下，产品的性质、市场特征、用户分布以及企业分销战略等因素都会给分销渠道的宽度带来一定的影响。按照渠道宽度的不同，可以将分销渠道分为以下 3 种类型。

第一，密集型分销渠道。密集型分销渠道也称广泛型分销渠道，即生产商在同一渠道层级上选用尽可能多的渠道中间商来经销自己产品的一种渠道类型。这种类型的分销渠道多见于牙膏、牙刷、饮料等便利消费品领域。

第二，选择性分销渠道。选择性分销渠道即在某一渠道层级上选择少量的渠道中间商来进行商品分销的一种渠道类型。IT 产业、家电行业中的企业多采用这种分销渠道。

第三，独家分销渠道。独家分销渠道就是指在某一渠道层级上选用唯一渠道中间商的一种渠道类型。通常情况下，新型产品多采用这种分销模式，在市场成熟后，再由独家分销模式向选择性分销模式转移。

（3）渠道的广度结构。制造商采用多少种渠道来销售产品，也就是多种销售渠道的组合。实际上是渠道的一种多元化选择。即采用了混合渠道模式来进行销售。比如，有的公司针对大的行业客户，公司内部成立大客户部直接销售；针对数量众多的中小企业用户，采用广泛的分销渠道；针对一些偏远地区的消费者，则可能采用邮购等方式来覆盖。

2. 分销渠道的基本模式

由于产品的消费目的与购买特点的差异，分销渠道可分为消费品分销渠道和工业品分销渠道两种基本模式。消费品市场的分销渠道主要有四种形式，如图 3 – 10 所示，更长的消费品市场的分销渠道不多见。由于工业品本身的特点，其分销渠道的模式相对简单。工业品分销渠道也可列出四种形式，如图 3 – 11 所示。

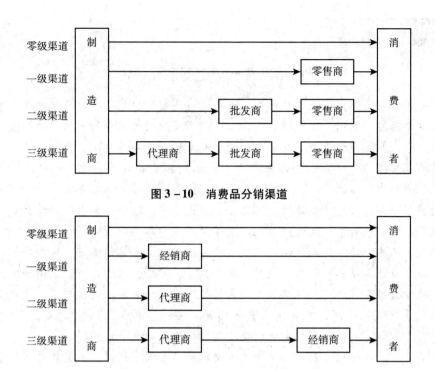

图 3 - 10　消费品分销渠道

图 3 - 11　工业品分销渠道

3. 分销渠道的分类

按不同的标准，分销渠道可以有多种类型：按分销活动是否有中间商参与，可分为直接渠道和间接渠道；按渠道的长度，可分成长渠道和短渠道；按渠道的宽度，可分为宽渠道和窄渠道；按选用的渠道是否唯一，可分为单渠道和多渠道。各种类型渠道的具体内容如表 3 - 12 所示。

表 3 - 12　　　　　　　　　　　　　　分销渠道的类型

分类标准	渠道类型	具体介绍	举例
有无中间商参与	直接渠道	产品不通过中间商，直接销售	制造商直接销售、上门推销、电话销售、电视直销和网上直销等
	间接渠道	产品经中间商销售	如电器等产品通过批发、零售方式销售
渠道的长度	长渠道	中间商环节在两个以上	如酒类等产品通过批发、零售或代理、批发、零售
	短渠道	直接销售或仅通过一个中间商层级销售产品	如戴尔电脑的直销，或通过苏宁、国美等零售商销售的产品
渠道的宽度	宽渠道	同一层级上选择尽可能多的中间商销售产品	如方便食品、饮料、牙膏等通过广泛的零售商销售
	窄渠道	同一层级上只选择少数几个中间商甚至一个中间商销售产品	计算机、空调等商品通过少数零售商销售
渠道是否唯一	单渠道	只通过一条渠道分销	大型机床等工业品，通常采用直接销售一条渠道
	多渠道	通过多条渠道分销	海澜之家的服装采用线下专卖店、线上京东自营店和天猫官方旗舰店相结合的多渠道模式

案例 3-14

娃哈哈从单一渠道到多元渠道

娃哈哈堪称由单一化渠道成功转型多元化渠道战略的典范。公司创立之初，限于人力和财力，主要通过糖烟酒、副食品、医药三大国有商业主渠道内的一批大型批发企业，销售公司第一个产品儿童营养液。随着公司的稳健发展和产品多元化，其单一渠道模式很快成为企业的销售瓶颈，娃哈哈开始基于"联销体"制度的渠道再设计：首先，娃哈哈自建销售队伍，拥有一支约 20 人的销售大军，隶属公司总部并派驻各地，负责厂商联络，为经销商提供服务并负责开发市场、甄选经销商；其次，娃哈哈在全国各地开发 1 000 多家业绩优异、信誉较好的一级代理商，以及数量众多的二级代理商，确保娃哈哈渠道重心下移到二线、三线市场。这充分保证了娃哈哈渠道多元化战略的实施。娃哈哈针对多种零售业态，分别设计开发不同的渠道模式：对于机关、学校、大型企业等集团顾客，厂家上门直销；对于大型零售卖场及规模较大的连锁超市，采用直接供货；对于一般超市、酒店餐厅以及数量众多的小店，由分销商密集辐射。这种"复合"结构，既能够有效覆盖，又能够分类管理，有利于在每种零售业态中都取得一定的竞争优势。

娃哈哈渠道多元化战略对于公司的快速发展功不可没。同时，渠道多元化对于企业的营销管理能力提出了巨大挑战。渠道冲突的缘由是各方利益分配不一致。多元渠道并存，冲突在所难免，如直营体系和分销体系之间、经销商之间。但采用多元渠道也并非意味均衡用力、不分主次。企业资源有限，当采取多元化渠道模式时，必然面临资源分配难题，甚至因此影响渠道的整体效能。

上述两个难题的解决办法有三：一是制定合理的级差价格体系，保护各级渠道成员利益，从源头解决多元渠道冲突难题；二是设计经销商合作标准与选拔制度，优选信誉优良、实力雄厚的经销商作为长期战略合作伙伴，从渠道成员方面防范渠道冲突；三是针对不同渠道体系专门设计不同产品，以产品或品牌区别不同渠道。娃哈哈通过"联销体"制度创新，实现了从单一渠道到多元渠道模式的创新与转变。

资料来源：新浪财经. 本土企业渠道管理模式的演进路径［EB/OL］. http：//finance. sina. com. cn/leadership/mxsgl/20081215/14085637047. shtml.

[讨论]

(1) 娃哈哈成功的渠道模式是什么？

(2) 说说单一渠道和多渠道模式的优劣势。

4. 现代分销渠道系统

传统渠道成员（制造商、批发商和零售商）之间的系统结构比较松散，每个成员都作为独立的企业实体追求自身的利益最大化，容易出现渠道冲突。现代分销渠道系统（或称整合渠道系统）是指渠道中的渠道成员之间存在不同程度的一体化整合形成的分销渠道系统。

现代分销渠道系统按照分销的组织形式来划分，有垂直渠道系统、水平渠道系统和多渠道营销系统三种，如图 3-12 所示。

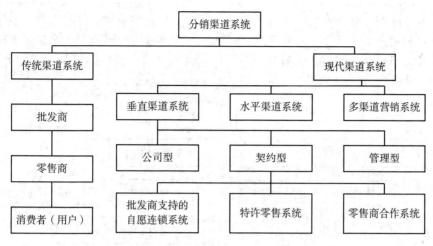

图 3－12　分销渠道的系统结构

（1）垂直渠道系统。垂直渠道系统也称纵向联合，是由制造商、批发商、零售商纵向整合组成的渠道系统。垂直渠道系统中的某一渠道成员居于控制和主导地位，称为渠道领袖。渠道领袖可以协调和控制渠道中其他成员的行为，减少渠道成员追求各自利益引起的冲突，更好地协调产品流通。

垂直渠道系统又可分为公司型、契约型和管理型三种。这三种类型的形成方式各不相同，公司型通过股权方式，契约型通过合同方式，管理型通过信用方式来进行整合。

第一，公司型垂直系统。公司型垂直系统中的渠道领袖依靠股权机制拥有和管理若干工厂、批发和零售机构。渠道领袖控制渠道，进行统一分销。公司型垂直系统主要通过制造商对中间商，或中间商对制造商的控股、参股形式进行控制，形成工商一体化或者商工一体化渠道。

第二，契约型垂直系统。契约型垂直系统是指不同层次的制造商和中间商以签订合同契约为基础形成的联合体。渠道成员通过合同契约，明确各自的权利和责任，如备货水平、定价政策等，但销售具有独立性。这是一种最常用的垂直营销系统，发展也最快。

契约型垂直系统有三种形式：一是批发商倡办的自愿连锁组织，该组织由批发商发起，与许多独立零售商建立一种合同关系，零售商同意联合进行采购、备货和销售；二是零售商合作组织，一群独立的零售商联合成立零售商合作组织，进行集中采购，联合进行促销，提高竞争力；三是特许经营组织，特许经营组织已经发展成合作经营的一种主要模式，如金拱门（麦当劳）、肯德基的特许经营。

案例 3－15

KFC 特许经营加盟条件

KFC 是百胜公司旗下的品牌，百胜公司拥有该品牌在中国市场的独家运营和授权经营权，授权加盟商在特定的区域内或市场渠道内开设品牌餐厅。百胜公司认为特许加盟商需要认同百胜公司的企业文化以及价值观，有良好的商业意识，具有发展餐饮行业的意愿和规划，有一定的管理能力以及渠道市场经营资源。符合要求的加盟商还需要完成规定的申请流程，如图 3-13 所示。通过特许经营审核的加盟商需要缴纳加盟费用、培训费用以及开店投资费用，在经营期间还需要根据餐厅营业额的一定比例缴纳特许经营持续费用、服务费和广告基金。

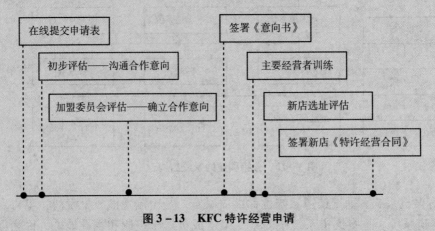

图 3-13　KFC 特许经营申请

资料来源：U88 加盟网. 肯德基怎么加盟？加盟肯德基要如何操作？[EB/OL]. https：//jiameng. baidu. com/content/detail/120850150743.

第三，管理型垂直系统。管理型垂直系统由一家规模大、实力强的企业来组织、协调和管理整个营销渠道的运作。渠道成员承认相互间存在依赖关系，愿意接受渠道领袖的统一领导，并分享利润。

（2）水平渠道系统。这是由两家或两家以上的公司横向联合，共同开拓新的市场机会的分销渠道系统。这些公司或因资本、生产技术、营销资源不足，无力单独开发市场；或因惧怕承担风险；或因与其他公司联合可实现最佳协同效益，因而组成共生联合的渠道系统。这种联合可以是暂时的，也可以组成一家新公司，使之永久化。

（3）多渠道营销系统。多渠道营销系统是指一个企业建立两条或更多条分销渠道以进入一个或多个不同的目标市场。多渠道营销系统可以增加产品的市场覆盖面，降低渠道成本，提供定制化的销售。

多渠道营销系统大致有两种形式：一种是制造商通过两条以上的竞争性分销渠道销售同一商标的产品，如可以从联想专卖店购买联想电脑，也可以从苏宁、国美等处购买联想电脑；另一种是制造商通过多条分销渠道销售不同商标的差异性产品，如常州黑牡丹（集团）股份有限公司在线上销售的牛仔裤品牌为 ERQ，线下销售的牛仔裤品牌为 ROADOR（诺爱德），2011 年该公司又开发了高端品牌"瑞黎德"的牛仔裤。

（三）分销渠道的设计

合理设计分销渠道是生产商得以对分销渠道进行整体把握和控制的前提，也是分销渠道各项职能得以实现的基础。设计分销渠道，需要生产商充分分析最终消费者的欲望和需求，合理选择中间商，设计符合市场实际的分销渠道。

1. 分销渠道设计的原则

企业在进行分销渠道设计时，一般需要遵循以下基本原则。

（1）顾客导向原则。分销渠道的设计，必须要从消费者的基本需求点出发，树立以消费者为导向的分销理念。

在这个过程中，企业既要通过缜密细致的市场调查，了解消费者对产品的需求，同时还必须按照消费者对售前、售中、售后服务的需求来进行分销渠道的设计，从而提高消费者满意度，培养消费者对企业的忠诚度，促进产品的持续销售。

（2）利益兼顾原则。企业在设计分销渠道时，应认识到不同的分销渠道结构对于同种产品的分销效率的差异。只有选择了较为合适的渠道模式，才能提高产品的流通速度，降低流通费用，使企业能够在获得竞争优势的同时获得最大化的利润。

（3）发挥优势原则。企业要依据自身的特点，选择能够发挥自身优势的渠道模式，以达到较好的经济效益，并获得良好的消费者反馈，从而更好地维持其在市场中的优势地位。

（4）覆盖适度原则。随着市场环境的不断变化，消费者购买偏好也在发生着变化，原有的分销渠道或许已经不能满足消费者对市场份额及覆盖范围的要求。在这种情况下，生产商应深入考察目标市场的变化，及时把握原有渠道的覆盖能力，并审时度势地对渠道结构进行相应调整，勇于尝试新渠道，不断提高市场占有率。

（5）协调平衡原则。各渠道成员之间的协调与密切合作对渠道的顺利畅通、高效运行起着至关重要的作用。企业在进行分销渠道设计时，应充分考虑可能出现的不利情况，制订合理的利益分配制度，企业在鼓励渠道成员间进行有益竞争的同时，对渠道所取得的利益进行公平、合理的分配，创造一个良好的合作氛围，以加深各成员间的理解与沟通，从而确保各分销渠道的高效运行。

（6）稳定可控原则。分销渠道是一项战略性资源，对企业整体的运作和长远利益会产生重要的影响。因此，企业应该从战略的眼光出发，考虑分销渠道的构建问题。分销渠道建立后，要注意渠道的稳定性。企业如果确实需要进行小幅度调整以适应环境的变化，则应综合考虑各个因素的协调一致，使渠道始终在可控的范围内基本保持稳定。

2. 分销渠道设计的步骤

合理设计分销渠道，主要包括以下几个步骤，如图 3-14 所示。

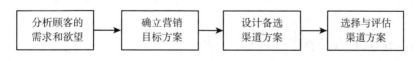

图 3-14 分销渠道设计步骤

（1）分析最终消费者的需求和欲望。分销渠道的设计必须以所确定的营销目标为基础，但目标的确定必须以最终消费者的需求为前提。一般情况下，企业在进行分销渠道设计时，必须以消费者需求为核心，以满足消费者购买欲望为目标，根据消费者购买目标的价格、类型、购买的便利程度等因素完成渠道的选择与设计。

（2）确立营销目标。营销目标是分销目标建立的基础，企业在进行分销渠道设计时必须首先确立整体营销目标。一般情况下，企业在确立营销目标时，必须对其是否与企业的战略规划和整体目标相一致，以及是否与企业其他营销组合的战略目标相匹配进行综合考量，同时分销目标也必须进行适时的修正。

（3）设计备选渠道方案。企业在确定最终的分销渠道之前，一般都需要设计出多个具有实施可能性的分销渠道备选方案。企业设计备选渠道方案时，通常可以从渠道的长度、宽度、等级结构以及各成员职责分配等几个方面进行综合考虑。

第一，当某种一般性消费品的市场覆盖面较广时，企业可以考虑选用长渠道，这样可以将渠道优势转化为生产商的自身优势，并有效减轻企业的费用压力。如果企业进行分销的商品是某种专用品（如时尚用品）且生产商对渠道的控制程度较高时，则选用短渠道较为适用。

第二，同一层级中间商数量的多少将影响市场竞争的激烈程度以及市场覆盖密度。一般情况下，企业可以根据渠道宽度，选用独家分销、密集型分销或选择型分销等分销策略对备选渠道方案进行设计。

第三，规定渠道成员的权利和责任。在确定渠道的长度和宽度后，企业还要规定中间商的权利与责任，明确交货和结算条件，细化各方应提供的服务，如生产方提供零配件、代培技术人员、协助促销，销售方提供市场信息和各种业务统计资料等。

（4）选择与评估渠道方案。在渠道方案实施前后，企业要对备选方案进行选择与评估。选择和评估渠道方案可以从经济性、可控性和适应性这三个方面进行。选择渠道方案主要基于方案的比较，评估渠道方案则更注重方案的反馈与改进。评价指标中，经济性标准主要考虑的是每条渠道的销售额与成本的关系；可控性即企业对渠道的控制能力；适应性是指企业根据市场需求。其渠道所能够实现的柔性变化。

练一练

通常情况下，我们习惯将经过两个或两个以上中间商才完成分销的渠道称为长渠道，经过一个或不需要经过任何中间商就可以完成的分销渠道称为短渠道，也就是说直销是最短销售渠道。

学生以小组为单位，搜集广西 2～3 个农林产品的销售案例，分析其所选用的分销渠道是长渠道还是短渠道，都选用了哪种类型的中间商。

（四）分销渠道的选择与评估

1. 分销渠道选择的影响因素

企业进行分销渠道设计时考虑的主要因素有产品因素、市场因素、企业因素、中间商因素和环境因素等。

（1）产品因素。价格、款式、体积、重量等产品因素，都会直接影响销售渠道的选择。

第一，产品价格。一般来说，产品的价格高低与渠道的长短成反比。产品价格越低，渠道越长；产品价格越高，渠道越短。因此，价格昂贵的工业品、耐用消费品、奢侈品，宜选择短渠道；价格较低的日用品、一般选购品，宜选择长渠道。

第二，产品的属性。凡是易坏、易腐或易过时的产品，应该选择短渠道或直销渠道。比如，时装、新鲜食品、陶瓷、玻璃等应尽可能减少中间环节，选择短渠道。

第三，产品的体积和重量。体积庞大和笨重的大型机械设备尽可能选择较短的分销渠道，以节省运输和保管费用。体积小或重量轻的产品，则可选择较长的分销渠道。

第四，产品的技术性。技术性很强的产品，通常选择短渠道，以加强售后服务；技术服务要求低的产品，则可选择长渠道。

第五，产品的通用性。标准化、系列化、通用化程度高的产品由于产量大，使用面广，可选择较长、较宽的分销渠道；定制产品、非标准化的专用产品具有特殊要求，则选择较短的分销渠道。

第六，产品所处的生命周期。新产品试销时，许多中间商不愿经销或者不能提供相应的服务，企业选择直接分销渠道以探索市场需求，尽快打开新产品的销路；当产品进入成长期或成熟期后，产品销量增加，市场范围扩大，竞争加剧，则应选择长渠道，产品进入衰退期，就要压缩分销渠道，减少经营损失。

案例 3-16

中国吃货养活智利 50 万人

随着市场扩大，中国的吃货养活了不少以车厘子为生的智利人。在智利，水果已经成为支柱型产业，全国 1 800 万人中，有 8.7% 的人依靠水果产业链的上下游供应链生活，其中依靠车厘子为生的人占比最大，达 1/3，有 50 万人左右。智利水果出口商协会主席罗纳尔德·鲍恩 2019 年 1 月表示，2018 年底到 2019 年春，智利出口的车厘子中有 83.75% 去往中国。

由于利润丰厚，车厘子在出口运输时甚至可以享受到"贵宾级"的待遇，从智利到中国的船期一般在 20 天左右，一些早熟品种可以通过船只运输，而晚熟品种为了能够赶上中国的春节则只能选择空运，每年他们都有包机运往中国的产品。

智利车厘子的销售渠道有三种：排在第一位的是传统的超市渠道；第二位是连锁水果销售网点或者个体工商户；第三位是京东、天猫这些互联网渠道，虽然目前占比仅有 12%，但是这几年攀升的速度较快。

资料来源：陈超. 中国吃货改变世界 [EB/OL]. https://m.huanqiu.com/article/9CaKrnK6IBy.

（2）市场因素。市场因素包括潜在市场规模、目标市场分布、消费者购买习惯等。

第一，潜在市场规模。潜在顾客数量越多，市场范围越大，需要较多的中间商转售，可选择长而宽的渠道策略；反之，可以选择短渠道。

第二，目标市场分布。如果顾客分布范围广而密，可选择长而宽的渠道，这既能加速商品流转，又能方便顾客购买；如果顾客分布于少数几个地区，则可选择短渠道。

第三，消费者购买习惯。对消费者购买频率高，每次购买数量少、价格低的日常生活用品，选择长而宽的分销渠道；对选购品和特殊品，消费者愿意花时间和精力去大型商场购买，次数也较少，则可选择短而窄的渠道。

（3）企业因素。企业因素包括企业的规模和声誉、营销能力和经验、服务能力、控制渠道的愿望等。

第一，企业的规模和声誉。企业的规模大、声誉高、资金雄厚，往往选择较固定的中间商经销产品，甚至建立自己的销售机构，渠道可长可短；经济实力有限的中小企业则只能依赖中间商销售产品，其渠道一般较长。

第二，企业的营销能力和经验。企业具有较丰富的市场销售知识与经验，有足够的销售力量和储运、销售设施，可选择短渠道；反之，借助中间商销售产品的企业，渠道一般较长。

第三，企业的服务能力。如果企业有能力为最终消费者提供很多服务项目，如维修、安装、调试、广告宣传等，则可以取消一些中间环节，选择短渠道或最短渠道；如果企业服务能力难以满足顾客需求，则应发挥中间商的作用，选择较长渠道。

第四，企业控制渠道的愿望。有些企业为了有效地控制分销渠道，宁愿花费较高的直接销售费用，自设销售机构宣传本企业产品，有效控制产品零售价格和服务质量；而有些企业并不希望控制分销渠道，就会选择较长渠道。

（4）中间商因素。中间商因素包括中间商的经营能力、利用成本、服务能力等。

第一，中间商的经营能力。如果中间商能够帮助制造商把产品及时、准确、高效地送达消费者手中，则可选择较长、较宽的分销渠道，否则，应考虑较短、较窄的渠道。

第二，中间商的成本。如果利用中间商的成本太高，或是中间商压价采购，或是中间商要求的上架费用太高，就可以考虑较短、较窄的渠道。

第三，中间商的服务能力。主要考虑中间商在广告、运输、储存、信用、人员、送货频率方面的服务能力和水平。

（5）环境因素。营销环境涉及的因素极其广泛，如一个国家的政治、法律、经济、人口、技术、社会文化等环境因素及其变化，都会不同程度地影响分销渠道的选择。

除了上述因素之外，制造商在选择分销渠道时，还必须根据企业的营销战略，进行统筹兼顾，综合评价。

▶ **知识链接**

分销渠道设计的误区

误区之一：肥水不流外人田。有些企业认为自建渠道网络比利用中间商好，但事实未必如此。由于路途遥远和信息阻隔，总部未必就完全清楚分支机构的所有情况；各分支机构相互间缺少协调，各自为政；信息传递及决策缓慢；实际运作中的人员开支、广告、市场推广等费用的浪费现象屡见不鲜。

误区之二：认为渠道越长越好。的确，渠道长有长的好处，但这不意味着渠道越长越好，原因是战线拉得过长，管理难度加大；交货时间会被延长；产品损耗会随着渠道的加长而增加；信息传递不畅，难以有效掌握终端市场信息；企业的利润被分流。

误区之三：认为中间商越多越好。实际上，中间商过多会使公司对其控制力减弱，如市场狭小，"僧多粥少"，经常出现"同室操戈"（窜货、恶性降价等）的现象；渠道政策难以统一；服务标准难以规范等。

误区之四：覆盖面越宽越好。在这个问题上，有以下五点需要认真考虑：一是企业是否有足够的资源、能力去关注每一个网点的运作；二是企业是自建网络，还是借助于中间商的网络；三是企业的渠道管理水平是否与之相匹配；四是单纯追求覆盖面，难免产生疏漏或薄弱环节，容易给竞争者留下可乘之机；五是万一被竞争对手攻击，自己是否能有效反击。需要指出的是，覆盖面宽不是坏事，但需要精耕细作，不断整合。

资料来源：邹树彬. 决胜销售渠道［M］. 深圳：海天出版社，2000：104.

案例 3 –17

戴尔在中国的直销模式

戴尔是直销方式的代表厂商，这种直销模式的特点是快速配送、产品定制化、低价格和备受顾客赞誉的售后服务。戴尔模式非常适合高度成熟的市场，用户了解不同品牌之间电脑的品质差异其实很小，价格是最重要的考虑因素。这种销售模式的好处如下。

一是顾客在下达订单后 3～5 天内，计算机就可以送货到家。

二是顾客可以根据自己的特殊需要，定制他们想要的电脑。这种一对一的生产方式和销售方式，最大限度地满足了每个顾客的需求。

三是厂家直销的产品不经过中间商层层转卖，所以产品零售价格中不包含中间商的销售成本和利润，使顾客在价格上能获得最大优惠。

四是直销模式是戴尔能直接根据顾客的订单进行生产，所以仓库中几乎没有存货，这就避免了产成品卖不出的风险，进一步降低了经营成本，使戴尔可以用更低的价格去回馈顾客。

五是这种革命性的直销方式，还能保证顾客不会买到假货。

直销模式使戴尔避免了向零售店的配送成本以及存货跟踪等方面的成本，但这些措施也疏远了戴尔与客户的关系。在日本、韩国、印度的国家，戴尔也表现出了水土不服，因为一旦戴尔开始将客户群扩展到中小客户，他的运营成本会飞速地提高。因戴尔不能克服直销缺点因此戴尔在中国的直销模式并没有走太远。

资料来源：何志良，晋妍妍. 浅析戴尔直销模式［J］. 东方企业文化，2014（13）：313.

［思考］

（1）直销模式的优缺点有哪些？

（2）戴尔在中国市场的直销模式问题出在哪里？

---

2. 激励渠道成员

对中间商进行激励，满足中间商的需要，可以减少双方矛盾，扩大销售。必须从了解中间商的心理状态与行为特征入手，避免激励过分与激励不足。激励中间商的方法很多，但从长远考虑，最有效的方法是跟中间商确定战略伙伴关系。所以，倡导关系营销理念和有效激励中间商十分必要。中间商的激励主要有以下三种类型。

（1）合作。制造商与中间商实行"风险共担，利益均沾"的利润分配原则，制定相应的激励制度，并对中间商适当提供扶持，其主要方法有以下几种。

第一，提供促销费用。特别是对于新产品，为了激励中间商多进货、多销售，生产商可以提供广告费用、公关礼品、营销推广费用。

第二，价格折扣。在制定价格时，充分考虑中间商的利益，满足中间商的要求，将产品价格制定在一个合理的浮动范围，主动让利于中间商。

第三，年终返利。对中间商完成销售指标后的超额部分按照一定的比例返还利益。

第四，实施奖励。对于销售业绩好，真诚合作的中间商成员给予奖励。奖励可以是现金，也可以是实物，还可以是价格折扣等。

（2）合伙。制造商与中间商在销售区域、产品供应、市场开发、财务要求、市场信息、技术指导、售后服务方面等合伙，按中间商遵守合同程度给予激励。

（3）分销规划。建立一个有计划、实行专业化管理的垂直市场营销系统，把制造商的需要与经销商的需要结合起来。企业的分销规划部同分销商共同规划营销目标、存货水平、场地及形象化管理计划、人员推销、广告及促销计划等。

3. 评价渠道成员

对中间商的工作绩效要定期评价。评价目的是及时了解情况，发现问题，以便制造商更有针对性地对不同类型的中间商实施激励和推动工作，对长期表现不佳者，则可果断终止合作关系。

评价标准一般包括：销售定额完成情况、平均存货水平、促销和培训计划的合作情况、货款返回状况以及对顾客提供的服务等。其中，一定时期内各经销商实现的销售额是一项重要的评价指标，具体有三种评价方法。

（1）横向比较。制造商可将中间商的销售业绩分期列表排名，目的是促进落后者力争上游，领先者努力保持绩效。

（2）纵向比较。将中间商的销售业绩与其前期比较。

（3）定额比较。根据每个中间商所处的市场环境和它的销售实力，分别定出其可能实现的销售定额，再将其销售实力与定额进行比较。

4. 调整渠道成员

由于产品更替、市场变化、新渠道的出现，以及企业营销目标的调整和中间商的表现，制造商有必要对现行分销渠道结构及时做出相应调整，使之适应市场，并提升市场业绩。渠道调整方式主要有以下三种。

（1）增减分销渠道中的中间商。制造商在增减分销渠道中的中间商时要考虑其他中间商的反应。比如，生产商决定在某地区市场增加一家批发商，不仅要考虑能增加多少销售额，还要考虑对现有批发商的销售量、成本和情绪会带来什么影响。由于中间商经营管理不善、合作不积极，导致企业市场占有率下降、影响渠道效益时，可以中断与中间商的合作关系。

（2）增减某一种分销渠道。如果发现通过增减中间商不能解决根本问题时，就需要增减一种分销渠道。比如，企业开发的新产品，若利用原有渠道难以迅速打开销路，则可增加新的分销渠道，提高竞争力。

（3）调整分销渠道的模式。当原有分销渠道的部分调整已经不能适应市场的变化时，就要改变制造商的整个分销渠道。分销渠道的通盘调整，不仅涉及渠道的调整，而且产品策略、价格策略、促销策略也要作相应的调整。比如，宝洁公司曾把以广州为中心的华南地区、以北京为中心的华北地区、以上海为中心的华东地区、以成都为中心的西部地区的渠道组织结构，分别调整为分销商渠道、批发渠道、主要零售渠道、大型连锁渠道和沃尔玛渠道。

总之，分销渠道是否需要调整、如何调整，取决于整体分销效率。因此，不论进行哪一层次的调整，都必须进行经济效益分析。

5. 解决渠道成员冲突

渠道冲突一般表现在渠道不统一而引发的成员间矛盾，渠道冗长造成管理难度加大，生产商对中间商的选择缺乏标准，生产商不能很好地掌控管理渠道终端等方面。出现这些冲突的原因一般都是观点差异、决策权分歧、期望差异、目标错位、沟通不畅等。处理这些问题时，企业可以通过建立人员互换机制、成立渠道管理委员会、完善信息系统和沟通机制以及建立专门冲突处理机构等方法，根据实际情况进行具体解决。

▶ **知识链接**

渠道冲突的类型包括水平渠道冲突、垂直渠道冲突和不同渠道之间的冲突三种类型，其含义如表 3-13 所示。

表 3-13　　　　　　　　　　　　　　　　　渠道冲突的类型

类型	含义	举例
水平渠道冲突	同一渠道模式中同一层次中间商之间的冲突	某地区经营 A 产品的中间商可能认为同一地区经营 A 产品的另一家中间商在定价、促销和售后服务等方面过于进取，影响了自己的生意，造成了两家中间商之间的冲突
垂直渠道冲突	同一渠道中不同层次中间商之间的对立与冲突	批发商与零售商之间的冲突、批发商与制造商之间的冲突
不同渠道之间的冲突	不同渠道服务于同一目标市场时所产生的冲突	康柏公司对其传统的分销渠道进行调整，建立了邮寄和超级市场两条新渠道，因而受到了传统经销商的抵制

案例 3-18

七匹狼渠道冲突及管理

从 2008 年开始，七匹狼的产品已经开始在淘宝上销售了。那时候，大多数传统品牌商还没有对电商渠道引起重视。当时，网络上销售的主要是库存货或者窜货来的商品。"我们的策略是扶良除假。"钟涛表示，当时七匹狼自己还没有涉足网络销售，也没有经验。因此，对于网上销售七匹狼产品的网店，只要其不卖假货，公司都不加干涉。与此同时，为了了解网络市场规则七匹狼电商也在淘宝平台上开设了自己的旗舰店。

七匹狼的网络渠道授权分为三个层次：第一层是基础授权，回款达到 500 万元就可获得基础授权，中级授权是回款量在 1 000 万元，高级授权是回款量在 3 000 万元。

七匹狼还有类似于线下加盟店的"大店扶持计划"，即单独返点。在线下，某些大区的经销商会在当地做一些品牌推广的活动，这样的运营费用总部会承担 30%。很多传统线下品牌为了解决线上线下渠道冲突，采取了线上创立新品牌或者线上生产网络专供款的策略，而七匹狼的线下线上冲突不明显，这与七匹狼的线下模式有关。据了解，七匹狼依托加盟店扩张，按照其政策，加盟店如果 3 年不赚钱，总部就要收归直营，第二年不赚钱就要被监管。因此，七匹狼的线下店全国只有 1 000 多家。在这种情况下，线下经销商往往不愿意囤货，如果能卖掉 150 件，往往只进 100 件，这样会避免因库存压力带来损失。而线下库存压力小，对于线上的折扣销售就没有那么敏感。

资料来源：王彩霞. 七匹狼触网全渠道融合策略奏效 [J]. 中国连锁, 2014 (3)：40-43.

[讨论]

（1）七匹狼采取了哪些分销渠道模式？

（2）七匹狼是如何管理分销渠道的？

三、技能训练

（一）案例分析

75 岁二度创业，曾经"烟王"变身"橙王"。84 岁首度"触电"，橙子通过电商大举进京。传奇人物褚时健的励志故事以及他亲手栽种的"褚橙"曾广受热议。据说这甜中微微泛酸的橙子，像极了人生的味道。

2012 年，是褚时健种橙的第十个年头，"褚橙"首次大规模进入北京市场。褚时健选择了由鸿基元基金投资的新兴电子商务网站——本来生活网。

本来生活网市场总监胡海卿接受记者采访时谈到了与褚老的合作过程。

"我们是做生鲜食品的网站，会到各地寻找有特色的食材和食品。"胡海卿介绍，"公司把全国划分为华北、华东、西南等 6 个大区，每个大区由买手奔赴各地搜集产品信息，'褚橙'就是西南片区的买手报上来的'选题'，当时公司就进行了内部探讨是否引进，6 月份专人奔赴云南实地考察并与褚老深入沟通。在这之前，出于对品牌的保护和担心零售价格的失控，褚老几乎都是通过自建渠道销售'褚橙'。或许是我们的专业性让褚老打消了疑虑，最终褚老放弃了进驻北京超市等渠道的想法，选择了我们作为北京独家经销商"。

"褚橙"每年不出云南省就销售一空，这让周边很多农户也看到了希望。据悉，目前褚老的橙林有 2 400 亩，年产出 8 000 ~ 9 000 吨，而云南丽江等地也纷纷邀请褚老合作，并划出了 2 000 多亩地，希望褚老带着农户种橙子。

"这也意味着，未来几年之后，'褚橙'的产量最起码翻番，这就需要开拓更多的销售区域"，胡海卿告诉记者，此次褚老与电商合作，其实也是在为 5 ~ 6 年后的市场考虑，因为他要寻找更广阔的市场，为未来市场布局，甚至在考虑 20 年后的事情。

"我们此次与褚老预订了 100 吨橙子，首批 20 吨全是特级橙。"记者在本来生活网发现，特级"褚橙"每箱 10 斤 138 元。对于这个比淘宝店略高的定价，胡海卿说，按照公司对褚老的承诺，公司对"褚橙"的价格定位一定是消费者买得起的，因此每斤定价控制在 15 元以内；本来生活网还承诺"一定要让'褚橙'以最好的面貌呈现在北京消费者面前"，运输过程中的所有经济损失由网站内部消化。

胡海卿提供的一组销售数据显示：2012 年 11 月 5 日上午 10 点，"褚橙"开卖；前 5 分钟卖出近 800 箱；最多的一个人，直接购买 20 箱；一家机构通过团购电话订了 400 多箱，24 个小时之内销售 1 500 箱。到 11 月 9 日，已经卖出 3 000 多箱。

资料来源：南国都市报. 84 岁褚时健逆袭：烟草大王从头卖"褚橙"［EB/OL］. http：//ngdsb. hinews. cn/html/2012 – 12/04/content_555600. htm.

［试分析］

"褚橙"进京采取了什么渠道模式，为什么取得成功？

（二）任务实施

实训项目：调查与访问——林产品经营渠道设计与管理。

1. 实训目标

深入理解分销渠道策略相关理论在企业经营实践中的体现，培养初步设计分销渠道及制定分销渠道策略的能力。

2. 实训内容与要求

"公司"制定价格策略之后，需要选择分销渠道，设计分销渠道模式，制定分销渠道策略。

（1）调查一家企业调查了解其分销渠道模式。在调查访问之前，每组需根据课程所学知识经过讨论确定访问的主题，制订调查与访问计划，计划列出调查与访问的具体问题。具体问题可参考下列提示。

一是企业经营范围。

二是目标市场。

三是企业采取的渠道模式。

四是企业是如何管理分销渠道的。

五是他们的分销渠道模式经历了怎样的发展和变化。

六是企业在经营过程中有哪些优点及问题，并做简要分析。

（2）制定"公司"的分销渠道策略，用 500 字左右进行说明。

3. 实训成果与检验

调查访问结束后，各小组进行成果汇报。教师与所有小组共同对各小组的表现进行评估打分，汇报内容如下。

（1）所调查企业的简介，包括公司名称、业务范围等。

（2）所调查企业的分销渠道分析，书面论述 300 字左右。

（3）所调查企业的渠道创新之处。

（4）制定模拟"公司"分销渠道策略，书面论述 500 字左右，制作 PPT 演示讲解，时间为 3 分钟左右。

以上问题均以小组为单位进行，每个同学把自己调查访问所得的重要信息如照片、文字材料、影音资料等制作成宣传册展出，之后交老师保存。

四、知识拓展

分销渠道的发展趋势

渠道观念的更新和渠道模式的变革已经成为企业必须解决的问题。渠道创新的速度越来越快，营销渠道出现了很多新的发展趋势。

1. 渠道扁平化

渠道扁平化就是分销渠道的长度越来越短，销售网点越来越多。扁平化的实质并非简单地减少某一个中间环节，而是对原有的渠道系统进行优化，剔除其中没有增值的环节，使渠道系统从供应链向价值链转变。

实行渠道扁平化的优势：一是可以及时了解市场信息，更好地满足消费者的需求；二是有利于对渠道的控制和与中间商的合作；三是有利于终端促销活动，开展深度分销，建立品牌，提高市场占有率。

2. 渠道网络化

如今，互联网已经成为人们工作和生活中不可分割的一部分，网络既是构建营销渠道的工具，同时本身也构成渠道。与传统渠道方式比较，网络营销渠道具有营销市场广、效率高、费用低、环境开放，以及营销方式方法的多样性、交互性等诸多优势。

但企业在渠道网络化转型的过程中也会遇到麻烦。网络渠道作为新兴渠道，对传统渠道的挤压是必定存在的，而且网络渠道携互联网之快速传播的优势和省去中间环节的价格优势，让传统渠道对它有"敌意"。由互联网带来的价格优势是线下渠道反应激烈的本质，网络渠道与线下渠道面临的客户群体重叠，这是二者冲突的本源。

解决线上和线下渠道冲突的方法：一是做好渠道优化，提升运作管理，避免主体利益不明确，分配机制不合理，分工协作体系混乱；二是做好产品区隔与价格管理，设定最低价格；三是做好市场推广和促销活动的协调配合，活动的规格和利益一致；四是做好客户服务策略优化与协同实施，一致的服务内容和标准，优化服务的方式与手段，降低服务成本；五是做好线上和线下服务的维护与管理。

3. 渠道一体化

渠道一体化是制造商和中间商开展渠道战略合作的运作方法。制造商和中间商不以短期利益为中心，而是通过渠道体制变革，建立战略合作伙伴关系，追求共同成长、永续发展，强调双方相互融合、渗透和职能的协调。渠道一体化可以使制造商起到整合资源、降低成本、提高效率的作用。

4. 渠道品牌化

产品、服务需要品牌，分销渠道也需要品牌。特许专卖店作为渠道品牌化的重要方式正在迅速扩张。特许专卖店实际上就是渠道建设品牌化、一体化和专业化结合的产物。这种形式在 IT 企业的销售中非常多，通过设立特许专卖店，企业可以建设统一、有个性的品牌文化，实现渠道增值。特许专卖店可以作为一个产品的展示中心，提升品牌形象，促进销售；可以作为一个推广中心，使消费者对产品有更多的了解；可以作为培训中心，对客户进行讲解和培训；当然也是销售中心。

5. 渠道终端化

渠道扁平化、一体化、品牌化的最终目的都是接近消费者，掌握市场的变化，强调以终端市场建设为中心来运作市场。

产品（服务）最终需要通过消费者来实现其价值，因而渠道体系中能最根本体现价值的部分是"终端"。渠道的中间组成从某种意义上讲是为渠道终端服务的。拥有渠道的终端，就意味着能够拥有更大的市场份额，渠道终端的高效管理可能会使企业形成独特的竞争优势。

五、课后练习

1. 单选题

（1）向最终消费者直接销售产品和服务，用于个人及非商业性用途的活动属于（　　）。

A. 零售　　　　　　B. 批发　　　　　　C. 代理　　　　　　D. 直销

（2）渠道长度是指产品从生产领域流转到消费领域过程中所经过的（　　）的数量。

A. 渠道类型　　　　B. 中间商类型　　　　C. 中间商　　　　D. 渠道层次

（3）生产资料分销渠道中最重要的类型是（　　）。

A. 生产者—批发商—用户　　　　　　　B. 生产者—用户

C. 生产者—代理商—用户　　　　　　　D. 生产者—代理商—批发商—用户

（4）某制造商采取邮购方式，将其产品直接销售给最终消费者。该制造商采取的分销渠道属于（　　）。

A. 直接分销渠道　　B. 一级渠道　　　C. 二级渠道　　　D. 三级渠道

（5）渠道冲突的类型不包括（　　）。

A. 垂直渠道冲突　　B. 水平渠道冲突　　C. 多渠道冲突　　D. 传统渠道冲突

2. 判断题

（1）分销渠道的起点是供应商，终点是消费者或用户。　　　　　　　　（　　）

（2）零阶渠道在日常消费商品的销售中应用比较广泛。　　　　　　　　（　　）

（3）经纪人和代理商对经营的商品拥有所有权。　　　　　　　　　　　（　　）

（4）制造商与批发商之间的冲突是水平渠道冲突。　　　　　　　　　　（　　）

3. 简答题

（1）分销渠道有哪些职能？

（2）选择分销渠道的步骤是什么？

（3）渠道设计应考虑哪些因素？

任务四　设计林产品的促销组合策略

一、任务导入

（1）通过开展走访调查或网络调查请学生们回答以下问题："褚橙"现有的促销组合是什么？竞争对手是如何做促销的？

（2）为模拟"公司"的产品制订促销方案。

（3）将促销方案制作成 PPT，并向班级同学汇报。

二、相关知识

（一）促销与促销策略组合

1. 促销概述

（1）促销的概念。促销即促进销售，是指通过人员及非人员的方式传播商品或服务信息，帮助消费者熟悉该商品或服务，并促使消费者对产品产生好感，最后产生购买行为的一切活动。促销的实质是信息沟通，目的是推动产品和服务的销售，主要有人员推销、广告、营业推广和公共关系等形式。

（2）促销的作用。

第一，传递信息，激发需求。促销的实质是信息沟通，通过促销可以把企业的产品、服务等信息传递给目标群体，通过促销，向消费者传递产品的特点、购买的意义、购买的条件等，从而刺激消费者的购买欲望，进而增加产品的需求量。

第二，突出特点，提高竞争力。通过开展促销活动，充分宣传产品的特点，重点突出自身的优势，突出本企业产品有别于其他竞争产品的独特之处，强调给消费者带来的独特利益等，促使消费者偏爱本企业产品，从而提高企业和产品的竞争力。

第三，树立形象，巩固地位。通过促销活动，可以树立良好的企业形象，尤其是通过对名、优、特产品的宣传，更能促使消费者对企业产品及企业本身产生好感，从而培养和提高"品牌忠诚度"，巩固和扩大市场占有率。

（3）促销的流程。

第一，制定促销目标。促销目标是目标市场对促销活动所作出的反应，如促销使消费者获取购物优惠券并进行购物。企业单次的促销活动目标可以是提升企业和产品的知名度，吸引潜在顾客，唤醒老客户等，并不一定都能在短期内提高企业的销售量，但通过一系列活动或者多种促销活动组合的实施，在未来能实现销售量的提升。例如，企业可以吸引更多的顾客试用产品，从而在未来实现扩大销售的目的。

第二，确定促销信息。促销信息实质上是企业在与目标市场沟通时用以吸引目标市场所采用的文字和形象设计。当与目标市场进行促销沟通时，必须在促销信息中以充足的理由向潜在客户展示，然后观察消费者对企业所传达的促销信息作出的反应。企业所提供的产品能够给用户带来的最大益处是促销信息中最关键的内容。由于消费者每天接触到海量的信息，因此，企业在确定促销信息时，要尽量将一些关键信息传递给消费者，提升消费者对企业促销活动的关注度。

第三，选择促销手段。在确定了促销信息之后必须选择最有效的促销手段，以便准确传达促销信息。传统的促销手段有广告、营业推广、公共关系和人员推销等，将以上四种促销手段进行综合使用就形成了促销组合。

由于不同的促销手段具有不同的特点，企业要想制定出最佳组合策略，就必须对促销组合进行选择。企业在选择最佳促销组合时，应考虑产品类型、产品生命周期、市场状况、促销费用等因素。

第四，确定促销预算。确定促销预算的方法有很多，惯常做法就是在估算竞争对手促销预算的基础上来确定自己的促销预算。还有一种更为准确的方法是先将企业计划采用的促销手段列出一份清单，暂时不考虑费用问题，然后根据各个项目的费用标准计算出所有促销项目总预算，并根据实际情况对方案进行调整，直到调整的预算方案被企业接受为止。

第五，确定促销总体方案。当促销总体方案确定下来以后，必须自始至终协调和整合总体方案中所采用的各种不同的促销手段。这一点对实现预期促销目标来说显得非常重要。制订详细的推广计划，是保证促销方案顺利实施的前提。

第六，评估促销绩效。对促销总体方案作出评估和调整，其目的不仅是调整那些效果不佳的促销手段，同时也是确保促销总体方案能够更有效地为实现促销目标服务。

2. 促销组合的基本概念

（1）什么是促销组合。企业的促销策略就是指将各种促销方式和手段在不断变化的市场环境中灵活运用和系统谋划。常用的促销方式有广告、营业推广（销售促进）、公共关系以及人员推销。企业根据促销的需要将以上四种促销方式进行适当的选择和综合，以达到最好的促销效果，此种选择和综合即为促销组合。

（2）促销的方式。促销组合是指企业根据产品的特点和营销目标，综合各种影响因素，对各种促销方式的选择、编配和综合运用。依据促销过程所使用的手段区分，促销可以分为人员促销、广告促销、公共关系和营销推广四种，其中后三种属于非人员促销。

（3）促销组合策略的类型。受市场竞争、产品特点、企业性质、促销目标等多种条件的影响，企业会根据具体的情况选择不同的促销组合，并在促销活动中采用不同的促销策略，这些策略一般分为推式策略、拉式策略和推拉结合式策略。

第一，推式策略。推式策略是指利用人员推销与营业推广等渠道促销活动推动产品从制造商向批发商，再从批发商向零售商，直至最终到消费者的策略。

第二，拉式策略。拉式策略重点关注最终消费者，通过花费大量资金开展广告等促销活动，以促进消费者形成购买意向及需求，消费者向零售商购买，零售商向批发商购买，批发商向生产商购买。

第三，推拉组合策略。在通常情况下，企业可以把上述两种策略结合起来运用，在利用促销推动产品销售的同时也通过广告宣传刺激市场需求，利用双向的促销将产品推向市场，这种组合策略比单独利用某种策略更为有效。

[讨论]
　　以小组为单位，搜集 2~3 种熟悉的林产品促销案例，运用所学知识，分析其促销方案属于哪种促销类型，运用了哪些促销方式。

（二）促销方式在林产品营销中的运用

1. 人员推销在林产品营销中的运用

（1）人员推销的概念。人员推销是指企业通过派出销售人员与一个或多个可能成为购买者的人交谈，以推销商品，促进销售。人员推销包括三个要素：推销人员、推销对象和推销品。前两者是推销活动的主体，后者是客体。

人员推销是一项专业性很强的工作，它必须同时满足买卖双方的不同需求，解决各自不同的问题。推销员只有将推销工作理解为顾客的购买行为，即帮助顾客购买的过程，才能使推销工作进行得卓有成效，达到双方满意的目的。当林产品销售活动需要更多地去解决问题和进行说服工作时，人员推销是上佳选择。

（2）人员推销的形式。人员推销的形式主要有以下三种。

第一，访问推销。由推销人员携带林产品的样品、说明书和订单等有目的地走访顾客，推销林产品。这是最常见的人员推销形式。这种推销形式可以针对顾客的需要为其提供有效的服务，方便顾客，易被顾客认可和接受。

第二，柜台推销。企业在适当的地点设置固定的门店或派出人员进驻经销商的网点，接待进入门店的顾客，介绍和推销产品。柜台推销与上门推销正好相反，它是等客上门式的推销方式。由于门店里的林产品种类齐全，能满足顾客多方面的购买要求，为顾客提供较多的购买方便，并且可以保证商品安全无损，因此顾客比较乐于接受这种方式。柜台推销适合于林副产品中的小件产品、可品尝的林产品和可试用的林产品的推销。

第三，会议推销。它是指利用各种会议向与会人员宣传和介绍林产品，开展推销活动。例如，在各种林产品的订货会、交易会、展览会、物资交流会等会议上推销林产品的方式均属会议推销。这种推销形式接触面广，推销集中，可以同时向多个推销对象推销产品，成交额较大，推销效果较好。

（3）人员推销的策略。

第一，试探性策略。这种策略是在不了解顾客的情况下，推销人员运用刺激性手段引发顾客产生购买行为的策略。推销人员事先设计好能引起顾客兴趣、能刺激顾客购买欲望的推销语言，通过渗透性交谈进行刺激，在交谈中观察顾客的反应，然后根据其反应采取相应的对策，并选用得体的语言，再对顾客进行刺激，进一步观察顾客的反应，以了解顾客的真实需要，诱发购买动机，引导产生购买行为。

第二，针对性策略。推销人员在基本了解顾客某些情况的前提下，有针对性地对顾客进行宣传、介绍，以引起顾客的兴趣和好感，从而达到成交的目的。因为推销人员常常在事前已经根据顾客的有关情况设计好推销语言，既能主动出击又能投其所好，容易为顾客所接受。

第三，诱导性策略。它是指推销人员运用能激起顾客某种需求的说服方法，诱发引导顾客产生购买行为。这种策略是一种创造性推销策略，它对推销人员要求较高，要求推销人员能因势利导，既能诱发、唤起顾客的需求，还能不失时机地宣传介绍和推荐所推销的产品，以满足顾客对产品的需求。

（4）人员推销在林产品营销中的实施。人员推销是买卖双方互相沟通信息，实现买卖交易的过程。在林产品营销中，这一过程包括六个步骤，如图3-15所示。在人员推销的不同阶段，推销人员应根据具体情况运用不同的推销策略。

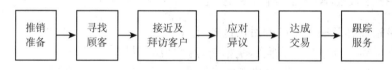

图3-15 人员推销的步骤

第一，推销准备。为了顺利地完成销售任务，推销人员必须做好知识准备和思想准备两方面的工作。知识准备工作主要包括企业知识、林产品知识、竞争知识、市场知识四个方面，如表3-14所示。

表3-14　　　　　　　　　　　　推销的知识准备

	名　称	内　　容
知识准备	企业知识	企业的历史、规模、组织、人力、财务及销售政策等
	林产品知识	林产品的生长环境、生产过程、使用方法、产品特点、产品功效等
	竞争知识	竞争对手在产品、价格、分销渠道和促销等方面的特点
	市场知识	消费者需求、购买模式、购买能力、潜在顾客以及消费者对本企业的态度

推销是一项极具魅力、极富创造性、极有吸引力的工作，但同时也是一项十分艰苦的工作。因此，推销人员必须做好充分的思想准备，具备坚持不懈、吃苦耐劳的思想准备。

第二，寻找顾客。寻找具备有一定购买欲望、购买能力及掌握购买决策权、有接近可能性的潜在消费者，是有效促销活动的基础。寻找顾客的方法如图 3 – 16 所示。

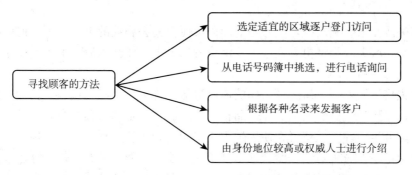

寻找顾客的方法

选定适宜的区域逐户登门访问

从电话号码簿中挑选，进行电话询问

根据各种名录来发掘客户

由身份地位较高或权威人士进行介绍

图 3 – 16 寻找顾客的方法

第三，接近及拜访客户。接近顾客是整个人员推销过程中重要的一个环节。在这个过程中，第一印象非常重要，推销人员一定要选择合适的接近方式，获取信任，一般常见的接近方式有产品接近法、利益接近法、馈赠接近法、介绍示范接近法等。接触客户之后，筛选潜在客户，跟客户约定拜访事宜。

首先，拟订拜访计划。为了顺利地完成推销任务，必须在充分了解顾客的基础上，针对顾客的不同特点，拟订周密详细的访问计划，包括拟订向顾客推销何种商品、该商品能满足顾客的何种需求；拟好洽谈内容或发言提纲；准备好洽谈中需要的企业产品等方面的资料、样品、照片等。

其次，客户拜访。根据具体情况、具体问题，事先与顾客约定面谈的时间和地点。在开场的时候，通常使用提出问题法、趣事导入法、名片自荐法、熟人引入法、礼品赠送法、展示商品法等。

最后，撰写客户拜访纪要。拜访结束后，根据访谈的情况填写客户拜访纪要，一般包括拜访的时间、地点、客户及职务、拜访的主题、客户提出的异议、项目推进计划等。

第四，应对异议。顾客异议是指顾客对推销人员推销的产品或服务提出相反的观点和意见。应对异议是推销面谈的重要内容，也是最能显示推销人员推销技巧和水平的方面。常见的异议内容有价格偏高、质量不佳、对现有供应商已很满意、产品购自友人、预算用完、资金紧张等。妥善应对各种异议，要事先对各种可能的异议做出估计，设计好相应的对策。在推销过程中，面对反对意见，推销人员要镇定、冷静，表现出真诚、温和的态度。对意见涉及的问题，运用有关事实、数据、资料或证明，作出诚恳的、实事求是的解释，从而消除顾客的疑虑。如果顾客仍不能改变其观点，推销员也要保持友善的态度，为今后继续商谈留下足够的余地。

第五，达成交易。推销员在排除顾客的主要异议后，要抓住适当的时机，最后促成顾客达成购买交易。其中，时机掌握最为重要。如果推销员过早提出成交意向，很可能会激起顾客的抗拒心态，两者的关系便会出现某种程度的倒退。如果推销员错过这一机会，消费者的兴趣也许很快就会淡化。

促成交易的常用方法有以下三种。

一是假定成交法。假定顾客已经决定购买，突然询问一些包装、运输或是商品如何保养、使用的问题，以此促成成交。

二是优惠成交法。在顾客犹豫彷徨之际，给予其进一步的优惠条件，促使顾客立即购买。

三是惜失成交法。利用顾客担心不立即购买便会失去利益的惜失心理，促成顾客购买。

第六，跟踪服务。为了更方便地满足消费者的要求，成交以后，推销人员还须进行售后服务与一系列的购后活动。

一是加强售后服务。售后服务工作的内容包括安排生产、组织包装、发货、运输和安装调试，重要设备操作人员的培训。在产品正常使用后，要定期与顾客联系，了解产品使用情况，提供零配件供应等。消费者在使用过程中的问题和建议要及时妥善处理。

二是保存记录，分析总结经验教训。推销人员要认真做好推销工作审计、客户卡片和销售总结报告，保存好推销过程的原始资料，为售后服务提供信息和资料，为今后顾客重复购买做好准备。

案例 3-19

人员推销成功案例

史密斯在美国亚特兰大经营一家汽车修理厂，同时还是一位十分有名的二手车推销员，在亚特兰大奥运会期间，他总是亲自驾车去拜访想临时买部廉价二手车开一开的顾客。他总是这样说："这部车我已经全面维修好了，您试试性能如何，如果还有不满意的地方，我会为您修好。"然后请顾客开几公里，再问道："怎么样，有什么地方不对劲吗？""我想方向盘可能有些松动。""您真高明。我也注意到这个问题，还有没有其他意见？""引擎很不错，离合器没有问题。""真了不起，看来你的确是行家"这时，顾客便会问他："史密斯先生，这部车子要卖多少钱？"他总是微笑着回答："您已经试过了，一定清楚它值多少钱"。若这时生意还没有谈妥，他会怂恿顾客继续一边开车一边商量。如此的做法，使他的笔笔生意几乎都顺利成交。

资料来源：陈守则. 现代推销学教程［M］. 2 版. 北京：机械工业出版社，2018：182.

问题：

（1）史密斯在推销工作中用了哪些策略和方法？

（2）此案例对我们有什么启示？

---

2. 广告促销在林产品营销中的运用

市场营销学中的广告是指企业或者个人通过支付费用的方式，通过特定的媒体平台，传播产品或服务的信息，以增加信任和促进销售为主要目的的大众传播手段。广告的对象是广大消费者，广告的内容是有关产品和服务方面的信息。广告需要借助大众传播媒体，即广告媒体来进行传播。广告媒体的选择直接影响着广告的效果，是一种强有力的促销手段。

（1）林产品广告的类型。林产品广告有以下四种类型

第一，介绍性广告。这类广告主要是介绍产品的用途、性能和使用方法及企业的有关情况和所能提供的服务。在林产品试销期，这类广告的作用最为显著。

第二，说服性广告。这类广告主要是通过产品间的比较，突出本企业产品的特点，强调

给消费者带来的利益，以加强消费者对产品和品牌的印象，从而说服消费者购买本企业的产品，因而又称竞争性广告。

第三，提示性广告。这类广告旨在提醒消费者注意企业的产品，加深印象，刺激其重复购买，其主要适用于产品的成熟期。

第四，形象性广告。这种广告是以树立企业形象为目的，增强企业对消费者的吸引力，使消费者对企业产生较强的信任感。

 ［讨论］

　　为四种典型的广告类型各搜集一条与之对应的某知名林产品品牌或林产品的广告，将相关内容填入表 3－15，并对该广告的优劣性进行综合评价。

表 3－15　　　　　　　　　　　各类型广告促销效果对比

广告所属类型	企业及产品名称	广告内容简介	促销效果
介绍性广告			
说服性广告			
提示性广告			
形象性广告			

（2）林产品广告媒体的选择。广告媒体的种类繁多，林产品广告主要可以通过报纸、杂志、电视、广播和网络这五大媒体投放广告，林产品企业在选择媒体时一般考虑的因素有媒体的主要特点、目标客户的媒体习惯、产品特性、信息类型以及成本等因素，具体可选择的媒体如下：一是印刷媒体，如报纸、杂志、电话号码簿、画册、商品目录等；二是电子媒体，如广播、电视、电影、互联网等；三是邮寄媒体，如函件、订购单等；四是交通工具媒体，如火车、汽车、轮船等；五是店堂媒体，常称为 POP 媒介，即以商店营业现场为布置广告的媒介，如橱窗、柜台、模特儿、悬挂旗帜、招贴等；六是户外媒体，如路牌、招贴、灯箱、气球、汽艇、充气物等；七是其他如包装袋、样本等也都是广告媒体；八是新媒体方面如户外新媒体、移动新媒体、手机新媒体等。

（3）林产品广告策略。林产品广告策略包括林产品定位策略、林产品广告目标市场策略和广告的时间策略。

第一，林产品定位策略。

功效定位：林产品由于其自身的特点，如药材、橄榄油、茶籽油、桐油等均具备一定的特殊功能，因此，林产品的广告可以充分利用产品的功效进行定位，突出产品的功效，使该产品在同类产品中有明显的区别和优势，以增强选择性要求。

品质定位：企业在广告中突出商品的良好品质，如森林产品，在广告中突出产品的原生态、无污染、绿色有机等，突出产品的优良品质。

市场定位：企业将商品定位在最有利的市场位置上，是市场细分策略在广告中的具体运用，如花卉产品的广告，将玫瑰花定位为爱人专用，就是市场定位的具体运用。

价格定位：当产品的性质、性能、造型等方面与同类商品近似，企业可以通过广告宣传来强调产品低价的特点，使产品通过低价获得优势从而赢得市场。如板栗、柿子等林副产品，在市场供过于求而出现滞销时，可采用突出低价的广告来增加销量。

第二，林产品广告目标市场策略。林产品广告的投放要根据不同目标市场的特点，采取相应的投放策略。常见的策略有无差别市场广告策略、差别市场广告策略和集中市场广告策略。

一是无差别市场广告策略。该策略要求在一定时间内向某一目标市场运用各种媒体，做相同内容的广告。在无差别市场中，消费者对商品的需求具有共性且消费弹性较小，该策略有利于提高消费者对产品知名度的了解，达到创品牌的目标。该种策略适合林产品公司在创立企业品牌阶段使用。

二是差别市场广告策略。该策略要求在一定时期内，针对目标市场运用不同的媒体，做不同内容的广告。差别市场中，消费者对同类产品的质量、特性要求各有不同，强调个性，消费弹性较大。运用此策略，有利于满足不同消费者的需要，达到扩大销售的目的。

三是集中市场广告策略。该策略要求一定时期内，广告宣传要集中在已细分市场的一个或几个目标市场。该策略只追求在较小的细分市场上有较大份额，适用于财力有限的中小企业。如林产品中的咖啡豆，可以根据不同的品种针对不同的目标市场精准的投放广告，实现精准营销。

第三，广告的时间策略。广告时间策略，是对广告发布的时间和频度作出统一、合理安排的一种策略。该策略要视广告产品的生命周期阶段、广告的竞争状况、企业的营销策略等多种因素的变化而灵活运用。通常，即效性广告要求发布时间集中、时限性强、频度起伏大；迟效性广告则要求广告时间发布均衡、时限从容、频度波动小。广告的时间策略在时限运用上主要有集中时间策略、均衡时间策略、季节时间策略、节假日时间策略四种；各种广告时间策略可视需要进行组合运用。林产品广告在推广时令性较强的产品时一般运用季节时间策略，选择即效性广告；对于生产周期较长，产量趋于稳定的林产品一般运用均衡时间策略，选择迟效性广告。

案例 3-20

三只松鼠的促销策略创新（广告推广）

随着互联网时代的到来，在原有促销方式基础上，信息传播媒介趋于网络化，衍生出新的促销方式。三只松鼠在广告推广上采取了如下创新策略。

一是电视剧植入广告。三只松鼠的植入并不生硬，很好地和剧情融为一体，以《欢乐颂》为例，刚刚走进社会有点馋嘴的小女生邱莹莹刚好是"90后"群体的一个代表，在她开心或不开心时三只松鼠都是她的忠实伴侣，既符合剧情，又突出了三只松鼠的品牌。除了影视作品的植入，三只松鼠还投资打造了自己的动漫电视剧，使其不单单是一个零食品牌，更像是一种文化一样深深植入消费者的心中。

二是微博营销。三只松鼠借助微博平台，与粉丝近距离沟通，达到情感交流的目的。首先，仔细观察三只松鼠的微博会发现，三只松鼠大多是转发的顾客发表的微博，并用了与网点客服同样萌萌哒的语言来做了回复，这无疑拉近了与消费者的距离，同时对品牌做了有效的宣传。其次，三只松鼠利用数据分析技术，对微博用户进行分类，按照不同类型用户所关注的信息的不同分别投放广告，做到广告的精准投放，使信息能够进行有效传达。

最后，三只松鼠微博互动非常多，经常有优惠信息或转发抽奖送礼品的活动，借助微博话题，拉近与目标顾客的距离，同时引发大量粉丝参与转发，扩大传播影响力，起到了很好的营销效果。

三是口碑营销。三只松鼠的成功还有很重要的一点就是顾客，顾客免费为它做了广告。三只松鼠凭借其优质的产品，贴心的价格，萌式的客服征服了无数顾客的心，顾客在购买产品后会不自觉地发微博、朋友圈来晒产品，表达对三只松鼠的喜爱，形成对产品的免费宣传作用。

资料来源：徐燕. 三只松鼠网络营销策略研究［J］. 商场现代化，2020（20）：78－80.

［想一想］
（1）三只松鼠的促销为什么取得成功？
（2）你认为三只松鼠还可以采取哪些促销方式？

3. 营业推广在林产品营销中的运用

（1）营业推广的概念。营业推广又称销售促进或狭义促销，是指企业运用折扣、有奖销售、优惠券等各种短期诱因，鼓励消费者购买或经销企业产品（服务）的促销活动。营业推广通常由制造商和中间商主导，其目标可能是商业客户、零售商和批发商，也有可能是销售队伍成员。营业推广具有见效速度快、适应能力强、表现形式直观多样等特点，有助于增强产品对消费者的购买刺激。

（2）营业推广的形式。营业推广的形式多样，依据对象不同可以分为三种类型，即面向消费者的营业推广、面向中间商的营业推广、面向本企业推销员的营业推广，如表 3－16 所示。

表 3－16　　　　　　　　　　　　营业推广形式

对象	具体形式	方法
消费者	赠送样品	上门赠送、邮局寄送、购物场所发放，或附在其他商品上赠送
	有奖销售	奖项设置可以是实物，也可以是现金
	现场示范	在销售现场进行商品操作表演，适用于新产品推出，也适用于使用起来比较复杂的商品
	特殊包装	减价包装、组合型减价包装，或在包装内附优惠券、抽奖券
	折扣券	邮寄、附在其他商品中，或在广告中附送，如今多采用电子折扣券的形式
中间商	销售津贴	广告津贴、展销津贴、陈列津贴、宣传津贴
	合作广告	按销售额比例提取或报销，赠送广告底片、录像带或招贴、小册子等
	赠品	赠送陈列商品、销售商品、储存商品或计量商品所需要的设备（如货柜、冰柜、容器、电子秤等）；广告赠品（印有企业的品牌或标志的日常办公用品或生活用品）
	销售竞赛	中间商完成一定的推销任务可以获得现金或实物奖励
	培训和展销会	一方面，介绍商品知识；另一方面，现场演示操作
	节日公关	节日或周年纪念等重要日子举办各种招待会
本企业推销员	销售提成	按事先约定，从销售额中提成
	销售竞赛	对销售业绩好的销售员进行奖励，对销售业绩持续不佳的销售员进行惩罚，奖励的形式包括物质奖励和精神奖励

[讨论]

　　请同学们结合身边的营业推广活动，讨论除了以上这些营业推广活动，还有哪些新形式的营业推广活动。

　　（3）营业推广在林产品营销中的运用。

　　第一，确定营业推广目标。企业针对消费者，推广目标包括鼓励消费者进行商品的大批量购买，吸引未使用者进行积极试用；针对零售商，推广目标在于建立零售商的品牌忠诚以及获得进入新的零售网点的机会；针对销售队伍，推广目标通常有鼓励其支持某种新产品，寻找更多的潜在顾客，刺激商品推销的进行。以林产品中的咖啡豆为例，针对潜在消费者可以赠送试用豆给消费者进行试用、对于成熟客户或者大客户可以通过满减的形式刺激消费者的购买需求；针对零售商，则给予咖啡豆零售商一定的优惠政策以及新的零售网点等机会，刺激零售商的销售欲望；针对咖啡豆的销售队伍，则可以通过制定业绩目标的方式刺激销售者的销售欲望。

　　第二，选择营业推广方式。围绕推广目标，根据实际情况在以上所介绍的方式中，灵活有效地进行选择。林产品种类繁多，不同的产品特点，不同的供给量，决定了营业推广方式选择的多样化，比如对于花卉、水果等时令性较强的林产品，一般选择能刺激迅速成交推广方式，如减价销售、优惠券、包装优惠、现场展示、节假日促销等方式；而对于藤编、根雕、木雕、名贵木种家具等林产品，则会选择售点展示、参展、会员制、新品展示等推广方式。

　　第三，制订营业推广方案。在确定营业推广目标和方式后要制订具体的促销方案。一套完整的方案一般需要包括诱因分析、刺激对象的范围、促销媒体的选择、促销时机的选择、确定推广期限以及确定促销预算等内容。

　　第四，方案试验。营业推广方案在执行前需要进行可行性预试，可以邀请消费者对几种不同的、可能的优惠办法做出评价，也可以在有限的地区进行试验性测试。

　　第五，执行和控制营业推广方案。严格按照推广方案，确定前置时间和销售延续时间，并做好实时控制。

知识链接

常见营业推广活动时机

　　一是结合季节开展活动。例如，春日踏青、夏日清凉等。

　　二是结合节日开展活动。例如，元旦、春节、中秋节等传统节日；也可以选择情人节、父亲节、母亲节等非传统节日策划活动。

　　三是配合当时的热门话题。例如，纪录片《舌尖上的中国》很受欢迎，可以围绕该主题来策划活动。

　　四是自身纪念日。例如，成立纪念日、年中庆等。

　　不管采用何种形式的活动契机，最重要的是要合情合理。

第六，评价营业推广结果。对营业推广方案的评价最普通的一种方法是把推广前、推广中和推广后的销售量或销售额进行比较，以确定推广效果。

案例 3 - 21

看三只松鼠如何玩转节日营销

三只松鼠的节日营销都取得良好的效果，究其原因主要是三只松鼠做好了如下策划与安排。

第一步：确定活动主题和活动时长。三只松鼠在端午节主题定的就是浓情端午汇，时长基本为 3~5 天（店内针对节假日推出的产品促销活动的时间），但是需要提前策划，提前宣传。

第二步：确定活动主推产品。根据端午节这个主题，活动主推产品就是："粽子""绿豆糕""鸭蛋"，另外，考虑本地地域特点，比如南京还会吃烤鸭、龙虾、苋菜和雄黄酒等。

第三步：根据确定的主题和产品，制作页面。三只松鼠的六一儿童节二级页面呈现的就是一个有步骤类型的叙述（小时候学习、课间的一些场景，非常有代入感，让人能联想起自己小时候，从侧面也加强了商家与顾客之间的互动）。

第四步：宣传。宣传是最重要的一步。三只松鼠通过"会员营销"和"店铺公告"再加一些付费推广。

资料来源：幕思城. 看三只松鼠如何玩转节日营销 [EB/OL]. https://www.musicheng.com/news/i249736.html.

4. 公共关系在林产品营销中的运用

（1）公共关系的认知。

第一，公共关系的概念。公共关系是指企业在经营活动中，妥善处理企业与内、外部公众的关系，以树立良好企业形象的促销活动。

第二，公共关系活动的目的。公共关系活动的主要目的在于提高企业的知名度和美誉度。知名度是指公众对组织的知晓情况。美誉度是指公众对组织形象的正面支持情况。

第三，公共关系活动的对象。公共关系的工作职能是正确处理企业内外公众的关系，其主要工作对象有以下几种。

消费者。企业公关工作要树立一切以消费者为中心的思想。一方面，要主动加强与消费者的沟通，有计划地收集消费者的各方面信息，切实把握消费需求动向，通过公关广告和宣传，帮助消费者充分了解企业的宗旨、政策，以及产品的性能、规格等信息；另一方面，要重视消费者投诉，改进产品，提高质量，消除消费者对企业的误会和不满，增进相互了解，建立长期合作关系。

中间商。企业与中间商的关系是相互合作、相互依存的伙伴关系。企业应向中间商保持与中间商的信息交流，分享各自获得的有关市场、竞争等方面的信息资源。

供应商。企业的正常生产和商品流通必须依靠供应商及时按质、按量供应原材料、零部件、工具、能源等各种物资。企业必须妥善处理与供应商的关系，以获得高质、高效、低成本的商品和服务。

政府。企业要及时了解国家的方针、政策、法令和法规，服从政府有关部门的行政管理。

社区。社区是指与企业相关的周围工厂、机关、医院、学校、公益事业单位和居民等群体。这些社会群体是企业营销环境的重要组成部分，与其他公众一样，对企业的日常运行，甚至生存发展起着重要的作用。

新闻媒介。报纸、杂志、电视、网站等新闻媒介可以创造社会舆论，影响并引导民意，间接且有力地调控企业行为。因此，它是企业公共关系的重要渠道，是企业争取社会公众支持、实现自身目标的重要对象。企业应同新闻界保持经常的、广泛的联系，积极投送稿件，介绍企业的发展状况，重大活动时可召开发布会并邀请新闻媒介出席。

企业内部公众。企业内部公众包括职工和股东等。企业内部员工之间、员工与企业高层管理人员之间、部门与部门之间的关系是否融洽，直接关系到企业的经营方针能否得到彻底贯彻，正常的生产经营工作能否顺利开展。

（2）公关关系活动的主要内容。公关关系活动通过开展活动来实现提高企业知名度和美誉度的目标，根据公关关系活动的对象以及事先是否有安排，可以将公关关系活动分为常规公共关系活动和特殊公共关系活动（危机公关），具体如表 3 – 17 所示。

表 3 – 17　　　　　　　　　　　公共关系活动的内容

分类	活动名称	具体活动内容
常规公共关系活动	处理与新闻媒介的关系	与新闻媒介沟通，发布企业的信息，召开新闻发布会，邀请媒介参加企业的活动，并进行相关的新闻报道
	产品公共宣传	通过公关活动，向公关对象传递企业产品的信息，增加公关对象对企业产品的了解
	公司信息传播	通过社会公益活动、举办庆典、企业赞助等方式宣传企业
	处理与政府部门的关系	与政府职能部门进行沟通，争取政府部门的信赖与支持
	内部公关活动	通过举办文娱体育活动、印刷企业报刊等方式加强内部信息交流，增强企业的凝聚力
特殊公共关系活动	危机公关	针对突发的危机事件进行处理，减少危机对企业生产经营活动产生的负面影响，重新赢得公关对象的信任

（3）公共关系活动在林产品营销中的运用。

第一，开展调查。调查是公关工作的基础，企业通过调查了解内外部信息，可以了解其当前的形象与地位、市场需求、竞争优势、外部机会与威胁等各方面的情况，从而确定是否需要开展公关活动以及开展怎样的公关活动等问题。

第二，确定公共关系活动的目标。企业根据自己产品的特点以及不同时期的宣传重点来确定企业的公关活动目标，并通过目标为后续活动指明方向，使活动的各个方面都能围绕目标而高效、有序地进行。比如，林产品中的红枣、坚果等产品，可以委托公共关系公司为其进行公关宣传，以使消费者确信吃红枣、坚果是健康生活的一部分，同时提高红枣、坚果的形象和增加其市场份额，后续的促销活动均围绕健康生活来进行。

第三，选择公共关系活动的宣传媒介。企业应针对不同的宣传目标来选择合适的媒体。

媒体的选择要切合实际，避免贪大求高。

案例 3 – 22

广西区社借力促销活动销售农产品 7.25 亿元

2021 年 10 月 14 日，广西壮族自治区人民政府新闻办公室在广西新阳发布厅举行 2021 年粤桂协作消费对接活动暨第 20 届广西名特优农产品（广州）交易会新闻发布会。

据悉，广西壮族自治区供销合作社认真贯彻落实自治区党委关于"充分发挥供销合作社网络优势，扩大广西农产品销售""供销合作社要回归本源，把农民生产的产品卖出去、卖出好价钱"的指示精神，全力扩大广西农产品销售。

首先，有效纾解广西柑橘滞销难题。通过发挥系统网络优势促销、派出工作组实地督促指导、召开全区系统柑橘促销专题会议、主办柑橘专场云推介、请求中华全国供销合作总社及兄弟省社助销等方式，促进广西柑橘销售超 70 万吨，约占广西柑橘销售总量的 10%。

其次，积极搭建农产品流通服务平台。争取财政重点支持农产品流通服务平台项目建设。通过市场化运作积极整合各类农产品流通服务平台，实现信息互通、资源共享、抱团发展。截至 10 月，系统农产品流通平台共联结各类涉农主体 260 个、联结涉农企业 265 家，举办农产品促销活动 11 场，促进农产品购进 7.13 亿元，促进农产品销售 7.25 亿元。

最后，依托"832 平台"等电子商务平台积极开展消费带扶活动。目前，全区系统已注册成立电子商务企业 59 家、自建电子商务平台 34 个、开展电子商务的企业 95 家，电子商务实现销售额 25.5 亿元。同比增长 18.18%。同时，区社积极配合全国总社做好"832 平台"的运营工作，引导各级预算单位通过"832 平台"加大农产品采购。2021 年 1～9 月，广西入驻"832 平台"企业达到 736 家，上架商品 4 658 种，实现销售额 5.43 亿元。

资料来源：杨舒婷. 广西区社借力促销活动销售农产品 7.25 亿元［N］. 中华合作时报，2021 – 10 – 22.

［讨论］

（1）广西区社农产品促销采取了哪些促销方式？

（2）案例中选择了哪些宣传媒体？

（3）对农林产品的促销，你还有哪些建议？

第四，拟订公共关系活动的方案。企业在组织公关宣传活动时，必须拟订周密的公关宣传计划方案，确保公关宣传活动的顺利进行。同时，林产品的公关活动是长期性的，要注意活动的延续性，也要注重后期对所建立关系的维持。

▶**知识链接**

公共关系活动策划书的结构

在开展公关活动之前，必须完成活动策划书，有了周密的安排才有可能促成活动的成功。在公关活动策划书中不仅要表明活动的目的，同时也要列明公关活动的程序以及经费预算。

公共关系活动策划书的具体内容包括：一是市场背景；二是产品分析；三是活动传播对象；四是活动目的；五是活动主题；六是活动现场规划；七是活动执行流程；八是活动信息传播计划；九是活动预算；十是活动效果评估。

第五，实施公共关系活动方案。根据公关的特点，在实施公关活动方案的过程中，林产品企业要结合自身特点慎重选择公关工具、公关策略等，并根据环境的变化进行适当调整。林产品作为我国重要的民生产品，其公共关系活动可以通过新闻媒体进行跟踪报道。由于新闻媒体工作的政策性很强，在与新闻媒介的有关人员沟通时，只有取得他们对企业公关活动的理解和重视，才能确保公共关系活动获得预期的宣传效果。

第六，评估公共关系活动的效果。测定公共关系活动的效果是一件比较困难的事情，因为公共关系活动通常都与其他促销工具一起使用，很难分清哪些是公共关系的贡献。但林产品企业可以通过对覆盖度（指企业所选择的公共关系工具在目标市场上的覆盖范围）、知名度以及销售额和利润率的变化对活动的效果进行评估。进行效果评估时，如果发现实际效果没有达到目标计划，企业要迅速分析原因，并及时采取改进措施。

三、技能训练

（一）案例分析

"褚橙"的销售取得如此的巨大成功，新媒体营销在当中起着相当重要的作用。

第一，利用新媒体确定目标市场，及对具标顾客的分析。本来生活网与媒体合作，"诸橙"营销团队瞄准了"80后""90后"等年轻消费者，还请了有影响力的青年讲自身的励志故事，引起广泛的共鸣。

第二，利用互联网新媒体进行推广。"褚橙"与"本来生活网"合作，随后展开了一系列的营销活动。微博上的《褚橙进京》的不断转发，励志故事不断被关注，微博红人的转发与关注有影响为青年全体的关注，使得"褚橙"深入人心，在互联网信息时代下，快速占领了市场。此外，"褚橙"的网络营销方式有以下三种。

一是事件营销。随着一家媒体官方微博发布《褚橙进京》之后，"褚橙"变成一只"会讲故事"的橙子，在这一文中，讲述了褚时健二次创业的励志故事，于是就成了励志橙。利用微博传播励志橙，获得了转发量与点击量，传播了励志故事，具有社会影响，吸引了社会团体、媒体和消费者的兴趣与关注，树立了良好的形象，达到了广告的效果，起到了事件营销的作用。

二是病毒营销。微博上文章的转发，人们对"褚橙"的关注与转发，增加了"褚橙"的曝光率，赚取了知名度。

三是口碑营销。将"褚橙"送给微博有号召力的公众人物和微博红人，他们看到励志橙会点评，会为此转发，因此又会吸引大批粉丝的关注与转发，于是"褚橙"的口碑就传开了。再者，通过消费者的不断购买，知名度提高，口碑就更好了。

　　随着互联网时代的不断发展，新媒体营销给销售带来了许多好的结果，要学会利用与结合网络营销手段，找到合适的新媒体营销方式，从而为自身创造最大的价值。

　　资料来源：吴菲菲. 农产品市场营销分析——以"褚橙"产品营销为例〔J〕. 农村经济与科技，2020，31（9）：181，188.

　　［请回答］

　　（1）"褚橙"的营销运用了哪些促销方式？

　　（2）促销策略在营销活动中重要吗？为什么？

（二）任务实施

　　实训项目：促销方案的制订——林产品促销组合策略。

　　1. 实训目标

　　通过实训，学生能够明确认识到各种促销方式对林产品营销的作用，并能够根据市场需求，合理选择合适的促销策略与促销方式，设计促销方案，以保证营销目标的实现。

　　2. 实训内容与要求

　　小雪刚过，气温骤降，伴随苹果收储工作接近尾声，进入盛产期的柑橘类水果接档成为近期水果市场的消费热点。在"褚橙之乡"云南省玉溪市新平县，橙子进入采收期，拼多多平台开启了为期半个月的"双12柑橘橙狂欢季"，致敬劳动，感恩土地。其间，该平台将联手广西、湖南、湖北、广东、四川、江西、云南七大柑橘橙产地，通过百亿补贴、限时秒杀、万人团等扶持资源，促成精准的产销对接，推动武鸣沃柑、丹棱橘橙、赣南脐橙、荔浦砂糖橘等一大批拥有国家地理标志的好货卖出规模、销出口碑。

　　面对竞争对手如此凶猛的促销大战，请同学们组成促销团队，为本公司的林产品设计出新的促销组合方案。

　　请同学们4~5人一组，完成如下任务。

　　（1）通过开展走访调查或网络调查请学生们回答以下问题："褚橙"现有的促销组合是什么？竞争对手是如何做促销的？"褚橙"会有哪些促销创新？用500字左右进行分析。

　　（2）接任务8，制定分销渠道策略以后，为模拟"公司"制订促销方案。

　　（3）将促销方案制作成PPT，并向班级同学汇报。

　　3. 实训成果与检验

　　调查访问结束后，各小组进行成果汇报。教师与所有小组共同对各小组的表现进行评估打分，汇报内容如下。

　　（1）调查"褚橙"现有的促销组合现状，包括营销的平台、促销的方式与策略等。

　　（2）竞争对手的促销方式，书面论述300字左右。

　　（3）为林产品设计新的促销方案，制作PPT演示讲解，时间为8分钟左右。

　　以上问题均以小组为单位进行，各小组在讨论的基础上，每个同学把自己调查访问所得的重要信息如照片、文字材料、影音资料等制作成宣传册展出，之后交老师保存。

四、知识拓展

　　林产品促销是公司或者机构用以向目标市场通报自己的产品、服务、形象和理念，说服和提醒他们对公司产品和机构本身信任、支持和注意的任何沟通形式，促销除了必须借助于沟通渠道来与消费者沟通以达到促销目的外，林产品促销本身也包括很多方式，其中主要由人员推销、广告促销、营业推广、公共关系这四种方式及其组合，这四种方式主要的优缺点如表 3-18 所示。

表 3-18　　　　　　　　　　　促销方式分类及优缺点比较

促销方式	优 点	缺 点
人员推销	直接面对客户，信息双向沟通，反馈及时，传递过程针对性较强	成本较高，接触面较窄，对推销人员的素质要求高
广告促销	辐射面广，速度较快，吸引力较强，具有一定的自主性，可重复使用	购买行为滞后，信息量有限，说服力较小，消费者对产品的反馈情况不易掌握
营业推广	刺激效果反应较快，吸引力强，能够与其他促销工具有很好的协同作用	只能短期刺激，频繁使用可能引起顾客顾虑和怀疑，容易被竞争对手模仿
公共关系	可以提高企业知名度、美誉度和信誉度，绝对成本较低	见效较慢，需通过多方合作才能实现对效果的控制

五、课后练习

1. 单选题

（1）人员推销的缺点主要表现为（　　　）。

A. 成本低，顾客量大　　　　　　　　　　　B. 成本大，顾客量大

C. 成本低，顾客有限　　　　　　　　　　　D. 成本高，顾客有限

（2）制造商推销价值昂贵的红木家具，通常适宜采用（　　　）。

A. 营业推广　　　　B. 人员推销　　　　C. 广告宣传　　　　D. 公共关系

（3）当林产品处于生命周期的试销期时，促销策略的重点是（　　　）。

A. 认识、了解商品，提高知名度　　　　　　B. 促成信任、购买

C. 增进信任与偏爱　　　　　　　　　　　　D. 满足需求的多样性

（4）三只松鼠在年货节期间推出"购物满 200 元参加抽奖，特等奖为五菱新能源汽车一辆"活动，其采用的促销方式是（　　　）。

A. 赠送奖品　　　　B. 赠品　　　　C. 联合促销　　　　D. 优惠券

（5）公共关系是一项（　　　）的促销方式。

A. 一次性　　　　B. 偶然　　　　C. 短期　　　　D. 长期

2. 多选题

（1）以下针对中间商的促销工具有（　　　）。

A. 价格折扣　　　　B. 免费品　　　　C. 会员　　　　D. 现金退款

（2）以下不属于公共关系工具的有（　　　）。

A. 公开出版物　　　　B. 免费品　　　　C. 销售竞赛　　　　D. 形象识别

（3）在推销之前，推销人员必须具备的基本知识包括（　　　）。

A. 产品知识　　　　B. 顾客知识　　　　C. 竞争者知识　　　　D. 政策法规知识

（4）下列适合直接销售的商品有（　　　）。

A. 低价商品　　　　　　B. 易损商品　　　　C. 高价藤编商品　　D. 高价红木家具

（5）促销组合是（　　　）等手段的综合运用。

A. 广告　　　　　　　　B. 营业推广　　　　C. 公共关系　　　　D. 人员推销

3. 简答题

（1）什么是促销和促销组合？促销组合包含哪些内容？

（2）林产品人员推销的流程是什么？

（3）针对林产品零售商所采用的营业推广方式主要有哪些？

拓展林产品营销市场

【学习目标】

❖知识目标

1. 掌握国际市场营销的相关概念和特点
2. 熟悉国际目标市场的选择程序和标准
3. 了解国际市场营销组合策略
4. 掌握网络营销的功能
5. 熟悉网络营销策略
6. 了解网络营销的种类

❖技能目标

1. 能够区分国际市场营销环境的组成和分析方法
2. 能够应用进入国际市场的策略和方法
3. 学会寻找国外客户的方法
4. 能根据林副产品的特点调整网络营销策略
5. 能熟练地运用网络营销的各种策略
6. 能操作网络营销的方法

❖素质目标

1. 增强学生海外适应的心态与自信
2. 树立学生维护中国产品质量和树立中国高品质品牌的理念
3. 培养学生维护国家利益，宣传国民产品，提高国际影响力的观念
4. 培养学生不断学习互联网＋新方法、新模式的能力
5. 培养学生的创新能力与实践能力
6. 树立学生帮助农户发展国内林副产品的大局观

【内容架构】

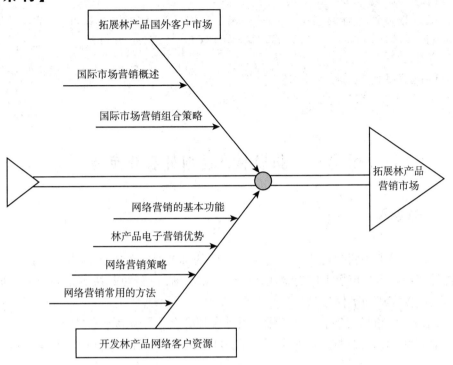

拓展林产品国外客户市场

国际市场营销概述

国际市场营销组合策略

拓展林产品营销市场

网络营销的基本功能

林产品电子营销优势

网络营销策略

网络营销常用的方法

开发林产品网络客户资源

【引入案例】

2021 年 8 月中旬，经梅州海关检疫监管合格，广东顺兴种养股份有限公司 20.27 吨蜜柚漂洋过海，梅州柚首次出口美国；9 月 14 日，梅州众信水果专业合作社一批 17.2 吨蜜柚顺利起运，进入罗马尼亚市场……近年来，梅州柚不断拓宽国际"朋友圈"，目前已稳定供往欧盟、美国、东南亚、非洲以及中东等地区和国家。

梅州柚的品质保证，是打开国际市场的"敲门砖"。为了提高梅州柚品质，做强做大品牌，拓宽海外市场，梅州海关积极引导梅州市登记了出口注册的柚园均从种植过程中的有害生物防治、溯源管理，到柚果选取和加工包装，严格按照相关检疫要求，标准化种植、规范化管理。

作为全国最大蜜柚生产基地之一，梅州集中优势资源全力做强柚果产业。2021 年，梅州市政府办印发《梅州柚产业发展工作实施方案（2021—2025 年）》，要求加快打造梅州柚优势产业带，进一步推动梅州柚扩面积、优品质、延链条、强品牌、增效益，计划到 2025 年底实现梅州柚种植面积达到 10 万亩、总产量达 10 万吨以上、总产值达 10 亿元以上的 3 个"一百"目标。2021 年上半年，已出口蜜柚约 300 吨，比上一年增长约 50%，主要销往美国、荷兰、迪拜、捷克等地。梅州海关采取"线上 + 线下"的方式为企业提供信息技术等指引，一方面通过设立"绿色通道"，延伸办事窗口，提供预约通关便利，提升通关效率；另一方面，通过线上推送、点对点宣讲等方式为企业提供海外市场资讯及最新法规标准，助力梅州柚果企业开拓"一带一路"沿线国家市场。据统计，2021 年梅州共有出口注册柚园 29 家、包装厂 18 家，越来越多柚果企业成功走出国门，拓展国际市场，带动农户实现增收和产业发展。

资料来源：长城看台. 销往美国、欧盟、东南亚、非洲……逾 8 000 吨梅州柚飘香海 ［EB/OL］. https：//baijiahao. baidu. com/s？id＝1713232790785900376&wfr＝spider&for＝pc.

［思考］

（1）梅州蜜柚为何能出口到多个国家？

（2）梅州蜜柚除了出口还用了何种方式扩大销量？

任务一　拓展林产品国外客户市场

一、任务导入

经过一系列的市场营销行为，"公司"经营的林产品已经在国内市场立住了脚，近年来，中国的产品在国际市场上广受欢迎，为了拓宽市场，"公司"决定拓展国际市场。通过本次学习，需要完成如下任务。

（1）调研国际市场销售的业务流程，设计模拟"公司"国际营销方案。

（2）将搜集到的资料整理成一份不少于 500 字的文案，制作成 PPT，每组选派一名代表上台讲解。

二、相关知识

（一）国际市场营销概述

国际市场营销是国内市场营销的延伸和扩展，是指商品或服务进入其他国家或地区的消费者或用户手中的过程。具体来说，国际市场营销是企业将产品或服务以满足国外消费者的需要为标准，有效地实现企业目标而进行的市场调查、产品定价和促销等一系列商务活动的总称。

1. 国际市场营销的特点

由于国际市场营销涉及不同国家的政治制度、政策法规、经济水平、货币体系、社会文化、消费习惯、自然资源、竞争情况等，与传统营销有很大的差异，大大增加了其复杂性、多变性和不确定性。国际市场营销具有与国内营销不同的特点，具体表现在以下几个方面。

（1）国际营销环境的差异性。由于世界各国的地理位置、资源状况、政治经济制度、法律法规、生产力发展水平以及文化背景等方面存在着较大的差别，所以国际市场营销的环境与国内市场营销相比也就有了较大的差异，甚至有时大相径庭。这种差异至少带来了双重困难：一方面，由于母国与目标市场国家的环境不同，在国内市场营销中的一些可控因素到了国际市场营销中就可能成为不可控因素；另一方面，由于不同目标国家的环境有差异，所以，适应某国环境的市场营销不一定能适应其他国家的环境。

（2）国际市场营销系统的复杂性。营销系统是指融入有组织交换活动的各种相互作用、相互影响的参加者、市场、流程或力量的总和。与国内营销系统相比，国际营销系统更加复杂。

（3）国际市场营销过程的风险性。由于国际市场营销比国内市场营销更复杂、更多变，因此，国际市场营销的风险要比国内市场营销大得多，这些风险主要包括政治风险、交易风险、运输风险、价格风险、汇率风险等。

（4）国际市场容量大，竞争激烈。在国际营销中，企业面对更多的国外消费者和来自全球的竞争者，由于各国的地理距离和文化差异等因素，企业又难以及时了解和掌握竞争对手的情况，因此企业面对的竞争更为激烈。

总之，国际市场营销的上述特点，要求国际市场营销人员甚至是国内市场营销人员要了解世界经济发展变化规律和发展方向，了解各国的文化，具有全球意识。

案例 4 - 1

雷州半岛水果"出海潮"

雷州半岛水果种植品种以热带水果为主，糖度高、果汁多，但成熟采摘季节短，不耐储运。为了解决大量上市造成的滞销问题，众多水果纷纷"出海"。湛江海关的改革举措进一步助推了湛江水果"走出去"，据湛江海关相关负责人介绍，根据《出境水果检验检疫监督管理办法》要求，海关按规定对出境水果果园和包装厂实行注册登记管理。湛江海关相关负责人认为，一方面，出口新鲜水果为初级农产品，携带有害生物风险高，为帮扶企业顺利出口，海关对出境水果果园和包装厂实行注册登记管理，在注册登记过程中帮扶企业健全完善质量管理体系，指导企业根据出口国要求做好有害生物防控工作，促进出口水果质量提升；另一方面，根据贸易国检疫要求或与我国签订的双边协议规定，部分水果出口需在中国官方注册登记并由官方确认后对外推荐，从而获得相关贸易国准入许可。不仅仅是湛江，在广东农产品出口大潮中，全省农业农村、海关、贸促等多部门协同施策、创新机制，共同为出口企业保驾护航。

资料来源：刘稳，黄进，刘梓薇等. 雷州半岛水果"出海潮"背后的机遇与挑战 [N]. 南方日报，2021 - 08 - 20（A12）.

---

2. 国际市场营销环境

国际市场营销是在一个非常复杂且瞬息万变的国际环境中进行的，企业想在国际市场营销活动中取得成功，就必须深入了解各种特殊的国际市场营销环境因素，掌握各种经济信息，熟悉国际惯例，根据其变化不断调整营销策略。

影响国际市场营销决策的主要因素如图 4 - 1 所示。

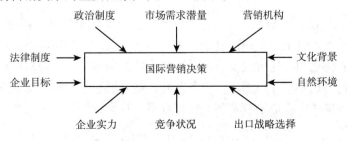

图 4 - 1　影响国际市场营销决策的主要因素

国际市场营销的各种环境因素，仍然可以从政治法律、经济和社会文化等几个方面进行分类，只不过比原先国内环境要复杂得多，下面列举三个比国内环境复杂的环境因素。

（1）政治法律环境。政治法律环境除了考虑目标市场国的政治稳定性、双边国家关系的变化、国际公约、国际惯例和各国的涉外法律外，还要重视别国可能出现的政治干预。

政治干预措施主要包括：一是没收、征用和国有化。政府的没收、征用和国有化是跨国经营企业所面对的最严重的政治风险。一般而言，最容易被没收、征用和国有化的行业是公共事业，然后是自然资源开采业和大规模农业。二是外汇管制。这是一个国家对外汇买卖以及外汇经营业务实行的管制。三是进口管制。各国政府实行的进口数量限制和其他各种直接或间接限制进口的措施，目的在于控制货物进口的类型和数量。四是税收管制和关税壁垒。税收管制指对国内和国际企业实行不同的税收。关税壁垒是指通过关税控制货物进口的类型和数量。五是价格管制。有的国家对进口商品实行最高限价以减少进口商的利润，从而达到减少进口的目的；有的国家对进口商品实行最低限价以降低进口商品的市场竞争力，从而达到减少进口的目的。

（2）经济环境。国际市场营销的经济环境分为两个层次：第一个层次是国际经济环境，它影响与制约着各国间的贸易与投资活动，影响着国际企业的跨国经营；第二个层次是有关国家的经济环境，主要有各国的经济制度、经济发展水平、市场规模、经济基础结构等，要重视国际金融环境对营销的影响。

企业在国际市场开展营销活动，其资金流动不可避免地会受到国际金融市场的影响，企业在国际市场上的经营会因汇率变化、通货膨胀、货币兑换等而产生风险。对我国绝大部分从事国际市场营销的企业来讲，最主要的风险是汇率风险。

案例 4 - 2

汇率变动对企业利润的影响

银行间外汇市场人民币汇率中间价：2018 年 1 月 1 日为 1 美元 = 6.5063 元，2018 年 1 月 18 日为 1 美元 = 6.9369 元。如果 1 月 1 日某公司签订进口合同 10 万美元，当时计算需要付出 650.63 万元，而实际履行合同，付款时间为 1 月 18 日，则需要付出 693.69 万元，比年初核算成本时多付出 43.06 万元。

资料来源：江洋. 企业有效汇率变动对企业利润的影响 [J]. 财经界，2020 (3)：87.

（3）社会文化环境。社会文化环境是国际市场营销实践中最富有挑战意义的环境要素。各国社会文化之间的差异很大且错综复杂，这些将直接或间接地影响产品的设计和包装、产品被接受的程度、信息的传递方式及分销渠道和推广的措施等。企业对于社会文化因素形成的消费习惯和消费心理必须加以适应，投其所好，避其所忌，才能取得成功。

对社会文化环境通常考虑语言文字、教育水平、社会组织、价值观念、商业习惯等方面的差异。

 知识链接

各国消费者习惯的差异

从消费习惯来看，对于我国企业来说的国外市场可大致分为美加（美国和加拿大）市场、西欧市场、日韩市场、东欧市场、中东市场、非洲市场这几类，每类市场的风格不同。一般日韩市场特别是日本市场，偏爱精致优质的产品，高、精、尖、小巧美观，喜好中国传统文化，一些具有中国民族特色的产品常能得到理解与欢迎，也能接受高价格，但数量一般不会太大；美加与西欧等市场一般对品质要求适中，喜欢简洁流畅、新奇多变的产品风格，价格适中，量比较大；中东市场对品质要求不高，在产品的审美方面较为朴实，价格低，数量比较大；非洲市场弹性最大，跨度较大，奢侈品和品质极差的产品都有销路。

在有关广告、产品目录、产品说明书、品牌等方面内容的翻译中，经常会发现由于语言障碍而带来的麻烦，销售者对销售对象的语言不通，就无法进行宣传，也就不会激发消费者的购买欲望，营销就难以达到目标。所以，精通市场所在国的语言是很有必要的，国际市场营销人员还应对语言、词汇的确切含义、内涵与外延、语言歧义现象、语言禁忌和习惯用法等进行广泛、深入的了解和研究，以避免不应有的失误，在国际市场营销中取得好的成效。

在不同生长环境以及文化背景中，人民群众会产生不同的风俗习惯，如常见的节日习惯、生活习惯等。此类习惯也导致沟通交往存有较大障碍，风俗习惯差异性对人们审美眼光具有较大影响。比如，多数美国人对于绿色较为热爱，其将绿色作为健康、和平发展象征。在各类服装设计中会灵活应用绿色构成元素，其也有着绿色帽子生产品牌，但是在国内，多数人都不愿意佩戴绿色的帽子。从中能得出风俗习惯对市场营销产生的影响，在各个国家文化构成中宗教文化是重要组成部分，也是人民群众文化生活重要组成部分。不同国家具有不同宗教信仰，各国宗教信仰差异性对市场发展偏向具有较大影响。在国际营销中，要注重分析宗教相关问题，不能对区域群众信仰产生触犯。

诸多国家依照群众消费观念会设定出不同风格的营销广告，比如泰国广告大多内容都富有深意。美国广告就如同美国大片一般，画面感较强。法国市场营销中，各类产品风格更具有绅士浪漫特征。对于德国，要融入更多技术元素，通过此项要素进行引导。针对美国和英国，要突出娱乐与幽默精神，各个广告在拟定中要突出娱乐性。从中能得出，在国际市场中要想实现针对性营销，要注重对各个国家价值观差异性着重分析。其次，各个国家交流语言存有差异性，在国际市场营销中，语言沟通是重要环节，高效化的沟通对提升营销成果具有重要意义。语言沟通存有障碍，将会产生诸多误会，对营销活动深入推广具有较大限制性要素。如一个最典型的翻译错误就是美国通用汽车公司生产的"Nova"牌汽车，该产品质量好，价格公道，在美国很畅销，然而在销往拉丁美洲时，却并不受当地人青睐，正是因为不了解拉丁美洲的文化，拉丁美洲人习惯用西班牙语，而"Nova"一词在西班牙语译为"不动"，试问谁会买"不动"牌汽车，所以自然不讨人喜欢。

3. 拓展国外市场的步骤

（1）选择目标市场。成功开拓国际市场，应先选择并确定恰当的目标市场。目标市场的选择需借助必要的市场调研，并在进行大量信息的整理、分析基础上进行市场的宏观细分

与微观细分，然后才能作出目标市场选择决策。

第一，做好市场调研。与海外不同，很多国产品牌失败的原因就是没有做好海外市场调研。市场调研包括许多，如当地习俗，法律法规，宗教习俗，了解当地人的生活特点，上网习惯等。只有充分了解这些，品牌的核心理念才能更好地融入当地市场。

一般情况下，调研信息的主要来源有：一般性资料，如一国官方公布的国民经济总括性数据和资料，内容包括国民生产总值、国际收支状况、对外贸易总量、通货膨胀率和失业率等；国内外综合刊物；委托国外咨询公司进行行情调查；通过我国外贸公司驻外分支公司和驻外使馆商务参赞处，在国外进行资料收集；利用各种交易会、洽谈会和客户来华做生意的机会了解有关信息；派遣专门的出口代表团、推销小组等进行直接的国际市场调研，获得第一手资料；利用互联网获得信息。

第二，国际市场细分。在国际市场营销调研基础上，必须对国际市场进行国际市场细分，才可以确定各自的目标市场。

国际市场细分具有两个层次的含义，即宏观细分与微观细分。宏观细分是解决在世界市场上选择哪个国家（地区）作为自己进入的目标市场。微观细分类似于国内市场细分，即当企业决定进入某一国外市场后，需将该国市场进一步细分成若干市场。

案例 4 - 3

新康食品美国市场细分

新疆轻工国际投资有限公司旗下的新康食品在开拓美国市场时，在对美国市场进行深入的市场研究后根据消费者的行为习惯、饮食差异、主要购买者、心理特征和购买渠道等对美国市场进行了细分。新康食品对美国市场的细分如表 4 - 1 所示。

表 4 - 1　　　　　　　　　　美国调味品市场细分

消费频率	主要购买者	心理特征	购买渠道
非常高	快餐店	企业经营需要	生产商批发
高	家庭主妇	生活必需品	商场、超市
中	大学生、高中生、工人	享受饮食过程	商场、超市、杂货店
低	老人、儿童	追求健康	杂货店、超市

由表 4 - 1 可得，消费频率最高的是快餐店，由于企业经营需要，需要购买大量的调味品，所以一般购买渠道都是从生产商进行批发购买。而家庭主妇、大学生、高中生、普通工人属于调味品的第二大消费主力。除了快餐店，大部分消费者的购买渠道基本上都集中在商场和超市，因此商场和超市属于企业产品推广的重要渠道。

资料来源：陈尚标，夏咏. 新康食品开拓海外市场的 STP 分析——以美国市场为例 [J]. 中国商论，2021（2）：11 - 13.

第三，选择国际目标市场。国际市场营销中选择目标市场也有两层含义：第一层含义是在宏观细分的基础上，在众多国家中选择一个或多个国家作为目标市场；第二层含义是在微

观细分的基础上，在已确定目标市场国家选择一个或多个目标消费者群（消费品市场）或目标用户行业（工业品市场）作为目标市场，其选择策略包括无差异性营销策略、差异性营销策略和集中性营销策略。

案例 4 - 4

新康食品美国市场选择

从地理位置来看，新康食品应该选择从美国的三大城市群入手。其中，波士顿—华盛顿城市群位于美国东部，人口约 4 500 万人，占美国人口的 20%，城市化水平非常高，已达到 90% 以上，是美国经济核心地带、最大商业贸易中心和国际金融中心。而芝加哥—匹兹堡城市群位于美国中部五大湖沿岸地区，该城市群拥有北美最大的制造业中心，聚集了美国钢铁 70% 以上的产量，汽车产量也高达 80%，而芝加哥是这个城市群的主要城市，全球最大的期货交易所也位于芝加哥。圣地亚哥—旧金山城市群位于美国西南部太平洋沿岸，以洛杉矶为中心城市，金融业和商业发达，许多国际大财团也在这个地区之中。选择这三大城市群作为目标市场，主要有以下四个特点。

一是市场容量巨大。这三大城市群的城市化程度高，经济发展处于全国领先地位。这部分地区的消费者消费意识强，容易接受新鲜事物，大部分都是超前消费，喜欢追赶时髦，注重消费体验，消费更新迅速，相对容易打开市场，扩大市场份额。

二是市场包容性强。三大城市群的人口众多，人口密集度大，而且这部分地区大部分属于外来移民，充斥着不同的文化和习俗，因此这部分的人口结构多样性决定了消费观念的多样性。

三是美国城市群的法律比较健全。美国整体市场的市场经济相对于全球来说比较成熟，而美国三大城市群的市场经济是相对于整个美国来说更成熟的地区，政府对于市场的干预非常少，但对各行各业都进行法律保护和执照的相关明文规定。因此在这部分地区进行产品推广和企业经营，能保障企业主和从业者的相关权益得到保护。

四是美国城市群注重产品质量安全。在美国的三大城市群当中，特别注重对产品质量的监管，其中包括产品的用途、技术指标、产品质量说明、包装质量和售后服务质量。因为监管相对比较严格，因此一些产品质量不达标的企业就被迫从市场中退出，这能很好地减少行业中的竞争压力，使得新康食品在市场竞争中有了更广阔的存活空间。

新康食品应根据这三大城市消费人群的消费心理特征和消费行为习惯、购物渠道，从而制定出相应的营销策略。

（2）关注消费者体验。任何营销都以消费者体验为中心。如果不注重消费者体验，一味地宣传自己的产品，那这样的营销是没有效果的。例如，你要将你的美白产品卖到非洲，那么这个想法就不太现实了。我们要从消费者的角度考虑，了解消费者的需求，再进行品牌营销，才能达到更好的效果。

（3）营销渠道选择。与国内 QQ、微信和微博不同，海外社交平台包括 Twitter、Facebook 等。当然，海外的搜索引擎也是不同于国内的，国内的搜索引擎包括百度、搜狗、神马等，海外如谷歌。这些平台的运营方式与国内不同，出口企业要清楚这些平台如何运作，以及品牌推广应该怎样更好地利用这些平台。

（4）竞争对手分析。不要以为海外品牌营销只有外国品牌与你竞争，国内也有同样的竞争对手。可以通过国内成功的海外品牌进行营销分析，不局限于同行业品牌。同行业品牌可以分析其优势，根据自身品牌的特点从中吸取经验。对于海外的品牌，同样可以拿来做对比，根据差异化对策制订出自己的营销方案。

综上所述，企业开拓海外市场最重要的是要做好消费者的调研。所有这些都是基于消费者的经验，并制订合理的营销计划，以更好地进入国际市场。

4. 进入国际市场的方式

企业进入国际市场的方式十分重要，它不仅涉及企业产品如何打入国际市场，还涉及企业开展国际市场营销的各种手段的应用和对国际市场的把握程度。我国企业进入国际市场的主要方式，如图 4 - 2 所示。

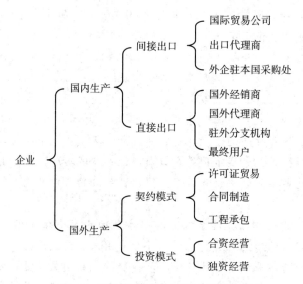

图 4 - 2　我国企业进入国际市场的方式

一般而言，在企业发展初期，出口是企业进入国际市场的重要方式，即产品在国内生产，然后通过适当的渠道销往国际市场。企业发展壮大以后，可以通过投资等其他模式进入国际市场。这里主要讨论国内生产然后出口的模式。

出口可分为间接出口和直接出口两种方式。

（1）间接出口。间接出口是指将产品卖给国内出口商或委托出口代理商代理出口，而企业本身并不从事实际的出口业务。从企业角度来说，这实际相当于国内销售。这一方式是进入国际市场最容易的方式，比较适用于中小企业。

间接出口的优点：利用出口商或出口代理商的国外渠道和外销经验，迅速打开国际市场；不必增设外销机构和人员，节省直接渠道费用；减轻资金负担和减少风险。

间接出口的缺点：对产品流向和价格控制程度较低，甚至不能控制；难以迅速掌握国际市场信息，从而不利于提高产品对国际市场的适应性和竞争力；无法获得跨国营销的直接经验；难以建立企业自己在国际市场上的声誉。

（2）直接出口。直接出口是指企业将产品直接出售给外国经销商或进口商，独立完成产品出口业务，直接从事国际市场营销。企业可以通过以下几种方式进行直接出口：一是在国外设立销售部；二是在国外设立分支机构；三是派遣国外巡回推销员；四是使用国外的经销商或代理商。在直接出口方式下，目标市场调查、寻找买主、联系分销商、准备报关文件、安排运输与保险等一系列重要活动都由企业自己完成。

直接出口的优点：使企业摆脱国内中间商渠道与业务范围的限制，免去国内中间环节的费用；企业可以获得国际市场的直接信息，及时制定更加切实可行的营销策略；企业拥有较大的国际市场营销控制权，可以建立自己的渠道网络，也有助于提高企业的国际市场营销业务水平。

直接出口的缺点：成本比间接出口要高，需要大量的最初投资；需要增加外销机构和专门人才；在海外建立自己的销售网络需要付出艰苦努力；风险较大。

（二）国际市场营销组合策略

国际市场营销组合策略在传统的 4P 营销策略的基础上，把促销策略中的公共关系（public relation）独立出来，并增加政治权力（political power），与原先的 4P 策略并列，形成新的 6P 营销策略组合。在国际市场营销中要运用政治力量和公共关系，打破国际市场上的贸易壁垒，为企业产品开拓国际市场保驾护航。

1. 国际市场营销产品策略

国际市场营销产品策略是国际市场营销组合中的核心，是价格策略、分销策略和促销策略的基础。企业面临着许多在国内市场产品策略中未曾遇到过的问题。

（1）产品进入国际市场策略。面对世界各国不同的市场环境，在国际市场上是销售与国内市场完全相同的产品，或是部分改造现有产品以适应国际市场的需要，还是制造一种全新的产品推向国际市场，是出口企业所面临的首要问题之一。国际市场营销产品策略主要有三种，如表 4-2 所示。

表 4-2　　　　　　　　　　　国际市场营销产品策略

策略种类	含义	优点	缺点	适用产品或企业
产品直接延伸策略	将国内销售的产品原封不动地销往国际市场，促销策略与国内相同，树立相同的产品形象	注重规模经济效益，开发和营销费用低。在全世界各地都是同样的产品，有助于树立企业及产品的国际形象	面对有差异性的市场，尤其是越来越激烈的竞争，效果不是很好	如可口可乐、金拱门（麦当劳）等少数标准化程度较高的产品
产品适应策略	对现有产品做修改，提供满足不同市场需求的不同产品	既能顾及各国不同的经济文化背景、不同的消费习惯，又能相对减少投资	需要很好地细分市场	如不同口味的雀巢咖啡，迎合世界各地消费者的偏好
产品发明策略	企业创造发明新产品以适应国外市场的需要	高利润，能够在竞争中处于领先地位	高投入、高风险	适合于实力雄厚的大型跨国公司

由于各国在科技进步及经济发展水平等方面的差别，使同一产品在各国的开发、生产、销售和消费上存在时间差异，同一产品在不同国家市场上的生命周期的阶段是不一致的。

[想一想]

　　原来我国和美国、日本的新产品上市要相差几年，后来逐渐缩短到几个月，现在很多产品几乎都是全球同步上市。这对我国企业生产的产品有哪些影响？

　　（2）国际产品的包装。在不同的海外市场销售产品，包装是否需要改变取决于多方面的因素。从包装的保护和促销两个基本作用来看，如果运输距离长，运输条件差，装卸次数多，气候过冷、过热或过于潮湿，就会要求高质量的包装以达到保护产品的目的。如果目标市场国顾客由于文化、购买力、购买习惯的不同而对包装形状、图案、颜色、材料、质地有偏好，则应该改变包装以起到吸引与刺激顾客消费的作用。

知识链接

一些进口国对包装的有关规定

　　当今一些发达国家的消费者出于保护生态环境的目的，重新倾向使用纸质包装，而且对包装材料有严格的限制。

　　美国和加拿大禁止把稻草、报纸当作包装衬垫，如被海关发现，必须当场销毁，并支付由此产生的一切费用。

　　欧盟客户对环保一般有特殊的要求，纸箱一般要求用无钉纸箱，无金属打包，封口胶带为纸胶带，包装上一般有环保标志或回收标志。德国规定，纸箱表面不能上蜡、上油，也不能涂塑料。

　　日本拒绝竹片类包装入境，所有纸质和塑料包装材料必须有符合规定的标志并配以回收标签（回收标签有专门的印刷格式）。

　　资料来源：王雨，陈仕榜. 国际贸易实务［M］. 南昌：江西高校出版社，2019：31.

　　（3）国际产品的品牌。品牌是一笔无形的财富，一个国际品牌具有很强的号召力，所以大多数企业喜欢采用统一的国际品牌，如日本的"索尼""东芝"，美国的"可口可乐"等。采用单一的国际品牌和商标有时也会遇到许多意想不到的阻力，考虑各国的风俗习惯、宗教信仰、消费偏好等因素，同一产品在不同的国家和地区有时也采用不同的品牌和商标，以增加品牌和商标的促销效果，如宝洁公司在不同国家销售不同品牌的洗衣粉。

　　在国际保护主义思潮抬头、排他性经济合作"圈子"酝酿的背景下，中国要从根本上提高产业的海外安全，必须推动中国企业创建世界一流品牌。创建世界一流品牌的目标是将所在产业打造成全球样板产业。全球样板产业（global typical product category），是指能在全球市场拥有绝对市场份额优势、技术领先和品牌美誉度高的产业。全球样板产业要在全球消费者、买家、公众的心理建立与某国之间的等号关系。例如，高端钟表＝瑞士、精品汽车＝德国、消费电子电器、优质葡萄酒＝法国，等等。当国际上提到某种产业时，如果全球消费者、公众第一时间想到中国，那么中国的这个产业就成为全球样板产业。中国就能享受到该产业带来的国际市场溢价、无形资产、软实力、影响力。全球样板产业内的世界一流品牌因其丰富的文化内涵和无形资产，对产业的国际安全起到防震减震作用。有研究发现，日本、

德国在汽车产业确立了全球样板地位，当研究者向海外消费者描绘这两个国家的历史负面形象时，消费者不会降低对日本、德国汽车品牌（样板产业）的评价和购买意向，汽车产业抗风险的能力更强。

案例 4 - 5

打造品牌提高国际市场竞争力

遂溪火龙果早期种植以红皮白心、红皮红心为主，为了让水果出口更好地跟国际接轨，企业在努力跨越出口"高门槛"的同时，也更加注重优化种植品种，提高特色水果生产和销售的品牌意识，与国际标准接轨，提高出口水果在国际市场上的竞争力。遂溪火龙果在发展过程中，当地逐渐种植出一种较为罕见的黄皮白心火龙果，该品种皮薄肉厚，口感更佳，通常出口至美国、加拿大等国家，在高端水果市场上一度卖到两三百元一斤。

资料来源：刘稳，黄进，刘梓薇等. 雷州半岛水果"出海潮"背后的机遇与挑战［N］. 南方日报，2021 - 08 - 20（A12）.

---

2. 国际市场营销渠道策略

（1）国际销售渠道。国际销售渠道包括三大环节：一是商品在出口国国内所经过的流程，由出口国国内各种中间商组成；二是商品在进出口国之间的流程，由进出口商组成；三是商品在进口国的国内所经过的流程，由进口国国内各种中间商组成。

国际市场营销不仅要重视进出口的环节，更要加强进口国国内销售渠道的建设，必须熟悉不同国家的销售渠道之间的差异。

案例 4 - 6

山茶油的国际渠道开拓

目前市场上，大部分超大型零售机构，如沃尔玛、家乐福等，在货源采购上都积极采用全球招标的方式，所采购的货品经其自身的分销系统进入其在世界各地的零售网点，对经营山茶油出口的企业来说，通过多参加与这种国际企业采购招标的渠道，顺利将产品打入国外市场，也是一种可以探索的新渠道模式，应给予充分的重视。并且，这些超大型零售机构有些还将其全球采购中心设了在中国，这更加便利了国内产品通过其零售网点进入海外市场。此外，由于山茶油具有的高营养多功效，因此营销市场不要只着眼于一些常规的销售渠道。针对开发出的具有不同功效的产品，可以在母婴食品店、美容院、药店等一些地方销售。

资料来源：符茜. 中国山茶油市场现状分析及出口策略研究［D］. 北京：对外经济贸易大学，2014：21 - 22.

电子商务改变了消费者的购物习惯。跨境电子商务的低门槛、低成本、宽平台优势使国内企业，尤其是中小企业走向国际化的梦想成为可能，受到企业的欢迎。跨境电子商务的兴起也正改变着国际市场营销渠道，因此营销者必须熟悉 M2C、B2B、B2C、C2C、B2B2C 等跨境电子商务模式。

案例 4 – 7

直播带货水果出口

2020 年新冠肺炎疫情发生后，湛江水果遭遇销售难题，一度处于"卡车进不来、货物出不去"的窘况。当地通过直播带货、出台帮扶政策、开展线上线下销售相结合等方式，让水果不仅在国内火"出圈"，也吸引了越来越多外国客户的目光。部分尝到"甜头"的种植大户、合作社瞄准这个新商机，纷纷开启"远征"海外之旅。"试水"成功拓展海外市场有信心。

2020 年春节后，湛江徐闻菠萝大量上市。但因为新冠肺炎疫情，倒逼当地利用各类网络销售平台，解决菠萝销售问题。几乎是一夜之间，直播带货风靡"菠萝的海"，当地很多农户纷纷开设电商账号，线上吆喝自家种植的农产品，徐闻菠萝火遍大江南北。在电商大潮"冲浪"的经历，让部分种植大户眼界大开，而遂溪火龙果、徐闻菠萝首次分别出口阿联酋和日本的"试水"，也让他们更有信心去拓展海外市场。

资料来源：刘稳，黄进，刘梓薇等.雷州半岛水果"出海潮"背后的机遇与挑战［N］.南方日报，2021 – 08 – 20（A12）.

（2）对国外中间商的选择。大多数产品在国际市场的分销需要当地中间商的帮助，因此选择一个好的国外中间商，对企业开拓国际市场至关重要。

选择国外中间商时要充分评价每一个候选的中间商的基本条件，包括其市场范围、财务状况及管理水平、专业知识、地理位置和拥有的网点数量、信誉、预期合作程度等。

对已选定的国外中间商要经常进行监督和管理，定期评估，培养中间商的忠诚。首先，对中间商不宜轻易更换，只要它们愿意继续经营本企业的产品，而且经营效果也不错，就应努力与之建立良好的长期关系；其次，对那些可能不再经营本企业产品的中间商，企业应预先作出估计，预先安排好潜在的接替者，以保持分销渠道的连续性；最后，应时刻关注竞争者渠道策略、现代技术以及消费者购买习惯和模式的变化，以保证渠道的不断优化。当然，随着情况和环境的变化，有必要对分销渠道进行适当的调整，如终止分销协议、更新渠道和改变整个分销体系等。

［想一想］

营销人员在选择国际分销渠道时一般要考虑成本、财务、控制、市场覆盖面、适应性和连续性这六个因素。这些因素与选择国内分销渠道的因素有哪些差异？

3. 国际市场营销定价策略

企业在国际市场营销实践中，要根据自身经营方面的各种因素和国际市场环境的具体情况，组合运用各种价格策略来取得竞争优势。下面介绍两种常用的定价策略。

（1）统一交货定价策略。统一交货定价策略是指企业对于卖给不同地区顾客的产品，都按照相同的出厂价加相同的运费（按平均运费计算）定价，保证企业全球市场上的顾客都能以相同价格买到同一产品（不考虑中间商的加价，这里指与企业直接交易的顾客）。这种策略便于企业的价格管理，有助于企业在各国产品形象与各种促销手段的统一，有利于巩固和发展离企业远的目标市场的占有率，但容易失去距离较近的部分市场。

（2）分区定价策略。分区定价策略指企业把销售市场划分为若干区域，对于不同区域的顾客分别制定不同的区域价格。例如出口到美洲各国用一种价，在欧洲各国用另一种价，在亚太地区用第三种价格。产品在同一地区的价格相同，在不同地区价格有差异，离得远的区域产品的价格略高一些。

企业采用分区定价也有一些不足：一是在同一价格区内，有些顾客距离企业较近，有些顾客距离企业较远，前者就不合算；二是处在两个相邻价格区四周的顾客，他们相距不远，但是要按高低不同的价格购买同一种产品；三是相邻区域的价格差异有可能导致中间商随意地跨区域销售，不利于企业对区域价格的控制。企业在划分区域时，要注重这些问题。

案例 4－8

山茶油的国际市场价格策略

在开展价格策略时，应该针对不同目标市场而制定不同的定价目标。需要依靠进口食用油解决本国需求的亚洲国家，尤其是日本、韩国，目前已经是我国的主要山茶油出口国，针对这些市场应该选择竞争导向的定价策略，也就是以抢占市场份额为主要目标，努力提高现有的市场占比；如美国这种进口食用油用以调节本国需求的国家，目前还不是我国山茶油出口的主力国家，更类似于需要不断去新开拓的国际市场，那就应该选择需求导向的定价策略，以提高品牌知名度，提升企业形象，从而开拓新的国际市场为主要目标。

资料来源：符茜. 中国山茶油市场现状分析及出口策略研究［D］. 北京：对外经济贸易大学，2014：20.

4. 国际市场营销促销策略

国际市场营销的促销和国内促销一样，有广告、人员推销、营业推广等手段。

（1）国际广告。国际广告有广告标准化和广告差异化两种策略。

第一，广告标准化策略。广告标准化是指在不同国家使用相同主题的广告做宣传。广告标准化可以降低成本，使国际企业总部的专业人员得以充分利用，也有助于国际企业及其产品在各国市场上建立统一形象，有利于整体促销目标的制定、实施和控制。其主要弊端是针对性差，广告效果不佳。

第二，广告差异化策略。广告差异化是指针对不同国家市场的特点，向其传送不同的广告主题和广告信息。这种策略可以适应不同文化背景的消费者，增强宣传说服的针对性，虽然广告成本较高，但若能有效促进销售量增长，则可以获得更多利润。其主要弊端是企业总部的控制减弱，不同广告之间可能会出现相互矛盾的现象，影响企业形象。

影响国际广告的因素

因为国际广告面临的环境不同，比国内广告受到限制的因素要多。

一是语言问题。广告语言本身简洁明快，寓意较深，同样含义要用另外一种语言以同样方式准确表达实在是一件困难的事。只有使广告语言变成可被当地顾客理解和接受的当地语言，才能使潜在消费者正确理解广告信息，达到广告的宣传目的。

二是对广告媒介的限制。不同国家或地区的政府对广告媒介的限制和各国文化教育水平、广告媒介普及率的高低，直接影响到可供选择与使用的媒介的广告效果。

三是政府对广告活动的限制。有些国家规定了电视台每天播放广告的时间，还会限制香烟等产品的广告，有的还对广告信息内容与广告开支进行限制。

四是社会文化方面的限制。由于价值观与风俗习惯方面的差异，一些广告内容或形式不宜在目标市场国传播。如西方人不喜欢"13"这个数字。

五是广告代理商的限制。企业在当地缺乏有资格的广告代理商的帮助。

（2）国际市场人员推销。人员推销往往因其选择性强、灵活性高、能传递复杂信息、可有效激发顾客的购买欲望、能及时获取市场反馈等优点而成为国际市场营销中不可或缺的促销手段。然而国际市场营销中使用人员推销往往面临费用高、培训难等问题。

国际推销人员可以从本国和第三国招聘，但一般最好是招聘目标市场所在国的优秀人才做推销员。因为当地人对该国的风俗习惯、消费行为和商业惯例更加了解，与当地政府、工商界人士、消费者或潜在客户有着各种各样的联系。

在对国际推销人员推销业绩进行考核与评估的基础上，企业应综合运用物质奖励和精神鼓励等手段，调动推销人员的积极性，提高他们的推销业绩。

（3）国际市场营业推广。营业推广主要是针对国际目标市场上一定时期为了某种目标而采取的短期的、特殊的推销方法和措施。比如，为了打开产品出口的销路，刺激国际市场消费者购买，促销新产品，处理滞销产品，提高销售量，击败竞争者等，企业经常采用营业推广来配合广告和人员推销，以期取得最佳效果。

案例 4-9

青岛啤酒在香港市场的促销

青岛啤酒为了打开香港市场的销路，在开展人员推销和广告促销的同时，曾经采用过用 1 个啤酒瓶盖换取 1 港元的促销方法。于是，香港大饭店的服务员都成了青岛啤酒的推销员，大大提高了销量，使青岛啤酒在香港这个竞争激烈的啤酒市场上占有了一席之地。

资料来源：陶正群，简艳. 营销基础与实务［M］. 重庆：重庆大学出版社，2015：225.

除了国内常用的方法外，还有几种重要的国际营业推广手段对帮助产品进入国际市场很有帮助，如博览会、交易会、巡回展览、贸易代表团等。值得一提的是，这些活动往往因为有政府的参与而增强了其促销力量。事实上，许多国家政府或半官方机构经常举办一系列的国际巡回展览，向世界各国的消费者介绍企业情况和产品信息，以此作为推动本国产品出口、开拓国际市场的重要方式。

必须注意的是，企业在国际市场上采用营业推广这一促销手段时，除了考虑市场供求和产品性质、消费者的购买动机和购买习惯、产品在国际市场上的生命周期以外，还应注意不同国家或地区对营业推广的限制、经销商的合作态度、当地市场经济文化水平以及竞争程度等因素的影响。

5. 国际公共关系

国际公共关系的目的在于提高企业的国际声誉，从而带来产品声誉的提高，促进产品的销售。公共关系作为一项长期性的促销活动，其效果只有在一个很长的时期内才能得以实现。

在国际市场营销中，企业面临着陌生的海外市场环境，不仅要与当地顾客、供应商、中间商、竞争者打交道，还要与当地政府协调关系，如果在当地设有子公司，则还要与文化背景迥异的当地员工共事。

在与目标市场国的所有公共关系中，与其政府的关系可能是最重要的，因为没有当地政府的支持，企业很难进入该国市场。政府对海外投资、进口产品的态度，往往直接决定着企业在该国市场的前途。企业要通过公共关系加强与目标市场国政府官员的联系，遵守当地的法律，以求得企业在当地经营活动的长期发展。

企业在进入国际市场时，与东道国政府、本国驻当地使馆官员、中间商等各方面都应该开展积极公共关系维护工作。支持当地政府的一些政治活动，适当地给当地政府一些资助，密切关注政策动向。避免与工会和消费者协会在某些问题上的冲突。利用相关媒介增强企业良好形象的传播，获得当地政府和社会公众的信任和好感。比如，要销售山茶油，可以主推"健康、绿色"的形象，企业可通过赞助相关绿色组织、环保活动等，增强企业曝光率；可以举办食用油相关的免费健康讲座，积极邀请会员客户参加，并对参加人员免费发放健康食油宣传册，内容可包括山茶油的营养成分、特殊功效及用途、有关山茶油的历史典故、民间传说等，向目标消费者传递公司以及产品的信息

开展国际公共关系时需要注意：一是遵循国际交往的国际惯例、当地法律、法规和我国对外开放的总原则；二是要尊重当地的文化和风俗习惯，力求实行本土化策略；三是了解外国公众的态度及有关的经济、政治和社会情况，了解并善于运用外国公众经常接触的新闻传播媒介；四是运用跨文化传播手段，使自己的信息符合外国公众的语言、文化信仰、习惯，从而为他们所接受。国际公共关系的实质是跨文化传播。

不同时期企业的国际公关重点

企业应该经常向目标市场国政府和社会组织介绍本企业对其公众和社会作出的贡献，可以多举办一些公益活动，如为公用事业捐款，扶持残疾人事业，赞助文化、教育、卫生、环保事业等。利用各种媒介加强对企业有利的信息传播、扩大社会交往、不断调整企业行为，以获得当地政府和社会公众的信任与好感，树立为当地社会与经济发展积极作贡献的形象。初始进入目标市场国阶段，问题多，公关任务繁重；进入经营阶段，就要关注目标市场国政局与政策动向，以及公司利润汇回母国的风险问题；在撤出阶段，也要注意与目标市场国保持良好关系，以维护其他方面的利益。

6. 国际市场营销中的政治权力

国家政治权力影响政治、经济、法律、社会文化等各领域。政治权力对国际市场营销的影响，主要是通过政府政策、法律法规和其他限制性措施而起作用的。

国际市场竞争日趋激烈，各国政府干预加强，贸易保护主义重新抬头。企业如何开拓政府干预、贸易保护主义、非关税壁垒、地方保护主义广泛存在和影响巨大的市场，利用好政治权力是一种很好的方法。

（1）制定与政府及其公职人员营销的原则与战略。了解目标国政治文化背景、法律法规体系和相关的行业标准，对执政党和主要在野党派的情况、政府官员有较好的认识和了解。与政府官员特别是与政府要员搞好关系，将给国际市场营销的企业带来极大的便利；而一旦与政府官员的关系搞僵，就可能会遭遇人为设置的障碍，阻碍企业的营销行为。

在对目标国的宏观环境分析与市场调研的基础上，制定处理与政府及其公职人员交往的原则与战略，做到既使双方合作愉快，又不违反相关的法律法规。

（2）建立国际战略联盟，方便联盟方成员在对方国内对政治权力的运用。国际战略联盟是指在两个或两个以上国家中的两个或更多的企业，为实现某一战略目标而建立的合作性的利益共同体。它并不以追求短期利润最大化为首要目标，也不是一种为摆脱企业目前困境的权宜之计，而是与企业长期目标相一致的战略活动，旨在增强企业的长期国际竞争优势。

由于参加战略联盟的企业都是各国有实力的企业，在本国对本国的政治权力都有较深的研究、与本国政府的关系都比较良好。因此，战略联盟方便了联盟方成员在对方国内对政治权力的运用。与此同时，战略联盟方便了企业进入国外市场，使得企业能够分摊新产品和新工艺开发的固定成本，实现企业技能和资产的互补。

（3）采用本土化战略，获得东道国政府的支持。企业聘用当地劳动力为当地增加就业机会；采购当地产品，为当地产品提供销路；逐步转让技术，以提高东道国的技术水平。

本土化的企业容易获得东道国政府的政治权力的支持，可以充分合理地利用本土化资源、市场、人员渠道等来壮大企业自身实力。

（4）借助本国的政治权力和政府的政治行为来进行企业的营销活动。企业家树立政治营销意识，以敏锐的眼光捕捉政治营销机遇，为企业在国内外市场上大显身手创造良好的发展条件，可以借助政府首脑或部长出访时的企业家随行出访扩大企业的知名度和美誉度，借助两国经贸展览会、自由贸易洽谈和互惠条约签署等开拓国际市场；在遭遇国外的反倾销等贸易摩擦时，应该及时寻求本国政府的理解与支持，及时开展反倾销应诉或谈判解决。

案例 4 – 10

国内外企业的成功经验

德国大众、日本丰田、美国通用电气等企业在华的成功，主要有以下几条经验：首先，就利益交换与中国政府或者中国地方政府达成深度共识，在与政府进行产业合作的框架下进行布局；其次，实行与本土产业利益进行捆绑的战略，大规模投资建立合资企业，实施本地化采购，推进管理层的本土化进程，确立比较良性的政府与媒体关系以及其他公共关系；最后，整合在华资源，制定更符合中国实际的策略，让公司从全球的角度来使中国的布局更为完整，并提出"做中国企业公民"的目标。

海尔公司坚持"当地融资、融智、融文化，创世界名牌"的跨国经营战略，在洛杉矶设计、在南卡制造、在纽约销售，创造"本地化海尔"，与当地政府合作良好，成功开拓了美国市场。新飞公司与美国通用电气公司结成战略联盟，按照通用电气提出的标准生产各种冰箱、冰柜，由通用电气通过其庞大的营销网络在欧美市场以美国通用电气的名义进行销售，也取得了成功。

资料来源：何文成. 企业国际化战略控制能力研究 [D]. 长沙：中南大学，2008：115 - 117.

三、技能训练

（一）案例分析

案例 4 - 11

随着木材国际贸易的日益加剧，我国应当多层面提升自身的木材出口贸易质量水平，注重良好市场形象的塑造，这样才能更好地通过"一带一路"倡议带动我国木材产业的健康发展。多种途径提高木制品附加值在木材产品加快发展上，需要打破传统思路，增加木材精深加工产品比重，在自身产品加工制造上下功夫，注重引进和使用最为先进的技术、技艺，并与我国悠久的木材加工艺术相结合，以特色打造品牌，这样才能更好地提升出口木材产品的附加值。在对外出口上，不能一味地追求数量，应当关注质量、服务等，让国际市场认可中国木材产品，这样才能逐步提高出口木材产品等的市场竞争力。利用跨境电商平台增加出口在全球范围内，以计算机为核心的信息技术有很大发展，尤其是我国提出"互联网＋"以来，各种电商网络平台相继建立，对于活跃我国木材贸易市场具有重要作用。大量的木材加工产品被搬上电商平台，极大拓宽了木材产品市场的销售空间。在木材国际贸易营销平台的选择上，越来越多的木材贸易企业开始尝试网上直播带货这种新的促销模式。随着网上直播带货产业的不断发展，直播带货的产品种类日益增多，这为木业企业从事跨境电商业务带来新机遇。木业企业可以借助跨境电商平台营销，使国际木材商品"购物环境"变成了"平台社交＋购物环境"，拓宽营销渠道，迎合信息化高速革新的市场环境，从电商平台渠道获得更大收益。为此，木材企业应当注重打造具有自身特色的电商平台，注重与"一带一路"沿线国家或者地区的协调联动，进而打造出更为高效的跨境电商平台。这样不仅减少了相关成本投入，而且还提高了贸易往来的实际成效，对于推动我国木材国际贸易发展具有重要意义。

资料来源：海外头条. 我国木材贸易现状、存在问题及建议 [EB/OL]. https://www.sohu.com/a/379184822_100170398.

［试分析］

通过"互联网＋"进行跨境电商平台销售有什么优势？

案例 4 –12

江苏天地木业有限公司现在准备开拓巴西和土耳其市场。请你帮他们确定产品的出口方式，并说明理由。

（二）任务实施

实训项目：跨国营销方案设计。

1. 实训目标

能根据企业所销售林产品的特点，熟练掌握林产品拓展国外市场的策略。

2. 实训内容与要求

每组根据本公司所销售林副产品的特点（如质量、价格等），考虑世界各国的消费习惯和购买能力，选择本公司的目标市场、出口方式、并制定适当的国际市场营销组合策略。

3. 实训成果与检验

各小组将方案制作成 PPT，进行汇报，教师与所有小组共同对各小组的表现进行评估打分，汇报内容如下。

（1）所销售林产品的特点（产品质量、价格等）。

（2）所调查的国家的消费习惯和购买能力分析（调查五个国家以上）。

（3）选择本公司的目标市场、出口方式、并制定适当的国际市场营销组合策略。

四、知识拓展

非关税壁垒

当前在贸易自由化的总趋势下，一些国家的贸易保护主义有所抬头，除了对进口商品征收高额关税外，现在世界各国广泛采用非关税壁垒来限制进口。

非关税壁垒具有更大的灵活性、针对性、隐蔽性和歧视性，更能达到限制进口的目的。非关税壁垒措施名目繁多，主要有四种重要的措施。

1. 进口配额制

进口配额制又称进口限额，是一国政府在一定时期以内，对某些商品的进口数量或金额所加的直接限制。在规定的期限内，配额以内的货物可以进口，超过配额不准进口，或者征收更高的关税、附加税或罚款后才能进口。

2. "自动"出口配额制

"自动"出口配额制是出口国家或地区在进口国的要求或压力下，自愿规定某一时期内某些商品对该国的出口限制，在限度的配额内自行控制出口，超过配额时禁止出口。

3. 进口许可证制

进口许可证制是进口国家规定某些商品进口必须领取许可证后才能进口，否则一律不准进口。通过发放进口许可证，进口国可以对进口商品的种类、数量、来源、价格和进口时机等加以直接的控制。

4. 新贸易壁垒

新贸易壁垒是以技术壁垒为核心，包括环境壁垒和社会壁垒在内的所有阻碍国际贸易自由进行的新型非关税壁垒。

技术壁垒是指为了限制商品进口所规定的复杂苛刻的技术标准、卫生检疫规定以及商品的包装和标签规定等。这些过于复杂、繁多的规定限制了商品的进口。

绿色贸易壁垒是进口国为了保护生态环境、自然资源和人类健康，考虑本国可持续发展的需要，强制制定一些严格、高要求的规定或标准，对不符合其规定或标准的产品限制或禁止进口。绿色贸易壁垒的合理性在于顺应了环境保护的世界发展潮流，容易在社会公众中获得广泛支持。国际贸易规则上没有禁止绿色贸易壁垒，一系列国际环境公约和国内环保法规可作为其理论上的依据。

社会壁垒是指以劳动者劳动环境和生存权利为借口而采取的贸易保护措施。目前，最主要的是社会责任管理体系 SA8000 标准，其主要内容有：禁止使用童工，为员工提供安全、健康的工作环境和生活环境，公司不得使用或支持使用强迫性劳动、不得有各种歧视行为，公司不得采取或支持体罚、精神或肉体胁迫以及语言侮辱等惩罚性措施。

其他还有外汇管制、海关估价制、进出口国家垄断、歧视性政府采购政策、进口最低限价和禁止进口、进口押金制等非关税壁垒。

五、课后练习

1. 单选题

（1）多数美国人对于绿色较为热爱，其将绿色作为健康、和平发展象征。在各类服装设计中会灵活应用绿色构成元素，其也有着绿色帽子生产品牌，但是在国内多数人都不愿意佩戴绿色的帽子。这是属于（　　）不同。

A. 宗教习惯　　　　B. 风俗习惯　　　　C. 节日习惯　　　　D. 生活习惯

（2）企业通过外贸公司向国外出口产品，而企业本身不从事实际出口业务的进入国际市场的方式是（　　）。

A. 贸易公司出口　　　　　　　　　B. 出口代理商

C. 直接出口　　　　　　　　　　　D. 外企驻本国采购出口

（3）企业在海外直接建立自己的渠道网络和生产基地的国际市场营销模式是（　　）。

A. 契约模式出口　　B. 间接出口　　C. 直接出口　　D. 全球营销

（4）不需要对原有产品进行改进的国际产品营销战略是（　　）。

A. 产品延伸　　B. 产品改良　　C. 产品适应　　D. 产品创新

（5）（　　）不是国际市场营销过程的风险性。

A. 政治风险　　B. 交易风险　　C. 运输风险　　D. 价格风险

E. 需求风险

2. 判断题

（1）出口商品的市场导向定价，是以外国市场零售价格为基础，扣除中间商利润、关税、运费、保险费等，反推算出来的出口净售价。　　　　　　　　　　　　（　　）

（2）跨国公司国际转移定价一定比市场价格低。　　　　　　　　　　（　　）

（3）小米手机在海外市场的成功，主要依靠其海外市场的经销商地毯式的宣传销售模式，它所采用的渠道类型是间接销售渠道。　　　　　　　　　　　（　　）

（4）企业进入国际市场最好的方法是海外投资。　　　　　　　　　　　（　　）

（5）企业在海外直接建立自己的渠道网络和生产基地的国际市场营销模式是全球营销。　　　　　　　　　　　　　　　　　　　　　　　　　　　　（　　）

3. 简答题

（1）与国内市场营销相比，国际市场营销具有哪些特点？

（2）企业进入国际市场的方式有哪些？影响企业选择进入国际市场方式的因素有哪些？

（3）简述国际市场营销产品策略的内容。

（4）企业在选择国际分销渠道时一般要考虑哪些因素？

（5）企业在做国际广告时应该注意哪些事项？

任务二　开发林产品网络客户资源

一、任务导入

每组学生选择一个林产品作为本公司的主营产品，并调查该林产品的特点、特色、市场需求情况、竞争环境，并做一个网络营销 SWOT 分析方案。

二、相关知识

（一）网络营销的基本功能

相对于传统营销来说，网络营销有着传播信息快、范围广、成本低、形式多样等优点。网络营销作为新的营销手段和策略，借助互联网的优势，对传统营销产生了巨大的冲击。网络营销是在传统营销的基础上，充分利用互联网的优势，使两者互相促进、互相融合。

1. 市场调研

通过网络收集市场情报，收集企业竞争对手的信息，了解企业合作伙伴的相关业务情况；向消费者征求对产品或服务的认知程度、评价与意见，为新产品开发做准备，为调整企业生产决策或营销策略提供依据。

2. 信息发布与咨询

进行广告宣传，发布产品或服务信息；设立 FAQ，回答顾客经常提出的问题；设立留言板与电子邮箱，让顾客留下建议与问题，并及时回答相关问题。

3. 网上销售或网上采购招标

销售型站点要建立购物区及相关网络销售数据库，设立购物车，方便顾客选购产品，发送商品订单；招标型站点要公布招标办法及要求，设计投标书，制定公正合理的招标评标程序。

4. 客户关系管理

建立客户档案，加强与客户的联系，整理客户留下的订购资料；解决用户提出的问题，研究顾客提供的评价、意见及建议，为改善产品及服务质量提供参考。

5. 提供售后服务

解决产品使用中可能出现的问题，如退货、维修、技术支持和电子产品的升级。

 **知识链接**

农产品销售新模式

互联网商业是以消费者为核心，不断创造个性化的定制消费来满足人们，互联网商业已经从O2O体验延展到C2B、甚至是C2M的定制化服务。互联网经济的新模式，同样被移用到农产品的销售上，弥补传统农产品批发零售方式的不足。

1. 电子商务C2B预售模式

在农产品销售中展示出前所未有的巨大优势。该模式可以让消费者获得全国各地，甚至偏远地区特色农产品，能够减少大量中间流通环节。在农产品尚未成熟时，农户可以在电商平台上开启预售通告，消费者交纳定金。预售模式对一些不易存储的农产品极为有利，根据订单数量与情况，农户提前做好采摘计划，准备包装材料、安排劳动人手、联系物流承运商，而物流企业也能提前做出有针对性的运输计划，更加高效配置运力资源完成运输。这将有效降低农产品的库存成本及损耗成本，消费者也以优惠的价格购买到新鲜优质农产品。如山东青岛烟台等知名樱桃产地的地产经销商连续多年在淘宝、天猫上启动樱桃预售活动。

2. 周期购模式

部分农产品的需求具有十分明显的周期属性，如食用油、鸡蛋、大米、面粉、牛奶等，消费者需要定期采购，针对这样的消费需求，可以采用周期购模式。天猫在每年"双十一"购物节时，制定了周期购活动。消费者可以一次购买半年、一年数量的产品，每隔一月或数月，商家会配送农产品。借助周期购模式，消费者无须频繁外出购买或上网下单，生产加工企业能有针对性地调节产量，优化库存。

3. CSA与电子商务的结合

CSA（community support agriculture）是指社区支持农业，本意为社区居民成员与农场签订合作协议，风险共担，农场为社区提供蔬菜食品专属服务。在我国CSA模式主要是生产绿色有机食品的农业企业发起，向倡导绿色有机食品的消费者出售质量好价格较高的农产品。过去CSA模式在我国发展缓慢，原因主要在于绿色有机农产品生产成本高，农场无法从有限的渠道中找到愿意为优质农产品付出高价的消费者。随着电子商务的快速崛起，CSA模式在国内的推广迎来了发展机遇。从事绿色有机农产品种植的农场借助电商平台，扩大了农产品的辐射范围，将优质农产品传递给更多有购买能力的消费者。消费者在农场开设的网店中购买农产品套餐，农场按照套餐规定定期配送新鲜优质农产品。

资料来源：曹红玉. "互联网＋"背景下农产品供应链的创新发展［J］. 现代商业，2017（22）：17－18.

（二）林产品电子营销优势

所谓电子商务，就是将原本人与人、物与物的销售思路转化为人与机器、物与机器的对接销售。将银行、商场、办公室从事的商业活动转移到公共媒体，使用网络完成商务活动。可见电商的出现大幅度缩短了空间以及时间的距离。

1. 加快商品流通

电商的出现能够加快商品流通、减少交易成本，电商将传统商务沟通途径变成了通信工具沟通。将原本需要人力完成的商品信息传递转变成了机器负责信息的传输与处理。商家可以用网络来展示自己将要销售的商品。当然，商家也可以通过网络完成商品宣传、商品销售活动。除去商品生产外，大部分的传统商业活动都可以通过电商来完成，实现了现实空间向虚拟空间转移。商家只要在网络中成立属于自己的商业网站，将自家的商品信息输入网站数据库，并为用户提供查询与浏览服务，就能够实现商品宣传、商品展示、商品销售的目的。消费者通过检索商家网店，了解商品信息，根据自己的需求来选择合适的商品。这么做不仅能够增加商品流通效率，扩大商品覆盖区域，同时还能够简化商品贸易流程，降低商品贸易整体成本。原本对于林业产品销售属于劣势的运输、交通与地域不再是阻碍其发展的问题，获得了交易成本的对应降低。

2. 减少商品生产盲目性

事实上电子商务的出现能够有效降低生产盲目性问题。过去的传统商品流通与商品贸易是由生产者、商家、消费者共同构成的市场贸易体系。其中，商家在此过程中扮演着中介的作用。生产者从事商品生产的过程中需要根据商家订货信息来确定市场导向。受限于信息传递慢的问题，林业企业往往并不能准确、及时地了解市场信息，调整自家产业结构。这是过量采伐、资源浪费、产品积压出现的根本原因。电子商务中消费者与生产者可以利用网络完成信息的传递与获取。生产者通过网络了解消费者产品需求信息，调整自家产业结构。实现了设计、生产以及销售的周期加快目的，规避了生产盲目性问题的发生。

3. 更具针对性的营销能力

电子商务有着极强的广告针对性。传统营销论里的每一个人都是可以被开发的客户。而传统营销开发客户的手段存在费用高、盲目性严重的问题。电商与之不同，能够为消费者提供全方位、多角度的信息检索方式完成商品信息的获取与搜集。这样当消费者对某些商品出现需要，消费者就会自觉通过网络搜取商品信息，获得自己想要的商品，可见电商广告有针对性强的特征。

4. 创造更多的商机

受林产品销售企业自身的特性影响，大多数林业企业都位于远离城市的山间地区。所以林业企业往往都有着信息封闭、交通不便的问题。电商的出现则改变了这一局面。林业企业可以利用互联网缩短与客户端距离，实现变相式面对面交流。即电商可以为林业企业带来更多的商机。

（三）网络营销策略

网络营销的策略有很多，下面重点介绍几种常用的网络营销的策略，如表4-3所示。

表 4 - 3   常用的网络营销策略

内容	与传统营销的区别	具体策略
网络营销的产品策略	销售的多为标准型、时尚型的产品	产品标准化，产品认证，量身定做；产品差异化，技术开发，线上线下相结合
网络营销的价格策略	相对统一，具有可比性，可以进行比价	折扣价格策略，免费策略，个性化定价，联合议价，竞价，捆绑定价策略，比价策略
网络营销的促销策略	树立形象、沟通信息、促进销售	网络促销信息发布策略，网络促销策略，网络公共关系策略
网络营销的渠道策略	渠道的环节少，销售范围大，能实现专业化的分工，交易成本低	收集信息，促销宣传，关联营销，结算支付，物流配送
网络营销的个性化服务策略	定制化服务	提供个性化的服务内容
网络营销域名品牌管理	企业在互联网中的标志	域名管理、域名抢注

1. 网络营销的产品策略

（1）网络营销的产品特点。由于网上客户自身的特点及其在购买体验上的局限性，使网络营销的产品具有以下几个特点。

一是标准型。这类产品的质量和性能由一些固定的数量指标来规定，产品之间没有多大差异，在购买前后都非常透明且稳定。因此，不需在购买时进行验证或比较。

二是重购性。有些产品虽需要使用之后才能对产品的好坏作出评价，但客户已经有这种产品的购买和使用体验，对产品的质量和性能非常熟悉。这类产品以日常生活用品居多，一般价值不大但需重复购买。

三是时尚性。随着人们生活质量的不断提高，对时髦、前卫的产品或特色服务的需求越来越多。这类产品或服务在现实生活中往往"可遇不可求"或人们没有时间进行深入的了解，但在网上却很容易找到相关的信息。由于网民中时尚新潮者很多，网友之间交流密切，根据客户反馈信息定制的时尚类产品在网上很容易售卖。

四是快捷性。有些产品或服务采用网上订购并送货上门的服务方式，大大节省了人们的时间。

五是廉价性。线上产品价格一般都比线下低，一些网民喜欢在网上不经意"漫游"，希望能"淘"到既价廉物美又称心如意的产品。这类产品一般属于耐用品，并非网民所必需。一些专业购物网站（如淘宝网、京东网）和价格对比网站提供的类似服务，能更好地满足这些网民的需求。

▶ **知识链接**

适合网络营销的林产品类型

适合网络营销的林产品类型包括：批量小且附加价值不高，或地域特色不鲜明，或产品售期长，或品牌效应不强的非标准化的林产品难具备电商产品的必要条件；相反，批量大，或附加价值高，或地域色彩明显，或产品售期短，或品牌效应强，或标准化林产品易具备电商产品的必要条件；经营主体资金实力强及组织化程度高、信誉程度高对其林产品成为电商产品具有促进作用。

只有具备了上述必要条件，才有可能成为畅销的电商产品，林农才有可能利用互联网技术。当前互联网技术在林业生产经营中的应用主要体现在林产品的销售上，对林产品的销售起到了积极的作用。但是，电商并非"互联网＋林业"的全部，"互联网＋"技术还可以广泛运用于农村互联网金融、林产品质量安全追溯、林业生产经营大数据服务、林产品生产智能控制和林业生产经营组织内部治理等领域。另外，"互联网＋"技术仅仅是个手段，在林产品供小于求且信息不对称条件下，电商能够有效解决产品的销售难问题；当林产品供大于求时，电商并非解决林产品销售难的"万能药"，合理调整生产结构、开发新品种、拓展林产品价值链上的价值、探索林产品细分市场等措施才是解决林产品销售难的根本途径。

资料来源：孙维亚. 我国林产品网络营销存在的问题及对策分析 [J]. 企业导报，2011（14）：123 - 124.

（2）网络营销的产品策略。网络营销的产品策略如下。

一是产品标准化。由于客户无法亲眼见到网上产品实体，将产品标准化会大大增强其购买决心，促其尽快决策。同时，通过产品认证也将大大提高产品质量和性能的可信度，如 ISO9000、ISO14000 认证等。

二是样式新颖、功能独特。网民收入和文化程度普遍较高，他们敢于标新立异，追求个性化。对此，应有针对性地开发迎合市场潮流的产品或特色服务。

三是量身定做。少数技术先进企业的内部生产系统高度人性化和智能化，客户可在其设计系统的引导下，按自己意愿自行设计产品，企业按客户的设计进行生产。

四是产品差异化。由于技术水平和生产能力的提高，产品同质化的趋势越来越明显，竞争也日趋激烈。要想在性能和价格都非常透明的网络营销中占有一席之地，就要和竞争者错位经营，提供差异化的产品或服务。

五是技术开发。技术开发不仅指产品的生产制造技术要处于领先地位，网络营销技术也要及时更新。例如，通过 VR、AR 动态展示或可视化演示，使客户获得更为直观的感受。

▶ 知识链接

农产品＋可视农业

"可视农业"主要是指依靠互联网、物联网、云计算、雷达技术及现代视频技术将农作物或牲畜生长过程的模式、手段和方法呈现在公众面前，让消费者放心购买优质产品的一种模式。

"可视农业"还有一大功能，就是可靠的期货订单效应，众多的"可视农业"消费者或投资者，通过利用网络平台进行远程观察并下达订单，他们在任何地方通过可视平台都能观察到自己订的蔬菜、水果和猪牛羊等畜产的生产、管理全过程。

近年来，可视农业平台通过改造升级传统农业，贯彻电子商务下乡，升级商店对接餐饮，派发订单生产等形式活跃农村市场，不断向可视农业生产商派发订单订金，有效解决传统农业市场通路、资金短缺和食品安全三大疑难问题，以低价格好产品，输送到各个市场终端。

资料来源：小庄. 互联网 + 可视农业〔EB/OL〕. https：//www. techshidai. com/article – 470749. html.

---

2. 网络营销的价格策略

（1）网络营销的价格特点。价格是营销策略中最活跃、最灵活、最具竞争力的因素。调查表明，42.7% 网上购物的主要动机是节约费用。网络营销中的价格是买卖双方通过广泛调查比较并经过网上反复询盘、还盘、磋商后最终确定的成交价格。网络营销中价格的透明性和可比性，使得网络营销中的价格策略具有以下几个特点。

一是相对统一性。网络营销面对的是全球开放的市场，网络的传播使价格信息打破了地区的封闭性，但由于各国（地区）的经济发展水平和购买力存在差异，加之关税、运输等因素，很难实现全球统一定价。网络营销产品的价格是在全球存在差异基础上的相对统一。

二是可比性。价格的可比性是指客户可以通过搜索引擎等方式，查询到世界各地同类产品比较准确的价格信息，通过比较，作出购买决策。客户不仅可以查询到其他厂商生产的同类产品或替代品的价格，还可以了解同一厂商在不同时期、不同地区的产品价格信息。

三是低廉性。网络营销在生产、营销等管理方面的低成本，使网上价格与网下相比具有较大的价格优势。但是，由于同一类型的厂家和商家之间相互争夺市场，尤其是越来越多的价格对比网站、竞价网站的不断涌现，使网上"价格战"愈演愈烈，网上产品价格的下降空间越来越小。

四是协商性。网络"一对一"的营销，客户一方面可自由选购或定制自己需要的产品或服务，另一方面可以议价甚至竞价。

案例 4 – 13

戴尔电脑的网上销售

戴尔公司的电脑通过网络进行销售，消费者在购买电脑的过程中可以根据自己的需求定制戴尔电脑。不同的配置、不同的运输方式等定制方案上的差异会导致不同的价格，客户可以进行选择，自己决策价格方案。

资料来源：黄婷. 戴尔公司的供应链管理模式研究〔J〕. 现代国企研究，2016（16）：71.

（2）网络营销的价格策略。消费者选择网上购物的一个重要原因就是从网上可以获取更多的产品信息，从而以最优惠的价格购买商品。在网络营销的初级阶段，低价销售似乎已成为目前企业为在网上树立自己的形象和占领市场所采用的"行规"了。低价策略的广泛采用还基于这样的理论：网络的使用降低了企业的成本，使之有了降价的空间和能力，基于传统的经营理念，大多数企业在制定产品价格时考虑的主要因素仍然是成本，成本主要是在一系列的生产、流通、营销过程中发生和形成的，网络经济的重要特征之一是经济的直接化，即从工业时代的迂回经济向数字化的直接经济过渡，网络及其充分信息已经在上述过程中全方位实现了产品的原材料采购，生产、管理、销售和流通成本的降低，使完全竞争成为可能，在理论上降低了产品的价格。网络营销的价格策略有如下几种形式。

第一，折扣价格策略。一般商品的网上定价都在网下终端价格的基础上进行打折。网络营销中的折扣策略是和网下竞争对手展开竞争的有力武器。

第二，免费策略。免费策略就是将企业的产品或服务以免费形式供客户使用，试图吸引并留住客户。

免费策略有以下三类：第一类是产品或服务完全免费，如免费的新闻报道、免费的软件下载等；第二类是对产品或服务实行限次免费，即产品或服务可以被消费者有限次地免费使用，如许多免费试用软件，当超过一定期限或使用次数后，这种产品或服务就不能继续使用；第三类是对产品或服务的部分功能实行免费，让消费者试用，但要使用其全部功能则必须付款购买。

第三，个性化定价策略。网络营销提供了高附加值的服务，可实行较高价格的个性化产品定价策略。

第四，联合议价策略。为了降低采购成本，一些企业采取联合采购行动，统一价格口径，增强在采购中讨价还价的能力，争取最优惠的价格减让。

第五，竞价策略。竞价分拍卖竞价和拍买竞价两种形式。前者是指经过注册后，在网上拍卖商品，易趣、网易等网站就提供此类服务。拍买竞价一般是指网上采购招标，包括国际商业采购招标和政府采购招标。

第六，捆绑定价策略。购买某种商品或服务时赠送其他产品或服务。厂家在网上通过购物车页面给顾客提供与其购买产品搭配的其他产品，通过捆绑定价的方式进行报价，其实质是一种变相折扣或价格减让，目的是销售更多的产品。

运用此种策略要注意：一是让客户自己搭配产品，不可强硬搭售，以免招致客户反感；二是巧妙运用多种相关产品组合，让客户有更多的选择余地，甚至可以由客户自行设计搭配方案，然后买卖双方在网上协商定价。

第七，比价策略。网站提供搜索引擎，收集同一类产品的零售价格信息，对价格进行比较，使客户可以在一家网站"货比三家"。

除前面提到的那些策略外，还有诸如品牌定价、特殊产品特价、声誉定价策略等。由于许多客户对网上交易或销售产品的质量存有疑虑，因此，企业在网上的形象、声誉便成为网络营销发展初期影响价格的主要因素。

案例 4 – 14

镇安板栗的价格策略现状

无论是在线上销售还是线下销售，糖炒板栗、熟板栗等加工后的板栗单位销售价格是生板栗的单位销售价格的 7～20 倍，且加工后板栗的月销量是生板栗的 3 000 倍。初级农产品经过加工后，定价将会有较大提升，但是受到加工工艺及品牌的影响，定价差异较大。镇安糖炒板栗单位产品价格比燕山糖炒板栗低 30 多元，月销量只是其 0.5% 左右，消费者对于镇安板栗的认可度较低。镇安生板栗的线上线下价格差异较小，平均约 14 元/千克，单位价格主要受到采购批量的影响。镇安板栗的线上线下价格虽整体相对较低，但是销量却不高，带来的经济收入不理想。为保护镇安板栗品牌，镇安县林业局板栗产业办于 2006 年申请注册了"臻安"牌板栗商标。在结子、青铜、柴坪建立有机板栗基地 0.2 万公顷，2005 年得到西北农林科技大学杨凌有机食品认证中心的认证许可，使镇安板栗率先跨入全国板栗有机食品行列。2010 年加强了镇安板栗的原产地保护措施，建立原产地保护基地 1.33 万公顷。尽管申请了镇安板栗的品牌，很多板栗供应商依旧以提供初级农产品为主，只凸显了商品本身的自然属性，并没有借助地方文化内涵塑造区域品牌形象。板栗经营主体考虑更多的是如何实现自己的利益最大化，较少考虑镇安板栗品牌的整体运营规划，未能形成相互关联的区域品牌，打造出属于镇安的特色农产品品牌，导致镇安板栗的竞争力较低。

资料来源：周方舟. 特色农产品营销渠道及定价策略研究——以镇安县板栗为例 [J]. 辽宁农业科学，2021（4）：31 - 34.

3. 网络营销的促销策略

网络促销是指利用现代化的网络技术向虚拟市场发布有关产品或服务的信息，以激发消费者的需求欲望，刺激消费者购买产品或服务，扩大产品销售而进行的一系列宣传介绍、广告、信息刺激等活动。网络促销实际上是厂家利用网络技术和市场进行沟通的过程，其目的主要是树立企业形象、沟通信息和促进产品销售。

网络营销的促销手段主要有网络广告、网络信息发布、网络销售促进、网络公共关系等方式。

（1）网络广告策略。网络广告就是广告主以付费方式运用互联网劝说公众的一种信息传播活动。

网络广告发源于美国。1994 年 10 月 14 日，美国著名的《连线》杂志推出了网络版，在其主页上第一次为 AT&T 等 14 个客户做了网络横幅广告，这是广告史上的一个里程碑。伴随着互联网的高速发展，网络广告也得到了较快的发展。

案例 4 - 15

具有区域特色的林产品电子商务平台

"大森林商城"是国内首家生态林产品特产商城，该平台通过优选生鲜果品、山货特产、实木家居、森林食品、茶叶等近万个商品，并综合运用了云视频和大数据等最新互联网技术，借助网络电商的营销手段，推动林产品产业链聚集发展。还有一些具有特色的销售平台，如安徽省泾县通过电商销售木梳，将全县 150 家木梳生产企业的产品销往全国乃至欧美、东南亚地区，2015 年实现销售额达到 3 亿元。湖南省怀化市靖州苗族侗族自治县是湖南山核桃重点产区，近年来，引导山核桃加工企业与互联网电子商务平台合作，取得了良好的销售业绩。

与此同时，"互联网 + 林产品"的类别越来越齐全，不仅涉及竹木制品、家具、森林食品、林下产品，而且还涉及绿化苗木、鲜花、盆景等。越来越多的林产品生产和销售企业借助互联网突破了传统的销售领域和范围，取得了很好的效果。

资料来源：肖频. "互联网 +"背景下林产品电子商务的高质量发展策略研究 [J]. 林业经济，2018（8）：108 - 112.

　　网络广告形式多样，有文字链接广告、图标广告、横幅广告、弹出窗口式广告、跑马灯式广告、电子邮件广告等。这些广告运用互联网新型载体，将广告发布到各地，给消费者强烈的感官刺激，实现与消费者的交互作用。

　　互联网与电视、广播和报纸一样是媒体，且不说在互联网上做广告费用更低，单单是它比其他媒体具有更快的发展速度和更为广阔的发展前景，消费者可以通过网络主动搜索促销信息，企业也可以使广告更集中于目标顾客。如"克一河诺敏山"系列产品搭乘网络这辆快车，让更多的商家和世人了解大兴安岭林区森林覆盖的面积较大，周边草原多，无任何污染，林中的山野菜、山野果、食用菌等产品的天然优势要更胜一筹，使其系列产品黑木耳、野生真菌系列；山野小菜、特色小菜系列；山野花、山野果饮品系列远销国内外四十多个城市，产品已经打入沃尔玛、麦德隆等四百多家超市。网络营销能够突破时间和空间的限制。没有时间的限制，这是一般传统销售做不到的。在传统方式下，由于地域、交通的制约，企业的商圈被局限在某一个范围内，而上网后面对的是所有网络用户，传统企业实现网络营销后其商圈可拓宽到全国甚至全球范围。

 知识链接

网络广告的运作步骤

　　和传统媒体的广告一样，网络广告也要明确目的、制定预算，精心设计广告，选择合适的投放站点并对其效果进行评价。

　　1. 确定广告目标

　　网络广告目标是指特定时期内，针对特定目标受众所要完成的信息传播任务以及沟通效果。网络广告目标服从于企业的营销目标和其有关市场、定位、营销组合等策略。

　　2. 制定广告预算

　　计算为完成广告目标所要投入的广告活动费用支出。广告预算不仅要了解不同网站对各种形式广告的收费情况，还要考虑产品特点、市场特点、销售额、竞争对手等相关情况。

　　3. 设计广告内容

　　广告词要精练、简单、明了、直接，让受众能立即明白广告的意思；使用能够唤起受众点击欲望的词汇；协调文字、图形、色彩、动态，观众对于富有创意的动态广告都会禁不住多看一眼；采用动态旗帜广告比静态旗帜广告更具优势，但要注意不要影响下载速度。

　　4. 选择投放站点

　　在界定目标受众的基础上，选择合适的广告服务商。应先对站点进行分析，了解该站点是否具有广告定向能力。然后了解该站点对网络广告的评估、监测、收费情况。对投放的广告，还要监测其是否正常播放，广告的版本以及超链接是否正确等。

　　5. 评价广告效果

　　网络广告评估的目的是通过检查广告投放后产生的效果和执行的质量来指导以后的作业。衡量网络广告效果主要有浏览量、点击次数、交互次数、销售收入等指标。企业可以通过访问统计软件、客户反馈情况以及权威的第三方公告测评机构来对这些指标进行测评。

　　如今，广告客户不再单纯追求网络广告的点击率，开始更加重视品牌形象展示和广告效

果的转化率。因此网络广告还可以采用交换广告的方式，通过与专业的广告交换网站或者与合作伙伴相互交换广告，达到网络广告的营销效果。

资料来源：刘莉. 移动互联网广告传播机制及策略研究［J］. 现代商贸工业，2022，43（24）：74－76.

（2）网络信息发布策略。信息发布是网络营销的基础和前提，也是网络促销的主要内容。只有认真研究促销对象、精心设计促销内容、科学搭配促销组合、审慎选择发布站点并掌握发布技巧，才能取得理想的促销效果。

第一，网络信息发布的内容选择。购买者对于特色林产品信息的需求主要体现在三个方面。

一是林产品的供应信息。这类信息的需求者是中间购买群体（如经销商），影响购买意向的关键信息还需买卖双方进一步洽谈，因而通过网络发布的信息内容主要包括产品名称、价格、地点、联系方式等提示性信息。

二是林产品的购买渠道信息，特别是网络购买渠道信息。主要目的是获取购买者的注意力，通过刺激购买者脑海中的潜在需求来激发其购买欲望（如已有的消费体验）。其信息传播的对象主要是针对已有消费体验的购买者，因而所需的信息编码量小，内容简单，只要列出产品的名称、网店地址链接即可。

三是林产品的功能属性相关信息。主要针对的购买者未有消费体验，而要激发此类购买者的购买欲望，特色林产品的功能属性特征成为关键。这类信息包含的内容非常丰富，需要从多个角度来激发购买者的需求欲望，比如说可以通过民俗传说、风俗习惯、科学论证等方式来渲染，从而激发购买者的购买欲望。此外特色林产品的生长环境、加工流程等背景信息的展示。因而所需的信息编码量非常大，而且形式也需多样呈现。

第二，网络信息发布的形式选择。根据表现形式，信息可以分为文字、声音、图形、图像；那么特色林产品的信息可以以这几种形式的一种或多种组合形式进行发布。具体信息形式的选择，不仅取决于信息的类别，还受信息需求者的信息获取行为影响。

首先，有关林产品供应的供应性信息更适合以文字信息进行编码，这样更加的客观、准确、真实；还因为其信息需求者——中间购买群体通常发生主动信息搜集行为，文字型的信息在现有技术条件下更利于网络检索。

其次，林产品的购买渠道信息则以文字为主、图片为辅的方式为宜，因为这类信息主要承担触发点的功能，以此来激发购买者的原有的消费体验，进而形成需求欲望。

最后，林产品的功能属性相关信息则需要采用文字、图形、图像多种形式来展现，因为其信息需求者对特色林产品缺乏相应了解，多种信息表现形式通过对购买者感官系统的多维刺激，为有利于加深购买者对产品的印象，从多个角度激发购买者的潜在需求。

（3）网络销售促进策略。

第一，有奖促销。奖品对许多客户有异乎寻常的吸引力，网上的抽奖活动可以带来比平时高出许多的访问量，以促进产品的销售。在新产品试用、产品更新、竞争品牌对抗、新市场开拓等情况下，利用奖品促销可以达到较好的促销效果。

第二，积分促销。网上运用积分促销比传统营销方式要简单和容易得多，很容易通过编程和数据库等来实现。积分促销一般设置价值较高的奖品，消费者通过多次购买或多次参加活动来增加积分以获得奖品。

第三，虚拟货币。当客户申请成为会员或参加某种活动时可以获得网站发放的虚拟货币，用来购买本网站的商品或获赠免费的上网时间。

此外，网上折扣促销、提供免费资源与服务也是不少网站常用的促销方式，这些促销方式可以扩大站点的吸引力。

（4）网络公共关系策略。网络公共关系是指充分利用各种网络传媒技术，宣传产品特色，树立企业形象，唤起公众注意，培养人们对企业及其产品的好感、兴趣和信心，提升产品知名度和美誉度，为后续营销活动准备良好的感情铺垫。研究表明，在产品销售前期，良好的公共关系促销比广告更为有效。

第一，网络新闻。互联网已经成为人们获得新闻的重要来源。企业除了在自己的站点发布新闻外，还应该到一些知名的网络新闻服务商的网站去发布企业或产品信息，发布之前可以用 E-mail 通知有关的新闻记者。

第二，网络礼仪。网络礼仪是人们在网络上交往的礼仪，其基本的原则是自由、公正和自律。例如，在使用 E-mail 宣传时，开头要表示歉意，语言要客气、礼貌，格式要规范，要方便收件人删除。在网上论坛、公告栏上不刻意发布与讨论主题无关的商业广告。

第三，网络社区。由于社区成员是以虚拟身份加入，管理员要对社区成员之间的交流制定相应的规则。社区管理的目的是保证社区成员的安全感，树立网站良好的形象，吸引更多的成员加入进来，提高网站乃至企业的知名度。同时，要有意识地引导成员对企业及其产品展开讨论活动，培养一些活跃成员，了解他们的反馈意见，取得他们的信任和好感。

第四，危机处理。一旦企业或产品所涉及的地区和行业发生危机，企业要充分发挥网络传播速度快的特点，及时将处理结果或事件真相告知于众，取得公众的谅解和信任。此外，还有事件营销、路演、公益活动等网络公共关系策略。

4. 网络营销的渠道策略

和传统营销一样，网络营销也面临着如何实现将产品或服务由生产者向消费者转移的问题。网络营销渠道就是促使产品（服务）顺利地被使用（消费）的有关网络中介组织或电子中间商，一般也称为网络营销平台。

（1）网络营销渠道的类型。网络营销渠道一般可分为直接营销渠道和间接营销渠道两种类型。

第一，网络直接营销渠道。网络直接营销渠道又称网上直销，是指企业自建网站直接实现产品或服务向消费者销售。企业和消费者直接在网上沟通商品信息，也可在网上完成货款支付。

第二，网络间接营销渠道。借助网络第三方中介机构或其他网络社交媒体上经营的博客、论坛等网络社区，来实现企业产品或服务销售。这些中介机构由于在市场信息、规模、技术、知名度等方面的优势，能更有效地帮助单个企业实现销售目标。

许多企业同时利用直接和间接两种营销方式，即"双道法"来达到扩大销售、加强市场渗透的目的。

相对于传统渠道，网络营销渠道能利用网络快速地在渠道成员之间进行信息的传递；减少了渠道环节，扩大了市场的销售范围；实现专业化的分工，更好地为消费者服务，并降低了费用成本。

江苏省句容市的句容森林食品及苗木产业电子商务发展过程

江苏省句容市的句容森林食品及苗木产业电子商务发展过程中，充分借助不同的电商平台，发展电商产业，提高电商销售规模。

一是依托主流电子商务平台。句容很多销售森林食品、苗木产品的企业不断依托现有的主流电子商务平台，比如，京东商城、淘宝商城、天猫商城，及其中国森林食品网等，其中京东商城在售句容森林食品、苗木产品的商家达到了 25 家，淘宝商城共有 765 家。这些企业或个人通过在主流平台开设网络店铺，上架不同的特色森林食品、苗木产品，并通过实体店、增值服务等方式扩大线上店铺的影响力，提高句容森林食品及苗木产业电子商务交易规模。

二是依托当地的网络经营品牌。句容政府目前积极引导和推动具有当地特色的网络品牌的经营，搭建句容森林食品及苗木产业信息交互平台，实时在平台上传递有效信息，并且出台相应的优惠的产业发展政策，塑造优势产业地标品牌，增强网络品牌的文化底蕴，更好地提升品牌的声誉。句容政府另辟蹊径，通过搭建类似"乡音兄网"和"淘常州"等具有地方特色的综合服务推广平台，用来营销当地特产，而没有统一地借助阿里巴巴、京东等传统大型电商平台，展现了多元化地方特色。

资料来源：蒲蓝，句容. 森林食品及苗木产业电子商务发展研究 [J]. 时代农机，2018，45（6）：24 - 25.

（2）网络营销渠道的功能。一个典型的网络营销渠道，一般具备下列功能中的一种或多种。

第一，收集信息。电子中间商由于和本地区或本领域的市场联系密切，积累的相关信息也非常丰富，是企业收集市场信息的重要渠道。例如，中国化工网、阿里巴巴的化工社区等就是收集化工市场信息最好的来源渠道；进入中国价格信息网可以了解国家定点监测的产品和服务的价格。

第二，促销宣传。每个网站都有自己相对固定的目标客户。对开展网络宣传来说，企业自己的网站只能作为主阵地，还要在其他网站开展宣传活动，以便将网络营销的范围扩大到最大的限度。

第三，关联营销。关联营销也称会员制营销，即借助其他网站来销售产品。即使是拥有了一流网站平台的优秀品牌企业，也要借助其他网站将产品销售出去。当客户访问会员网站时，点击被关联网站的链接并进入被关联网站购物，被关联网站就要付给会员网站一定的销售佣金。

百度联盟的会员制营销

依托于全球最大的中文搜索引擎，百度联盟提供最具竞争力的互联网流量变现专业服务，致力于帮助伙伴挖掘流量的推广价值，同时为推广客户提供最佳回报。百度联盟与网站、软件、网吧、电信运营商、终端厂商等多类伙伴紧密合作，打造简单、可依赖的专业媒体平台。到 2018 年，百度联盟峰会升级为"百度联盟生态峰会"。百度联盟包含联盟合作伙伴 80 万个，App 开发者 5 万人，累计分成金额已达到 600 亿元。

　　资料来源：叶飞鸿. 如何破解互联网人口红利瓶颈？[EB/OL]. https：//www. 163. com/dy/article/EER5DPCA0512EL5Q. html.

　　第四，网上支付。网上支付是指通过互联网实现的用户和商户、商户和商户之间在线货币支付、资金清算、查询统计等过程。网上支付主要有两种形式：网上银行直接支付和第三方网上支付。

　　网上银行支付由各大商业银行提供，金融背景与业务熟悉是这类支付平台的最大优势。第三方支付根据不同的运营模式分为两类：一类是完全独立于电商网站的独立第三方支付机构，为网上签约商户提供相关支付等金融服务，如快钱、汇付天下等；另一类是源于电子商务或其他平台的第三方支付机构，如产生于淘宝平台的支付宝、产生于腾讯社交平台的财付通，支付宝、财付通（微信支付）是当前个人最常用的第三方支付方式。PayPal 是 eBay 旗下的目前全球最大的网上支付公司。

　　第五，物流配送。网络营销虽然实现了网上订购和支付功能，但对实物商品却无法做到像单纯信息产品一样的"虚拟"传输。所以，一些网络中介组织或电子中间商还担负起了提供物流配送的功能，如顺丰快递、京东自营物流等。

5. 网络营销的个性化服务策略

　　（1）网上个性化服务。个性化服务也称定制服务，就是按照客户特别是一般消费者的要求提供特定服务，即满足消费者个性化的需求。

　　网上个性化服务与传统方式的个性化服务相比有以下三个方面的特点。

　　一是服务时空更具个性化。在人们希望的任何时间和地点都能得到服务。

　　二是服务方式更具个性化。由于技术的发展，相比于传统方式能更好地根据个人爱好或特色来进行服务。

　　三是服务内容更具个性化。不再是千篇一律、千人一面，而是各取所需、各得其所。

农产品电商模式 C2B/C2F 模式（即消费者定制模式）

　　这类模式是农户根据会员的订单需求生产农产品，然后通过家庭宅配的方式把自家农庄的产品配送给会员。这种模式的运作流程分为四步。

　　第一步：农户要形成规模化种植及饲养。

　　第二步：农户要通过网络平台发布产品的供应信息招募会员。

　　第三步：会员通过网上的会员系统提前预订今后需要的产品。

　　第四步：待产品生产出来后，农户按照预定需求配送给会员。

　　盈利方式：收取会员费，即会员的年卡、季卡或月卡消费。

　　优势：提前定制化生产，经营风险小。

劣势：受制于场地和非标准化生产的影响，市场发展空间有限。

资料来源：陈冰. 农产品类电商平台构建 F2C2B 模式探讨［J］. 全国商情，2016（20）：15－16.

（2）网上个性化服务应注意的问题。网上个性化服务需要从方式上、内容上、技术上和资金上进行系统规划和配合，否则个性化服务难以实现。对于一般网站，提供个性化服务要注意以下几个方面。

第一，个性化服务是众多网站经营手段中的一种，是否适合于企业网站应用、应用在网站的哪个环节上，需要具体情况具体分析。

第二，应用个性化服务首先要做的是细分市场，细分目标群体，同时准确地确定不同群体的需求特点。

第三，市场细分的程度越高，需要投入个性化服务中的成本也会相应提高，而且对网站的技术要求也更高，网站经营者要量力而行。

第四，个性化服务，要重视个人隐私问题，大多数人不愿公开自己的"绝对隐私"。因此，企业在提供个性化服务时，必须注意保护顾客的隐私信息，更不能将这些隐私信息进行公开或者出卖。侵犯用户隐私信息的行为，不但会招致用户的反感，同时也是违法行为。

6. 网络营销域名品牌管理

（1）域名品牌的商业作用。域名是由个人、企业或组织申请的独占使用的互联网上的标识，并对提供的服务或产品的品质进行承诺和提供信息交换或交易的虚拟地址。域名是企业站点联系地址，是企业被识别和选择的对象。域名的知名度和访问率就是公司形象在互联网商业环境中的具体体现。域名与商标类似，其商业价值是不言而喻的。因此，提高域名的知名度就是提高企业站点知名度，也是提高企业被识别和选择的概率。所以，必须将域名作为一种商业资源来管理和使用。

（2）域名管理。域名管理主要是针对域名对应站点内容的管理，因为消费者识别和使用域名是为了获取有用的信息和服务，站点的页面内容才是域名商标的真正内涵。站点必须有丰富的内涵和服务，否则再多的访问者可能都是过眼云烟，难以真正树立域名商标的形象。要保证域名使用和访问高频率，必须注意以下几个方面。

第一，信息服务定位。域名作为商标资源，必须注意与企业整体形象保持一致，提供的信息服务必须和企业发展战略进行整合，避免提供的信息服务有损企业已建立的形象和定位。

案例 4－18

企业域名的重要性

芒果 TV 的域名 mgtv. com 是 2015 年 8 月湖南广电以 83 万元高价从海外收购得来的。

芒果 TV 的域名有过两次转变。2014 年独播湖南卫视节目后，芒果 TV 在 2 个月内用户数从 10 万增长至 1 000 万。芒果 TV 趁势与金鹰网融合升级，域名从 imgo. tv 换成了组合的 hunantv. com，在域名上强调了"湖南卫视"这个靠山。2016 年 1 月，又将域名 hunantv. com 正式更改为 mgtv. com。

mgtv.com 明显突出了"芒果"独立的品牌定位，对宣传推广和用户记忆都有着比较明显的优势，不仅要"去湖南卫视化"，还意在成为湖南广电的另一个引擎，迎合从"＋互联网"到"互联网＋"的转变热潮。此外，2015 年芒果 TV 与英国 BBCW 和美国 CAA 都签署了战略合作备忘录，意在追求国际化、打破原域名"hunantv"的地域限制。

资料来源：王晴，张占昭. 网络环境下域名对企业的价值 [J]. 中国市场，2006 (49)：33 – 34.

[小提示]

注意域名抢注问题

随着互联网的广泛应用和电子商务的发展，域名所蕴含的巨大商业价值导致了商家对相关域名的争夺。有些人抢先用一些著名公司的商标或名称作为自己的域名注册，并向这些公司索取高额转让费。企业要及早认识到域名在网络上类似商标的作用，尽快进行域名注册。

近年来，我国域名注册管理已走向开放与规范，域名注册管理机构 CNNIC（中国互联网络信息中心）发布了《域名注册实施细则》《域名争议解决办法》《域名注册服务机构认证办法》等一系列文件，加强了域名注册的规范管理。

资料来源：单超哲. 企业应重视保护域名品牌 [N]. 经济日报，2007 – 05 – 16 (7).

第二，内容的多样性。丰富的内容才能吸引更多用户，才有更大的潜在市场，一般可以提供一些与企业相关联的内容或站点地址，使企业页面具有开放性。还必须注意内容的多媒体表现形式，采取生动活泼的形式提供信息，如声音、文字和图像的配合使用。

第三，时间性。页面内容应该是动态的、经常变动的，因为固定页面访问一次即可，没有再次访问的必要。

第四，速度问题。用户的选择机会很多，因此对某站点的等待时间是极其有限的几秒，如果在短时间内不能打开网页，用户将毫不犹豫地选择另一域名站点。

第五，国际性。由于访问者可能来自国外，企业提供的信息必须兼顾国内外用户，一般对于非英语用户国家都提供两个版本，一个是母语，另一个是英语，供查询时选择使用。

（四）网络营销常用的方法

常用的网络营销方法除了搜索引擎注册之外还有关键词搜索、网络广告、交换链接、信息发布、邮件列表、许可 E-mail 营销、个性化营销、会员制营销、病毒性营销等。

按照一个企业是否拥有自己的网站，网络营销可以分为无站点网络营销和基于企业网站的网络营销。无站点网络营销是借助其他的网站来实现网络营销职能，基于企业网站的网络营销是利用企业自身的网站来实现网络营销的职能，两种方式的比较如表 4 – 4 所示。

表 4 - 4　　　　　　　　　　　无站点网络营销与基于企业网站的网络营销的比较

网络营销	优点	缺点
无站点网络营销	不需要更多的网络营销技能，对企业的技术要求较低，可以根据企业的需要任意地选择网站进行推广，节省时间、费用	不能对推广的结果进行有效的监控，针对性比较差，效果一般
基于企业网站的网络营销	能根据企业的要求进行专业性的推广活动，推广效果好，能有效地对推广的过程进行监控	对企业的技术要求比较高，需要有专业的网络营销人员，企业网站的知名度较低，推广效果不佳

具体的网络营销方法如图 4 - 3 所示。下面介绍一些常用的网络营销方法。

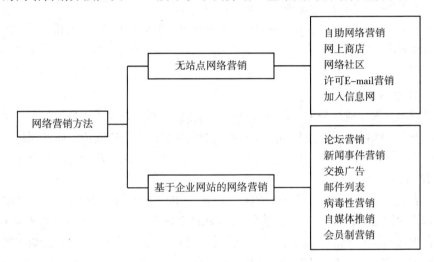

图 4 - 3　网络营销的方法

1. 论坛营销（bbs 营销）

论坛营销可以成为支持整个网站推广的主要渠道，尤其是在网站刚开始的时候，是个很好的推广方法。利用论坛的超高人气，可以有效为企业提供营销传播服务。而由于论坛话题的开放性，几乎企业所有的营销诉求都可以通过论坛传播得到有效的实现。论坛营销是以论坛为媒介，参与论坛讨论，建立自己的知名度和权威度，并顺带着推广一下自己的产品或服务。

2. 新闻事件营销

互联网上有大量的新闻组和论坛，人们经常就某个特定的话题在上面展开讨论和发布消息，其中当然也包括商业信息。

3. 搜索引擎营销

即搜索引擎优化，是通过对网站结构（内部链接结构、网站物理结构、网站逻辑结构）、高质量的网站主题内容、丰富而有价值的相关性外部链接进行优化而使网站对用户及搜索引擎更加友好，以获得在搜索引擎上的优势排名为网站引入流量。搜索引擎是最经典、最常用的网络营销方法之一。在主要的搜索引擎上注册并获得最理想的排名，是网站设计过程中主要考虑的问题之一。主要是 SEM 和 SEO，这两个效果都是很好的，但是 SEM 花费比较大；SEO 花费较少，但是耗时较长而且要不断维护。网站正式发布后尽快提交到主要的搜索引擎，是网络营销的基本任务。目前多数访问量较大的中文搜索引擎已开始收费登记，只要适合网站登记的条件，交少量的费用就可以在适当的类别中登记自己的网站。

知识链接

中国搜索引擎市场已进入成熟期

中国搜索引擎市场已经进入成熟期，整体增速放缓。领先厂商纷纷转型人工智能，谋求占领未来技术高地，目前移动端已经成为搜索引擎市场持续发展的主要动力。数据显示，2018 年第一季度，中国搜索引擎市场规模为 203.74 亿元，同比增长 29%。百度继续保持领先位置，在搜索引擎市场份额占比达到 80%；搜狗市场份额达到 6.63%，位于第二；360 搜索占比为 3.27%；其他厂商市场占比为 10% 左右。

资料来源：张姗姗，朱伟嘉. 移动互联网时代搜索引擎的发展困境和对策建议［J］. 互联网天地，2023（1）：48 - 53.

4. 病毒式营销

病毒营销模式来自网络公关，利用用户口碑相传的原理，是通过用户之间自发进行的，费用低的营销手段。病毒式营销并非利用病毒或流氓插件来进行推广宣传，而是通过一套合理有效的积分制度引导并刺激用户主动进行宣传，是建立在有益于用户基础之上的营销模式。

5. 邮件列表

邮件列表实际上也是一种 E-mail 营销，是基于用户许可的原则，用户自愿加入、自由退出。E-mail 营销直接向用户发送促销信息，而邮件列表是通过为用户提供有价值的信息，在邮件内容中加入适量促销信息，从而实现营销的目的。利用邮件列表的营销功能有两种基本方式：一种方式是建立自己的邮件列表，另一种方式是利用合作伙伴或第三方提供的邮件列表服务。

［讨论］
如何合理地获取客户的邮箱地址？

6. 自媒体推广

现在的自媒体是现在网络营销中的一大趋势，这些渠道的效果没有搜索引擎的好，但是投入资金成本可以很低，可以说是免费，内容呈现既可以是文字、图片还可以是视频，所以很受欢迎的。比较火的自媒体平台有今日头条、抖音、微信公众号、微博等。

（1）微博营销。微博也就是微博客，是一个基于用户关系进行信息分享、传播以及获取的平台。注册用户可以通过 Web、WAP 等各种客户端组建个人社区，发布文字、图片和视频，并实现即时分享。

微博营销是指通过微博平台为商家、个人等进行的营销。微博的每一个用户都是潜在营销对象，企业利用更新自己的微型博客向网友传播企业信息、产品信息，树立良好的企业形象和产品形象。每天更新内容就可以跟大家交流互动，或者发布大家感兴趣的话题，以此来达到营销的目的。微博营销注重价值的传递、内容的互动、系统的布局、准确的定位，可以通过以下方式来提升微博营销的效果。

第一，把握微博营销的本质。微博营销本质上是人际营销，是一对多的信息实时传播工具，利用其进行的营销也应基于此认识之上，并遵循营销的一般规律。

第二，清晰的定位。定位不清晰很难吸引固定的受众，因此在微博注册和认证的过程中一定要有清晰的定位。官方微博可以用于发布企业即时信息和图片；企划微博可以进行网络销售活动推广，与消费者互动；企业文化微博重在企业文化的宣传等。

第三，组织培养粉丝。受众的数量和质量都非常重要。微博营销是一种基于信任的主动传播，只有信任才能产生裂变式的传播效应。在发布营销信息时，只有做到真诚、真实、热情、负责，才能有效地组织和培养高质量的受众。

第四，抓住自己的营销对象。企业千万不要以为有了受众就是抓住了自己的营销对象。在微博品牌没有建立之前，受众往往参与度低、忠诚度低、黏性弱。只有真正互动起来，微博的营销力才有可能真正发挥出来，通过设计主体性、原创性、震撼性或者时机性的话题，真正抓住自己的营销对象。

第五，构建品牌效应。微博营销越来越受到企业的青睐，企业纷纷进驻微博，想通过微博构建品牌效应，提升品牌竞争力。然而，对于初涉微博营销的企业而言，需要对微博内容进行系统、科学的规划，以内容为主，传播有价值、能够吸引受众的资讯和信息。同时，企业微博需要注意身份，让受众觉得你是值得信赖的，这样才能构建企业的品牌效应。

案例 4-19

可口可乐的微博营销

2017 年的夏天，可口可乐在全国掀起了一场"换装"热潮。可口可乐利用互联网上的热门词汇推出了一系列"昵称瓶"新装，诸如"文艺青年""小清新""学霸""闺蜜""喵星人"等几十个极具个性、又符合特定人群定位的有趣昵称被印在可口可乐的瓶标上。

在活动上线之前，可口可乐通过众多艺人的微博账号发布消息，成功吸引到第一批想要购买定制瓶的粉丝。活动开始后，最先买到昵称瓶的网友主动在微博上分享，吸引了更多人的注意。随后几天，参与的人数如同滚雪球一样越来越多，抢购的速度也越来越快。而这种从线上微博定制瓶子到线下消费者收到定制瓶，继而通过消费者拍照分享又回到线上的 O2O 模式，让社交推广活动形成了一种长尾效应，这正是从消费者印象到消费者表达的最好实践。

资料来源：孟佳. 在微博上定制一瓶属于你的可口可乐 [J]. 广告主, 2013 (8): 1.

（2）微信营销。

第一，微信营销概述。通过微信开展市场营销活动是移动互联网时代的一种主流营销模式。微信营销是通过微信推送信息到智能手机或平板电脑中的移动客户端进行的区域定位营销。微信不受距离的限制，具有良好的互动性，能面向朋友圈精准推送信息，同时也有助于建立与维护朋友关系。

除了常用的图文聊天、语音聊天、视频聊天、相册等，微信的功能也在不断创新，实现用户线上线下的商业互动，通过朋友圈的情感与信任让微信营销的效果也越来越好。

第二，微信营销的技巧。微信基于庞大的用户群，借助移动终端、天然的社交和位置定位等优势，能够帮助商家实现点对点精准营销。

微信营销有以下基本技巧：一是注册微信公众号和订阅号，尽快获得微信官方认证；二是根据自己的定位，建立知识库；三是加强互动，送小礼物等；四是吸收会员，开展会员优惠活动。

（3）短视频营销与直播营销。

第一，短视频营销。短视频是指在各种新媒体平台上播放的、适合在碎片时间观看的、高频推送的视频内容，时长从几秒到几分钟不等。视频营销在各大视频网站井喷期就出现了，但是因视频的制作和发布都不容易，所以需要较大资金，现在随着抖音。快手等小视频 App 的兴起，使得视频营销的门槛大大降低。目前正处于短视频的风口，各大平台也纷纷推出了优质短视频的扶持政策，网络营销未来的趋势肯定是越来越多的视频。所以要做好网络营销，需瞄准时机，有专业的团队去创作优质内容，才能够在网络的市场稳步前行。

第二，直播营销。目前的直播营销默认为基于互联网的直播，从广义上讲，可以将直播营销看作以直播平台为载体进行的营销活动，以达到提升品牌形象或增加销量目的的一种网络营销方式。它与传统媒体直播相比，具有不受媒体平台限制、参与门槛低、直播内容多样化等优势。

7. 网上商店

建立在第三方电子商务平台上，由商家自行经营的网上商店，如同在大型商场中租用场地开设专卖店一样，是一种比较简单的网络营销形式。它是由林产品经纪人、批发商、零售商通过网上平台卖产品给消费者或专业的垂直电商直接到农林户采购，然后卖给消费者的行为。

此类模式是当前的主流模式，它又可以细分为两种经营形式：一种是平台型的 B2C 模式，如天猫、京东、淘宝；另一种是垂直型的 B2C 模式（即专注于售卖农产品的电商模式），如我买网、顺丰优选、本来生活等。其盈利模式是产品销售利润、平台入驻费用、产品利润抽层等。好处是平台属于中介角色，无须承担压货的风险。劣势是对平台的流量、供应链要求高。

8. 社群运营

社群是什么概念？就是有相同标签、相同兴趣、相同爱好、相同需求属性的人自发或者有组织的群体组织。也就是线上线下相融合的模式，即消费者线上买单，线下自提的模式。

在农林产品方面，如樱桃爱好者、素食爱好者、减肥爱好者、苹果爱好者等对某一款农林产品或者具有相同属性的人对农林产品的相同需求的人组成的群体，他们会对农林产品的需求相同。其盈利方式是则产品售卖获得利润，优势是社区化运营模式，物流配送便利快捷，劣势是地推所需成本较高。

网络营销的方法并不限于上面所列举的内容，而且由于各网站内容、服务、网站设计水平等方面有很大差别，各种方法对不同的网站所发挥的作用也会有所差异。网络营销效果也受到很多因素的影响，有些网络营销手段甚至并不适用于某个具体的网站，需要根据企业的具体情况选择最有效的方法。

三、技能训练

（一）案例分析

云南昭通苹果历史悠久，自 1940 年开始至今已有 80 多年的种植历史。2019 年，昭通苹果入选中国农业品牌目录。昭通苹果肉质细脆、甜酸适度、色泽鲜艳、风味浓郁、汁液丰富，具有"甜、早、脆、香"特点。与国内其他苹果产区相比，早熟 20～30 天，生态无污染、品质优良，再加上昭通位于滇、川、黔三省接合部，各方面优势均很明显。

昭通苹果品牌知名度得到提升。近年来，昭通苹果区域公用品牌知名度不断得到提升，品牌建设、推广取得一定成效。一是昭通苹果区域公用品牌影响力提升。昭通苹果品牌推广活动频繁，例如，2016 年在京沪高铁线列车电视《中国特产》节目中播出"昭通苹果"宣传片，获"2016 中国最有影响力的十大苹果区域公用品牌"。2019 年 1 月在央视 8 个频道连续 1 个月播出"昭通苹果"宣传广告；2019 年 9 月举办了昭通苹果展销会暨"昭阳红"苹果品牌发布会。另外，昭通苹果积极申请各种认证，截至目前，共获绿色苹果认证、有机转换产品认证和出境水果果园检验检疫登记 25 个。"昭通苹果"这个区域共用品牌的影响力进一步得到提升。二是企业品牌建设取得成效。2016 年至今，昭通苹果打造了一批以"昭阳红""沁果昭红""满园鲜""嘎嘣脆"等为首的"金字招牌"企业。"满园鲜""嘎嘣脆"红富士苹果品牌多次获得国际农产品交易会产品金奖、云南省绿色食品"十大名品"、云南名牌农产品、中国好苹果大赛优胜奖等多个奖项。昭通苹果经营企业的品牌打造取得了一定成效。

资料来源：陈舜丽. 互联网时代云南高原特色农产品营销模式探索——以昭通苹果为例 [J]. 全国流通经济，2021（24）：7-9.

[试分析]

昭通苹果应该从哪些方面进行网络营销方案设计？

（二）任务实施

实训项目：林产品网络营销方案策划——网络直播方案设计。

1. 实训目标

分析林产品的卖点，掌握短视频拍摄方法的运用及进行网络直播方案设计。

2. 实训内容与要求

每组同学根据选择的林产品，设计网络直播方案，制作短视频，模拟现场直播。

（1）设计网络直播方案。

（2）短视频拍摄。短视频拍摄包括如下。

一是构思内容。营销人员可以选择一个林产品进行特色分析，通过对比同类产品进行营销。

二是剧本设计。在拍摄前最好提前设计一个完整的剧本，通过对人物、对白、背景、音乐等元素进行设计，准确地向用户传达视频的视觉效果和情感效果。

三是视频拍摄。在拍摄短视频时，要注意内景和外景的选择，场景风格以适应短视频内容为前提。

四是剪辑制作。拍摄完成后，即可进行声音、特效等后期制作，在剪辑过程中，还应当考虑将产品和品牌的推广信息添加到短视频之中。

（3）模拟直播。根据直播活动内容的开场、过程和结尾来设计，模拟直播。

3. 实训成果与检验

各小组进行成果汇报。教师与所有小组共同对各小组的表现进行评估打分，汇报内容如下。

（1）各小组上交所拍短视频。

（2）每组对所选林产品进行模拟直播。

以小组为单位完成任务，短视频拍摄要求全员出镜，每组现场模拟直播 10 分钟左右。

四、知识拓展

1. 短视频营销

短视频互动体验营销的前提是要有一个多样化的互动渠道，能够支持更多用户参与互动。为了提升用户的体验，需要综合设计视频表达方式，如通过镜头、画面、拍摄、构图、色彩等专业手法制作视频，为用户提供美好的视觉体验；为了拉近用户的心理距离，可以用贴心的元素、贴近用户的角度、日常生活中的素材制作视频。另外还需要通过平台与用户保持直接的互动，包括引导用户评论、转发、分享和点赞等，让用户可以通过多元化的互动平台表达自己的看法和意见。

（1）短视频营销的优势：一是营销策划更具专业性；二是品牌更加强势；三是互动更加多样；四是传播效果更好。

（2）短视频的制作。与专业视频相比，制作短视频的复杂性和技术性更低，短视频的制作流程如图 4 - 4 所示。

图 4 - 4　短视频的制作流程

（3）短视频的发布。短视频的发布则通常选择流量更多的视频平台，如抖音、美拍、快手等。如果想将视频精准投放到目标人群更集中的平台，可以根据视频内容的特点来选择特定的网络平台，如果想扩大视频的宣传范围和影响范围，也可多平台投放视频，同时灵活使用社交媒体进一步进行推广和宣传。另外，在发布短视频时，还应当注意发布的时间，应当选择人流比较大的时间段进行发布，如上班前、下班后以及休息放假时等。

（4）短视频创意策略。

第一，内容。在构思短视频内容时，为了快速获得关注和热点，可以利用事件进行借势，也就是事件营销。

第二，形式。现在的短视频形式非常多元化，精彩的创意内容与恰当的短视频形式相搭配，才能获得更好的传播效果，比如定位有格调的视频，可以采用电影版的表现形式，给用户精彩的视觉享受；定位幽默、点评的视频，可以使用脱口秀的表现形式等，以获得用户的认可。

（5）短视频互动体验策略。短视频互动体验策略是指在视频营销过程中，及时与用户保持互动和沟通，关注用户的体验，并根据他们的需求提供更多的体验手段。

2. 直播营销

（1）网络直播的好处：一是更低的营销成本；二是更广的营销覆盖范围；三是更直接的营销方式；四是更有效的营销反馈机制。

"林产品＋网络直播"能解决信任问题。通过网络直播可以让用户增强产品的信心，还可以快速传播推广。因为，网络是没有边际，网络直播的方式能很好地推广农产品及品牌。

（2）直播营销的常见方式有明星营销、利他营销、对比营销、采访营销、颜值经济。

（3）直播活动内容安排如下。

一是直播活动开场。开场的目的是让观众了解直播的内容、形式和组织者等信息，给观众留下良好的第一印象，使观众判断该直播是否具有可看性。直播开场形式主要有直播介绍、提出问题、数据引入、故事开场、道具开场、借助热点等。

二是直播活动过程。直播活动的过程主要是对直播内容的详细展示，除了全方位、详细地展示信息外，还可以开展一些互动活动，以在增加用户兴趣的同时引爆活动高潮。如弹幕互动、参与剧情、直播红包、发起任务。

三是直播活动结尾。直播开始到结束，观看用户的数量会一直发生变化，而到结尾时还留下的用户，在一定程度上都是本次营销活动的潜在目标用户，因此，在结尾时最大限度引导直播结束时的剩余流量，实现企业产品与品牌的宣传与销售转化。

（4）网络直播要考虑如下问题。

一是网络主播的知名度，最好是企业创始人或者明星。

二是服务要跟上。尤其是有用户下单后要安全、快速物流与配送。

3. "林产品＋网红直播＋电商平台"营销模式

互联网催生了很多的新型经济模式，网红经济便是其中的一种。这里的网红可以是名人明星，可以是当红网络女主播，也可以是卖家自己打造的"村红"。

通过"网红直播＋电商平台"进行林产品营销的三个步骤如下。

第一，策划营销活动，并邀请网红参加。

第二，需要网红在线直播自己对林产品的体验感觉，产品是什么样的，什么味道或者质感的，自己觉得如何等。

第三，在电商平台，如淘宝、京东，同步开始产品销售。

五、课后练习

1. 单选题

（1）（　　）是电子商务广告的特点？

A. 费用高　　　　B. 盲目性严重　　　　C. 针对性强　　　　D. 受众不明显

（2）网络营销与传统营销的根本区别在于（　　）。

A. 网络营销的最终目标是实现销售

B. 企业产品策略发生了变化

C. 加强产品的促销推广

D. 客户了解产品信息的渠道和方式发生了根本的变化

（3）网络营销的核心目标是（　　　）。

A. 扩大流量　　　　B. 推广品牌　　　　　C. 促进销售　　　　D. 提供在线客户服务

（4）与电子商务的电子化交易相比，网络营销活动的重点是（　　　）。

A. 强调交易方式和交易过程的各个环节

B. 重点在交易前的各种宣传与推广

C. 实现电子化交易的手段

D. 电子商务不可开展多层次的营销活动

（5）购买某种商品或服务时赠送其他产品或服务属于以下哪种网络营销价格策略？
（　　　）

A. 免费策略　　　　B. 个性化定价策略　　　C. 捆绑定价策略　　　D. 联合议价策略

2. 多选题

（1）以下哪些是网络营销的优点？（　　　）

A. 传播信息快　　　B. 范围广　　　　　　C. 成本低　　　　　D. 形式多样

（2）网络营销的产品具有以下几个特点？（　　　）

A. 重购性　　　　　B. 时尚性　　　　　　C. 快捷性　　　　　D. 廉价性

（3）网络营销的价格特点有哪些？（　　　）

A. 相对统一性　　　B. 可比性　　　　　　C. 低廉性　　　　　D. 协商性

3. 判断题

（1）最直观的网上市场需求调研方法是利用搜索引擎，搜索与产品最相关的主关键词，
被搜索的次数越多，说明市场需求越大、用户关注度越高。　　　　　　　　　　（　　　）

（2）网络营销就是电子商务，电子商务是利用因特网进行各种商务活动的总和。

（　　　）

（3）网络营销与传统营销都是企业的一种经营活动，都是为了实现企业的经营价值。

（　　　）

（4）网络营销可以实现全程营销的互动性。　　　　　　　　　　　　　　　　（　　　）

（5）网上市场调研的及时性是指网络传输速度快。　　　　　　　　　　　　　（　　　）

参 考 文 献

[1] 万晓. 市场营销 [M]. 北京：清华大学出版社，2019.

[2] 陈鸿雁. 市场营销学 [M]. 北京：电子工业出版社，2019.

[3] [美] 菲利普·科特勒. 市场营销原理 [M]. 北京：清华大学出版社，2019.

[4] 郭国庆，陈凯. 市场营销学 [M]. 北京：中国人民大学出版社，2019.

[5] 吴健安，聂元坤. 市场营销学 [M]. 云南：云南财经大学，2017.

[6] 张西华. 市场调研与数据分析（高职高专市场营销专业工学结合规划教材）[M]. 浙江：浙江大学出版社，2019.

[7] 李晓梅. 市场调查分析与预测 [M]. 北京：清华大学出版社，2020.

[8] 罗伯特·布莱. 营销计划全流程执行手册：从市场定位到执行落地看这一本就够了 [M]. 广州：广东人民出版社，2017.

[9] 张丽，蔺子雨. 市场营销基础与实务 [M]. 北京：人民邮电出版社，2019.

[10] 陈理飞，赵景阳. 市场营销 [M]. 四川：西南交通大学出版社，2017.

[11] [美] 菲利普·科特勒，加里·阿姆斯特朗. 市场营销原理与实践 [M]. 16 版. 楼尊，译. 北京：中国人民大学出版社，2015.

[12] [美] 菲利普·科特勒，[印度尼西亚] 何麻温·卡塔加雅，[印度尼西亚] 伊万·塞蒂亚万. 营销革命 4.0：从传统到数字 [M]. 王赛，译. 北京：机械工业出版社，2018.

[13] 方玲玉. 网络营销实务："学·用·做"一体化教程 [M]. 3 版. 北京：电子工业出版社，2016.

[14] 赵永胜，刘自强. 国际市场营销 [M]. 北京：北京师范大学出版社，2017.

[15] 陈昭玖，郭锦墉. 市场营销学 [M]. 北京：中国人民大学出版社，2010.

[16] 贾丽军. 智能营销：从 4P 时代到 4E 时代 [M]. 北京：中国市场出版社，2017.

[17] 陈葆华，任广新. 现代实用市场营销 [M]. 北京：机械工业出版社，2016.

[18] 王瑶. 市场营销基础实训与指导 [M]. 北京：中国经济出版社，2009.

[19] 郭国庆. 市场营销学通论 [M]. 6 版. 北京：中国人民大学出版社，2014.

[20] 姚群峰. 不营而销：好产品自己会说话 [M]. 北京：电子工业出版社，2018.

[21] 于秀娥. 现代市场营销学 [M]. 北京：中国社会出版社，2010.

[22] 葛晓明，钟雪丽. 市场营销学 [M]. 2 版. 北京：北京师范大学出版社，2018.

[23] 黄彪虎. 市场营销原理与操作 [M]. 北京：北京交通大学出版社，2012.

[24] 金星. 广告学实用教程 [M]. 3 版. 北京：北京师范大学出版社，2018.

[25] 王煊. 新编市场营销理论与实例教程 [M]. 武汉：华中科技大学出版社，2015.

[26] 李焕荣. 市场营销学 [M]. 北京：中国劳动社会保障出版社，2009.

[27] 申纲领. 市场营销学 [M]. 2 版. 北京：电子工业出版社，2014.

［28］张全成. 基于情境效应的消费者决策行为研究［M］. 北京：科学出版社，2017.

［29］迈尔斯. 市场细分与定位—高效的战略营销决策方法［M］. 北京：水利电力出版社，2005.

［30］王玉波. "褚橙"热卖的品牌营销启示［J］. 全国商情（理论研究），2013（7）：18－19.

［31］刘栋. 产品价格调整策略［J］. 销售与市场（商学院），2014（5）：78－80.

［32］李书山，鲁芳，罗定提. 考虑生鲜产品交货期的双渠道供应链定价策略分析［J］. 湖南工业大学学报，2018，32（6）：57－64.

［33］张振中，徐志扬，李浩然. 基于县级可定制化林业资源管理系统的设计与实现［J］. 华东森林经理，2020，34（3）：58－64.

［34］王高岩，褚时健. "烟王"变"橙王"［J］. 中外企业文化，2013（3）：42－45.

［35］前瞻产业研究院. 2021年中国茶油行业产销现状、市场规模及发展趋势分析［EB/OL］. https：//www. oilcn. com/article/2021/03/03_76934. html.

［36］袁亚祥. 国产水果为何难出国门［J］. 果农之友，2006（2）：5－6.

［37］陈奇锐，单艳. 2002年十大营销失利案例［J］. 企业文化，2003（7）：52－57

［38］郑渭心，阿茹汗. 白小T张勇：红海市场的机遇是"品类即品牌"［N］. 经济观察报，2022－08－08（20）.

［39］夏敏，安怡宁. 高科技互联网公司对美国国内政治和对外经济政策的影响［J］. 江苏行政学院学报，2020（2）：94－102.

［40］冯薛. 大数据时代京东商城营销模式创新分析［J］. 新经济，2016（24）：40.

［41］李稻葵. 大变局中的中国经济［EB/OL］. https：//www. tsinghua. edu. cn/info/1662/101680. htm.

［42］数字茶业. 2019年"双十一"战绩：天猫2684亿元，全网4101亿元［EB/OL］. https：//www. 163. com/dy/article/ETP9KQ1H0512HRR7. html.

［43］李莹莹，赵德友. 21世纪世界经济运行回顾与前景展望［J］. 统计理论与实践，2023（5）：12－18.

［44］童政，周骁骏. 以环境倒逼机制推动转型升级［N］. 经济日报，2013－12－10（16）.

［45］张波. 可口可乐与百事可乐的营销差异［J］. 学理论，2015（30）：38－40.

［46］王志国. 问题和机会识别的几种方法［EB/OL］. https：//www. globrand. com/2010/502615. shtml.

［47］谢平芳，黄远辉，赵红梅. 市场调查与预测［M］. 南京：南京大学出版社，2020.

［48］高璐雅，林刚. 消费升级背景下"小罐茶"品牌传播创新策略探析［J］. 国际公关，2022（4）：81－82.

［49］王永顺. 盒马鲜生新零售营销策略研究［D］. 青岛：青岛科技大学，2019.

［50］王颖. 伊利集团的SWOT分析［J］. 商场现代化，2008（7）：119－120.

［51］中国就业培训技术指导中心. 营销师职业资格教程［M］. 北京：中央广播电视大学出版社，2006.

［52］郭伟. 品牌形象的设计方法论探讨——以"小罐茶"为例［J］. 陶瓷科学与艺术，2022（4）：18－19.

［53］谢妮珈. 农夫山泉的情感化广告、包装与品牌形象策略探析［J］. 商讯，2021（19）：

13 – 15.

［54］黄小庆. 互联网平台下赣南农产品组合销售可行性浅析［J］. 农家参谋, 2018（16）：216.

［55］张振中, 徐志扬, 李浩然. 基于县级可定制化林业资源管理系统的设计与实现［J］. 华东森林经理, 2020, 34（3）：58 – 64.

［56］蒲冰. 市场营销实务［M］. 成都：四川大学出版社, 2016.

［57］滕紫宸. 基于 SICAS 模型的盒马鲜生新零售营销策略研究［J］. 经济研究导刊, 2021,（36）：50 – 52, 60.

［58］汪小琴, 金秀玲. 农夫山泉品牌营销策略［J］. 现代商业, 2016（1）：32 – 33.

［59］凯度咨询. 凯度 2021 年 BrandZ 全球最具价值品牌 100 强榜单［EB/OL］. https：// www. sgpjbg. com/info/24300. html.

［60］中国广播网. 国家发改委上调销售电价和上网电价［EB/OL］. http：//news. cntv. cn/china/20111130/113090. shtml.

［61］徐燕. 三只松鼠网络营销策略研究［J］. 商场现代化, 2020（20）：78 – 80.

［62］曹红玉. "互联网 +" 背景下农产品供应链的创新发展［J］. 现代商业, 2017（22）：17 – 18.